Word Excel PPT 从入门到精通

全彩案例视频版

博蕾诚品　编著

化学工业出版社

·北京·

内 容 简 介

Office软件是日常工作、学习时常用的工具，尤其是Word、Excel、PPT，占据着重要的一席之地。熟练应用这几种软件，将大大提高工作和学习的效率。

本书基于新版Office 2019，通过大量实战案例，详细介绍了Word、Excel、PPT的典型应用，主要内容包括Word文档的编辑、文档的美化、表格的应用、高级排版；Excel表格的基础操作、公式与函数的应用、数据的分析与处理、数据透视表的应用、图表的应用；PPT演示文稿的制作、动画效果的制作、幻灯片的放映与输出；自动化协同办公、移动办公等。

本书内容丰富实用，知识点循序渐进；案例选取具有代表性，紧密贴合实际需求；讲解细致，全程图解，通俗易懂。同时，本书还配套了丰富的学习资源，主要有同步教学视频、案例素材及源文件，扫描书中二维码即可轻松获取及使用。此外，还超值赠送常用办公小工具、办公模板、各类电子书等。

本书是电脑初学者不可多得的“学习伴侣”，不仅适合各行各业的职场人士学习使用，还可用作教材及参考书。

图书在版编目（CIP）数据

Word/Excel/PPT从入门到精通：全彩案例视频版 / 博蓄诚品编著. —北京：化学工业出版社，2022.1

ISBN 978-7-122-40181-6

Ⅰ. ①W… Ⅱ. ①博… Ⅲ. ①办公自动化－应用软件 Ⅳ. ①TP317.1

中国版本图书馆CIP数据核字（2021）第219573号

责任编辑：耍利娜
责任校对：刘曦阳
美术编辑：王晓宇
装帧设计：水长流文化

出版发行：化学工业出版社（北京市东城区青年湖南街13号　邮政编码100011）
印　　装：天津图文方嘉印刷有限公司
710mm×1000mm　1/16　印张16　字数352千字　2022年3月北京第1版第1次印刷

购书咨询：010-64518888
售后服务：010-64518899
网　　址：http://www.cip.com.cn
凡购买本书，如有缺损质量问题，本社销售中心负责调换。

定　　价：69.00元

前言

编写目的

随着办公自动化的普及，掌握Office软件的操作已经成为每个办公人员的必备技能。无论你从事什么工作，都会使用到Word、Excel和PPT。学习这些办公软件的操作知识，可以使你的办公效率得到快速提升。毫不夸张地说，学习Office办公技能与学习驾照、学习社交礼仪同等重要。为了使更多想要学习Office办公软件的读者快速掌握这门技能，并能将其应用到现代办公中，我们特别推出了这本知识全面、内容丰富的《Word/Excel/PPT从入门到精通》。相信本书细致的讲解以及实用的案例，能够让您学有所成。

本书特点

1. 知识详解＋动手实践

本书全面讲解了Word、Excel和PPT的相关知识，在介绍知识点的同时，列举了许多实操案例，使读者可以灵活运用所学知识，举一反三。

2. 图文并茂＋版式轻松

本书采用单、双栏结合的排版方式，并在图片上做了大量的标注，使读者可以清晰地查看操作步骤，从而提高学习动力。

3. 结构合理＋体例丰富

本书在每章的最后安排了“实战演练”和“知识拓展”，帮助读者温习和巩固前面所学知识，并为读者解答疑难问题。同时在书中穿插了“技巧点拨”和“新手误区”，使读者可以快速掌握知识点。

4. 协同办公＋移动办公

本书对协同办公和移动办公进行了简单的介绍，让读者了解Word、Excel、PPT三个组件如何协同办公，以及如何在手机上使用办公软件，从而拓展知识面。

内容概要

本书对Office软件进行了全面系统的阐述，在内容安排上以知识点讲解为主，以实例操作为辅，书中所举实例具有连贯性，便于读者上手练习。全书共15章，各部分内容介绍如下。

篇	章	内容概述
学前预热篇	第1章	主要对Word、Excel和PPT的主要用途、典型功能等进行分析
Word **办公应用篇**	第2～5章	主要围绕文档的编辑、美化、排版等内容展开讲解。 **知识点**涵盖文本的选择、文本的查找与替换、文档的审阅与修订、文档的分栏显示、文档页面的设计、页眉页脚的添加、图片的应用、图形的应用、艺术字的应用、表格的创建、表格的编辑、表格的美化、样式的应用、文档目录的创建、脚注与题注、邮件合并等
Excel **办公应用篇**	第6～10章	主要围绕表格的基本操作、公式与函数的应用、数据的分析与处理、数据透视表的应用、图表的应用等内容展开讲解。 **知识点**涵盖工作表的基本操作、数据的录入、数学与三角函数、统计函数、文本函数、查找与引用函数、排序、筛选、分类汇总、数据验证、条件格式、创建数据透视表、管理数据透视表字段、编辑数据透视表、数据透视图的应用、创建图表、美化图表、迷你图的应用等
PPT **办公应用篇**	第11～13章	主要围绕演示文稿的制作、动画效果的制作、幻灯片的放映与输出等内容展开介绍。 **知识点**涵盖幻灯片的基本操作、幻灯片版式的应用、幻灯片页面的编辑、SmartArt图形的应用、动画的添加、超链接的应用、放映方式的选择、幻灯片的发布、视频的创建、演示文稿的打包等
协同与移动办公篇	第14～15章	主要围绕自动化协同办公和移动办公内容展开介绍。 **知识点**涵盖Office组件间的协作、多人协同办公、创建临时文档、查看并修改数据表、根据数据表创建图表、为幻灯片添加切换效果、将幻灯片转换成PDF文件等

随书附赠

- 20小时重点知识的多媒体教学视频
- 500个办公通用模板
- 电脑日常故障排除与维护电子书
- 五笔打字字根口诀表
- Photoshop常用快捷键电子书
- 各类办公小工具合集

适读群体

- **电脑初学者**。本书简单易学，讲解详细，即使电脑操作基础薄弱的学员，也可以轻松学习，快速上手。
- **职场办公人员**。本书适合职场办公人员学习和使用。
- **社会培训班学员**。本书从读者的切实需要出发，对Office办公软件的使用和操作技巧进行了深入讲解，特别适合社会培训班作为教材使用。

本书在编写过程中力求严谨细致，但由于时间与精力有限，疏漏之处在所难免，望广大读者批评指正。读者可加入“一起学办公”QQ群（群号：693652086），获取相应学习资源，并与小伙伴们一起交流，共同成长。

编著者

目录

学前预热篇

第1章 全面认识Word/Excel/PPT

Word办公应用篇

第2章 Word文档的编辑

第3章 Word文档的美化

第4章 Word表格的应用

第5章 Word高级排版

Excel办公应用篇

第6章 Excel电子表格必学

第8章 数据的分析与处理

第9章 数据透视表的应用

第10章 Excel图表的应用

PPT办公应用篇

第11章 幻灯片的创建与编辑

第12章 动画效果的添加与设置

第13章 幻灯片的放映与输出

协同与移动办公篇

第14章 自动化协同办公

第15章 移动办公新生活

附录

学前预热篇

第1章

全面认识Word/Excel/PPT

Word、Excel和PPT是Office办公软件最重要的3个组件，其中，Word主要用来制作各种类型的文档，例如合同、通知、简历等；Excel主要用来制作数据报表，例如财务报表、考勤表、销售统计表等；PPT主要用来制作演讲文稿，例如教学课件、公益宣传、企业宣传等。本章将对这3个组件的主要功能及应用领域进行介绍，让读者全面了解其实际用途，以做到学习时有的放矢。

1.1 Word文档用途多

Word文档可以用来处理文字、图片、图形等，还可以用来排版，下面以“旅游宣传单”的制作为例，对Word的主要功能进行阐述。

1.1.1 作品展示

对于办公人员来讲，熟练掌握Word排版技能，将能提高工作效率。这里列举了一张“旅游宣传单”，其中使用了图片、图形、艺术字等元素来修饰页面，让整个文档看起来美观大方，不亚于平面设计软件的制作效果，如图1-1所示。

图1-1

1.1.2 功能分析

制作“旅游宣传单”文档，需要用到文本框、图片、形状、艺术字、表格等功能，接下来将对其进行简单介绍。

（1）文本框功能

使用“文本框”功能，可以灵活地排版文字。在“插入”选项卡中，单击“文本框”下拉按钮，选择“绘制横排文本框”选项，就可以拖动鼠标，绘制文本框，绘制好后，光标会自动插入到文本框中，如图1-2所示。此时，可以直接在文本框中输入内容。

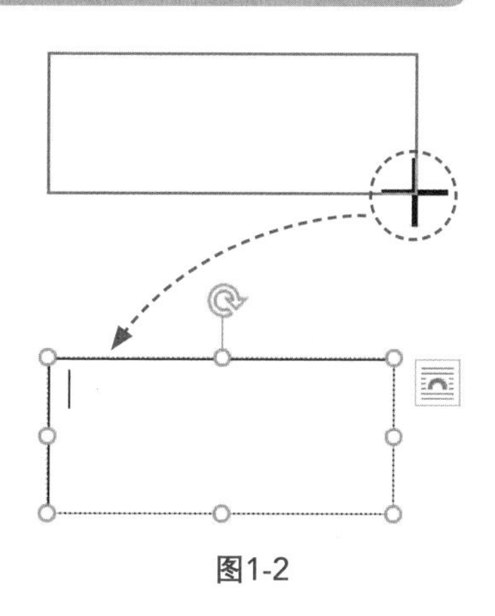

图1-2

在文本框中输入文字后，在“绘图工具-格式”选项卡中，通过“形状填充”和“形状轮廓”命令，可以去除文本框的填充颜色和轮廓，如图1-3所示。

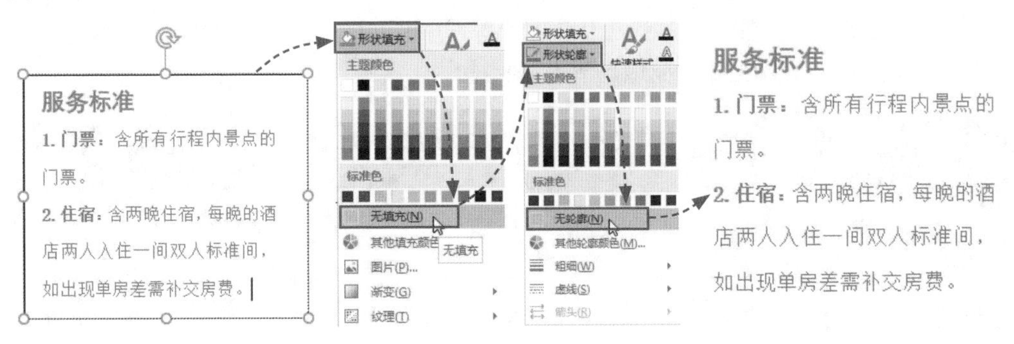

图1-3

（2）图片功能

使用“图片”功能，可以美化文档。在“插入”选项卡中，通过单击“图片”按钮，可以在文档中插入图片。插入图片后，使用“裁剪”命令，可以将图片裁剪成合适的大小，如图1-4所示。

图1-4

为了使图片看起来更加明亮、清晰，可以调整图片的亮度和对比度，如图1-5所示。

图1-5

旅游宣传单的页头既要美观，又要点明主题，所以需要在图片上方添加各种元素。此时，可以将图片的环绕方式设置为“衬于文字下方”，然后在图片上添加文字、图形等元素，如图1-6所示。

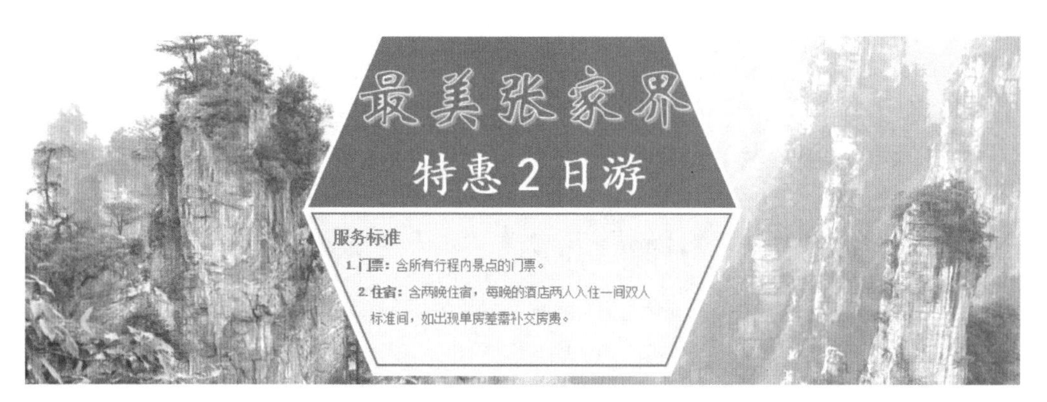

图1-6

（3）形状功能

使用“形状”功能，可以起到修饰文档的作用。在“插入”选项卡中单击“形状”下拉按钮，从列表中选择需要的形状。拖动鼠标就可绘制形状，如图1-7所示。

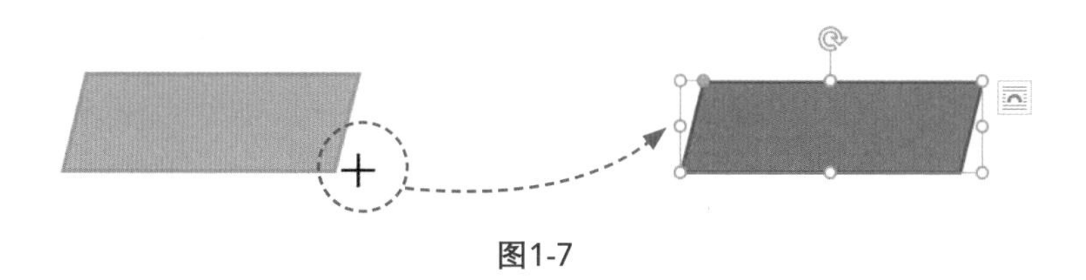

图1-7

绘制的形状外观样式不是很美观，所以需要对其进行美化。通常要对形状的填充颜色、轮廓和效果进行设置，如图1-8所示。

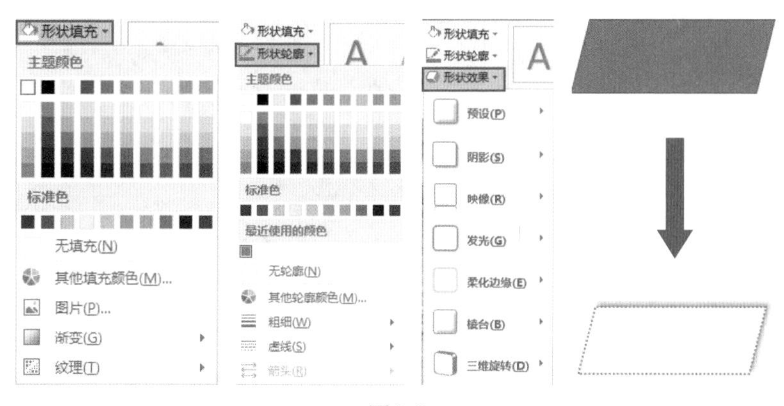

图1-8

为了起到突出显示文字的效果，可以在形状中输入文字，在形状上单击鼠标右键，选择“添加文字”命令，光标直接插入到形状中，输入相关文字内容，如图1-9所示。

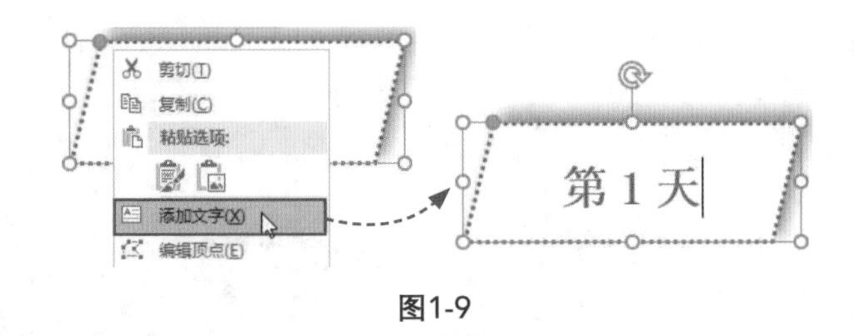

图1-9

（4）艺术字功能

使用“艺术字”功能，可以起到强调、美化标题的作用。在“插入”选项卡中，单击“艺术字”下拉按钮，从列表中选择合适的样式，就可以插入一个艺术字文本框，文本框中的“请在此放置您的文字”文本，可以替换成其他文本内容，如图1-10所示。

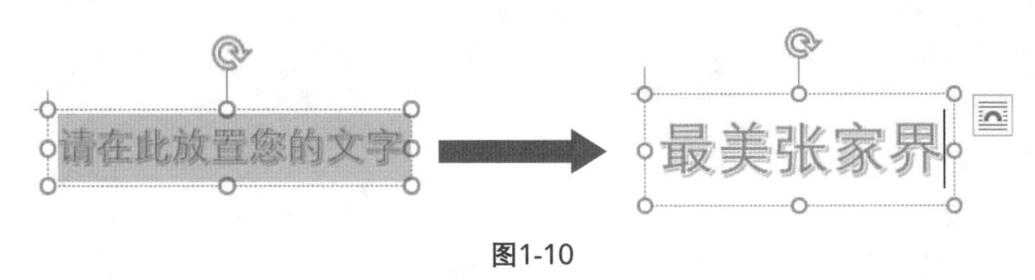

图1-10

插入艺术字后，为了使艺术字符合设计要求，需要更改艺术字的样式，比如，对艺术字的填充颜色、轮廓颜色和文本效果做出更改，如图1-11所示。

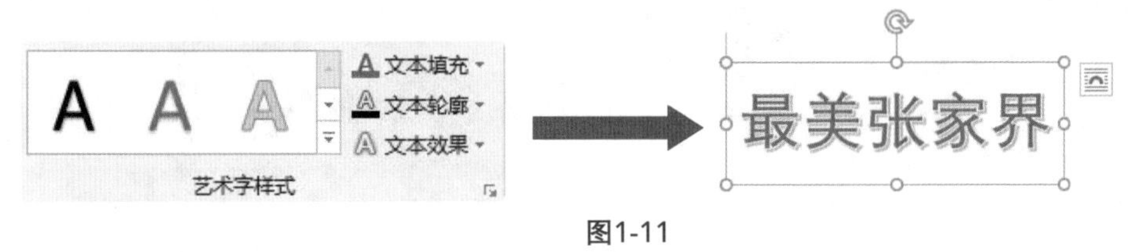

图1-11

（5）表格功能

使用“表格”功能，可以直观并有逻辑地展示数据。在“插入”选项卡中，通过单击“表格”下拉按钮，如图1-12所示，可以插入所需行/列数的表格。

在表格中输入内容后，需要根据内容调整表格的行高或列宽，此时，需要将光标放置行/列的分割线上，拖动鼠标，就可以调整行高或列宽，如图1-13所示。

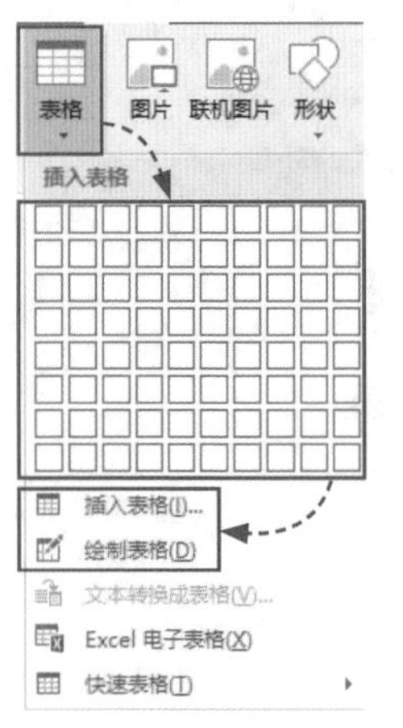

图1-12

拖动鼠标

景区索道	景区内缆车、索道、观光小火车、电梯等代步工具费用；
大交通费	不含游客所在地区往返张家界的机票、火车票、汽车等大交通费用；
其他费用	个人的消费、自费项目及因人力不可抗力因素所产生的额外费用等；
散客用餐	散客拼团费用不含餐，游客可自行选择。由旅行社或导游推荐安排包餐，标准为正餐 15 元每人，早餐 10 元每人。

图1-13

为了使表格更有观赏性，需要对表格的样式进行美化，设置“笔样式”“笔划粗细”和“笔颜色”后，将边框样式应用到表格的边框上就可以，如图1-14所示。

自费项目一览表

景区索道	景区内缆车、索道、观光小火车、电梯等代步工具费用；
大交通费	不含游客所在地区往返张家界的机票、火车票、汽车等大交通费用；
其他费用	个人的消费、自费项目及因人力不可抗力因素所产生的额外费用等；
散客用餐	散客拼团费用不含餐，游客可自行选择。由旅行社或导游推荐安排包餐，标准为正餐 15 元每人，早餐 10 元每人。

图1-14

问题1：为了规范公司全体成员及公司所有经济活动的标准，需要编写“公司规章制度”，那么需要使用哪些功能可以很顺利地制作如图1-15所示的文档呢？

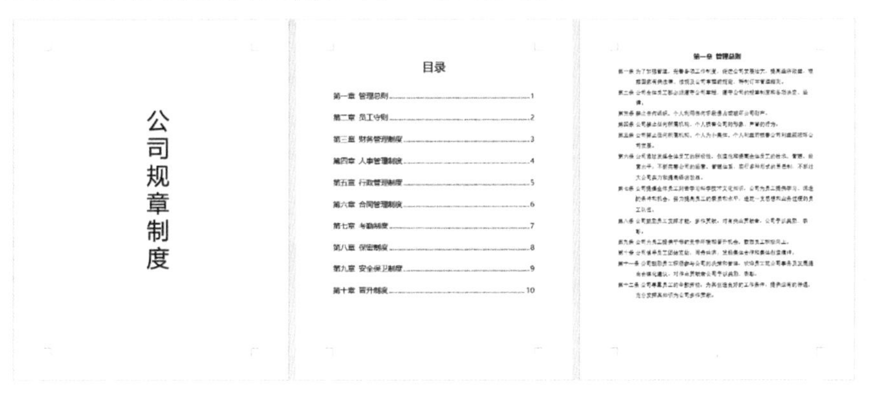

图1-15

问题2：工作证是公司或单位组织成员的证件，如果采用“复制+粘贴”的方法逐一制作工作证会耗费大量时间，那么使用Word文档的哪些功能可以高效地制作如图1-16所示的工作证呢？

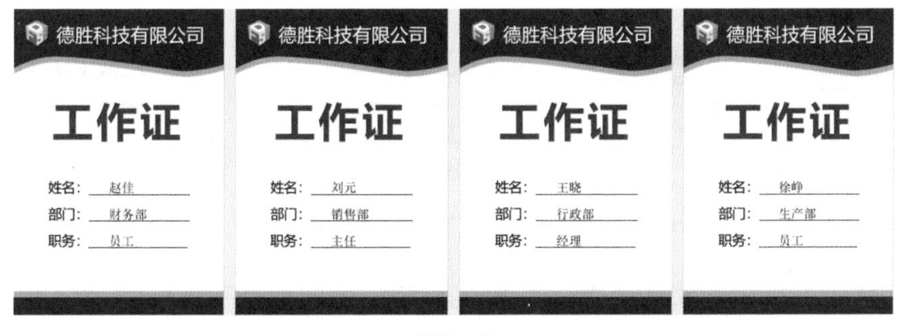

图1-16

1.2 Excel表格不难学

Excel表格主要用来汇总数据信息，并对其进行处理分析，最后输出供其他人查询使用。下面以“疫情访客登记表”的制作为例，对Excel电子表格的一些功能进行阐述。

1.2.1 作品展示

表格制作与规范化管理是学习的重点，无论表格复杂与否，都应将“建表”放到首位。这里列举了一张并不复杂的“疫情访客登记表”，其中记录了来访人员的详细信息，通过Excel表格的功能将数据进行整理、美化，形成规范、直观的表格，这样可以一目了然地查看相关数据，如图1-17所示。

序号	来访日期	来访时间	体温（℃）	来访人签字	身份证号码	电话	值班人员	来访人离开时间	备注
1	2021-01-09	12:20	36.2	赵佳	100000196909248843	157****1492	郝茜	12:50	
2	2021-01-10	13:20	37.3	刘琦	100000198910277945	151****2258	朱瑞	13:30	
3	2021-01-10	19:20	36.1	王晓	100000197003136157	155****5874	姜兰	19:40	
4	2021-01-10	10:20	36.5	陈婷	100000199606199997	159****3698	郝茜	10:35	
5	2021-01-12	13:20	37.1	马可	100000196711101590	187****4785	姜兰	13:45	
6	2021-01-13	15:20	36.3	孙杨	100000195105106072	157****5748	朱瑞	15:55	
7	2021-01-17	14:20	36.7	李艳	100000198110242489	151****1145	姜兰	14:38	
8	2021-01-19	17:20	36.3	周琦	100000198612071978	155****2104	郝茜	17:42	
9	2021-01-20	20:20	36.5	吴乐	100000199708248047	159****8749	朱瑞	20:53	
10	2021-01-20	21:20	36.4	徐蚌	100000199403228642	157****7461	姜兰	21:48	

图1-17

1.2.2 功能分析

制作“疫情访客登记表”，需要用到序列填充功能、数据验证功能、条件格式功能等。

（1）序列填充功能

使用序列填充功能，可以快速输入有序数据，例如，输入“序号”。在单元格中输入“1”，然后在“开始”选项卡中单击“填充”下拉按钮，选择“序列”选项，如图1-18所示。在“序列”对话框中进行相关设置，如图1-19所示。

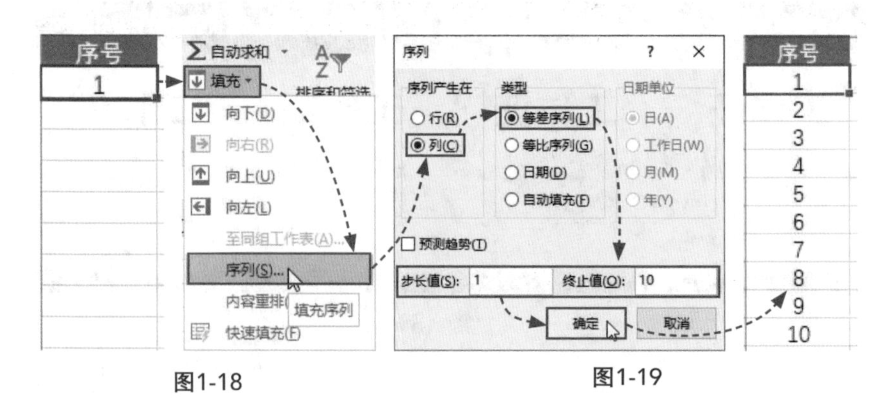

图1-18 图1-19

当填充的数据较少时，可以向下拖动鼠标，如图1-20所示。单击弹出的“自动填充选项”按钮，选择“填充序列”，进行填充，如图1-21所示。

（2）数据验证功能

使用数据验证功能，可以对表格中的指定区域设置下拉列表，从而通过下拉列表向单元格中输入内容。选择单元格区域，如图1-22所示。在“数据”选项卡中单击“数据验证”按钮，在打开的“数据验证”对话框中进行相关设置，如图1-23所示。

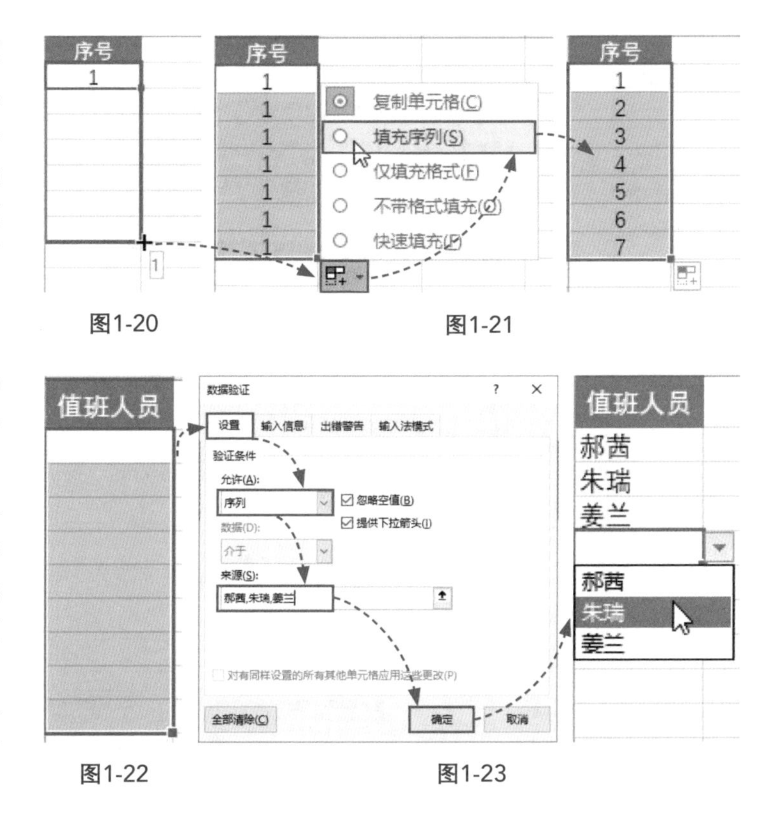

图1-20　图1-21

图1-22　图1-23

（3）条件格式功能

使用条件格式功能，可以将符合条件的数据突出显示出来。选择数据区域，在“开始”选项卡中单击“条件格式”下拉按钮，从列表中选择设置单元格规则，如图1-24所示。

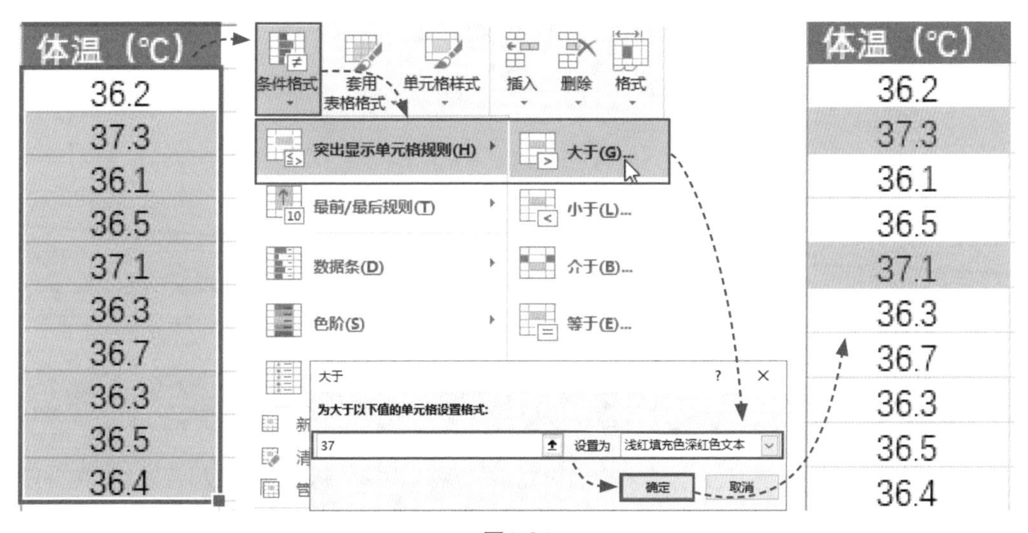

图1-24

问题1：为了方便管理员工信息，需要制作“员工档案信息表”，那么你知道如何使用函数功能，根据如图1-25所示的身份证号码，分别提取出性别、年龄、出生日期等信息吗？

工号	姓名	部门	身份证号码	性别	年龄	出生日期	退休时间	联系电话
DS001	张超	销售部	100000198510083111	男	36	1985-10-08	2045/10/8	158****5698
DS002	李梅	生产部	100000199106120442	女	30	1991-06-12	2041/6/12	158****5699
DS003	张量	采购部	100000199204304327	女	29	1992-04-30	2042/4/30	158****5700
DS004	王晓	生产部	100000198112097649	女	40	1981-12-09	2031/12/9	158****5701
DS005	李明	销售部	100000199809104671	男	23	1998-09-10	2058/9/10	158****5702
DS006	张雨	销售部	100000199106139871	男	30	1991-06-13	2051/6/13	158****5703
DS007	齐征	采购部	100000198610111282	女	35	1986-10-11	2036/10/11	158****5704
DS008	李佳琪	生产部	100000198808041137	男	33	1988-08-04	2048/8/4	158****5705
DS009	王珂	采购部	100000199311095335	男	28	1993-11-09	2053/11/9	158****5706

图1-25

问题2：为了可以直观地对比2020年和2021年的产品生产成本，需要使用图表，那么你知道如何创建一个美观的柱形图（图1-26）吗？

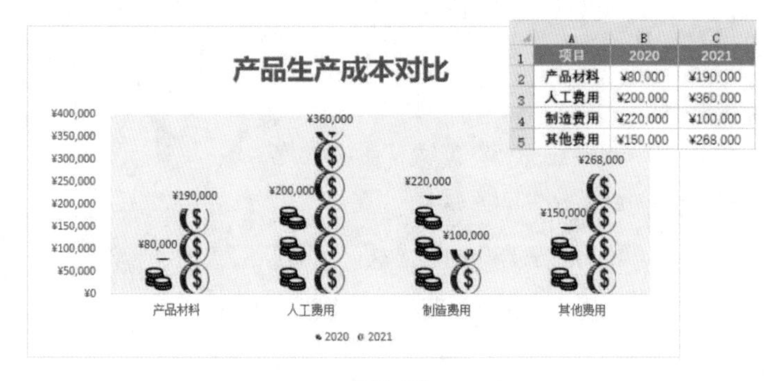

图1-26

1.3 PPT文稿显身手

PPT主要用来辅助演讲，如果用动态PPT将内容展示出来，更能调动现场气氛，使演讲变得生动有趣。下面以制作“求职简历”为例来介绍PPT的功能。

1.3.1 作品展示

求职简历，相信大多数人会选择使用Word来制作。其实，利用PPT来制作简历，其表现力远胜于Word。因为PPT能够通过文字、图片、音视频、动画等元素更加形象地展示自己的优势，从而给HR人员留下好印象，如图1-27所示。

图1-27

1.3.2 功能分析

制作求职简历时，主要用到文字、图片、图形、视频以及动画等功能。其中，文字、图片和图形功能与Word相同，在此将简单介绍音视频及动画功能的应用。

（1）音视频功能

当遇到一些无法通过文字语言来表述的内容时，利用音频或视频是很讨巧的方法。无论是音频还是视频，都能够很直观展现出作者所要表达的意图，观众也能更快地获取到有用信息，提高双方的沟通效率。

在幻灯片中插入音频和视频的方法很简单，只需将音频或视频文件直接拖入至幻灯片中即可，然后通过“音频工具”或“视频工具”选项卡，对其文件的播放模式、播放选项以及视频窗口的美化进行设置，如图1-28所示是“音频工具-播放”选项卡，而图1-29所示是“视频工具-格式”选项卡。

图1-28

图1-29

（2）动画功能

动画是PPT的精髓，也是PPT最吸睛的部分。利用动画可以很好地突显要强调的内容。此外，对于较为复杂的内容来说，通过动画的播放顺序可以快速理清思路，以帮助观众理解内容。

在制作动画时，比较重要的功能要属动画窗格了。在该窗格中，用户可以对动画的播放顺序、动画的播放参数、动画效果参数进行详细的设置，以使添加的动画效果更为自然、生动，如图1-30所示。

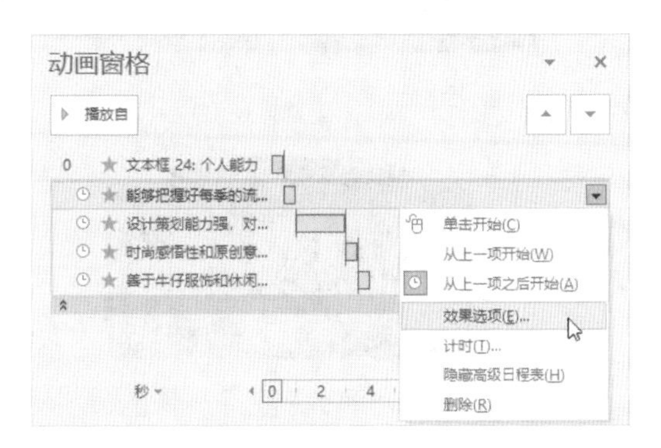

图1-30

问题思考

问题1：一份出众的PPT，需要用心设计，并且要熟练掌握PPT的各种应用技能，以及具有一定的审美能力。制作如图1-31所示的PPT演示文稿，主要运用了哪些功能，你了解吗？

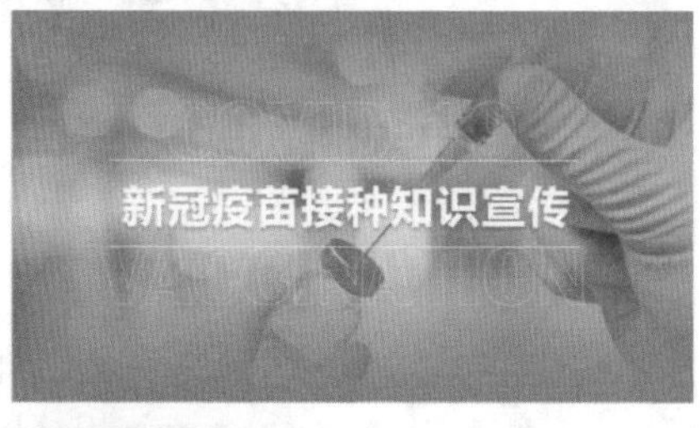

图1-31

问题2：为了让更多人了解到公司项目，从而寻求更好的合作伙伴，企业宣传PPT是必做不可的。那如何制作出如图1-32所示的宣传PPT呢？

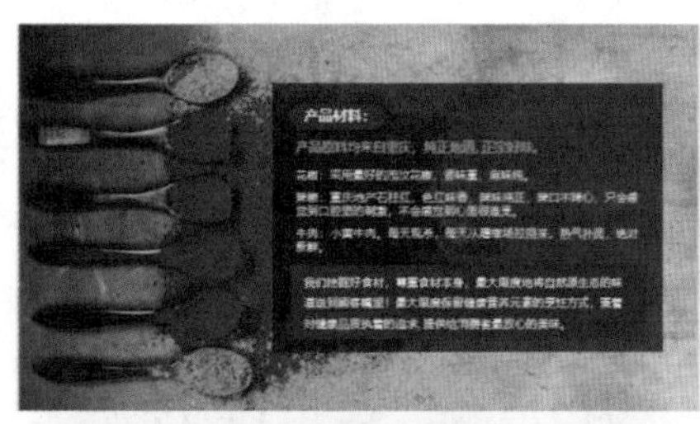

图1-32

Word 办公应用篇

第2章

Word文档的编辑

在日常办公中，起草合同、修改方案、制作标书、制作简历、打印各类总结报告等，都离不开Word文档。熟练掌握并使用该工具，将能在很大程度上提高办事效率，对于初学者来说也具有非常重要的意义。本章将对Word文档的编辑操作进行详细介绍。

2.1 文档内容的编辑

创建文档后，需要对文档进行编辑，例如调整文本格式、输入特殊符号、输入数学公式等，下面将进行详细介绍。

2.1.1 选择文本方式多

想要对文档中的内容进行编辑，首先需要选择文本，例如，选择字词、选择段落、选择整篇文档等。用户可以通过鼠标选择和键盘选择。

（1）鼠标选择

用户在文档中拖拽鼠标，或通过单击、双击、三击鼠标，就可以选择文本，如表2-1所示。

表2-1

要选定的文本	具体操作方法
一个字词	双击要选定的字词，或者按两次F8键
一个句子	按住Ctrl键的同时在该句所在的任何地方单击，或按三次F8键
一个段落	将鼠标指针移至段落左侧的选定区，当鼠标指针变为↗形状时双击鼠标左键
整篇文档	将鼠标指针移至文档左侧的选定区，当鼠标指针变为↗形状时，连续单击鼠标左键三次
任意文本	将鼠标指针移到起始行左侧，当鼠标指针变为↗形状时，拖动鼠标进行选择；或将光标放在要选定文本的起始点，然后在按住Shift键的同时单击文本的结束处

（2）键盘选择

用户可以通过在键盘上按【Shift】键、【Ctrl】键和方向键来实现文本的快速选择，如表2-2所示。

表2-2

组合键	功能描述
Shift＋←	向左选定一个字符
Shift＋→	向右选定一个字符
Shift＋↑	向上选定一行
Shift＋↓	向下选定一行
Shift＋Home	选定内容扩展至行首

续表

组合键	功能描述
Shift+End	选定内容扩展至行尾
Ctrl+Shift+←	选定内容扩展至上一单词结尾或上一个分句末尾
Ctrl+Shift+→	选定内容扩展至下一单词开头或下一个分句开头
Ctrl+Shift+↑	选定内容扩展至段首
Ctrl+Shift+↓	选定内容扩展至段尾
Shift+PageUp	选定内容向上扩展一屏
Shift+PageDown	选定内容向下扩展一屏
Ctrl+Shift+Home	选定内容扩展至文档开始处
Ctrl+Shift+End	选定内容扩展至文档结尾处
Ctrl+A	选定整篇文档

技巧点拨：使用快捷键移动文本或段落

在编辑文档时，若需将文本或者段落从一个位置移动到另一个位置，可选中需要移动的文本，并按【F2】键，接着将光标置于新的起点，最后按【Enter】键即可完成移动。

2.1.2 调整文本格式

文本格式包括字体格式和段落格式。为了文档的美观，需要对其进行设置。

(1)设置字体格式

字体格式包括字体、字号、字体颜色、加粗、倾斜、上标、下标等，用户在“开始”选项卡的“字体”选项组中就可以进行相关设置，如图2-1所示。

(2)设置段落格式

段落格式包括对齐方式、缩进值、行间距等，用户在“开始”选项卡的“段落”选项组中可以直接进行设置，如图2-2所示。

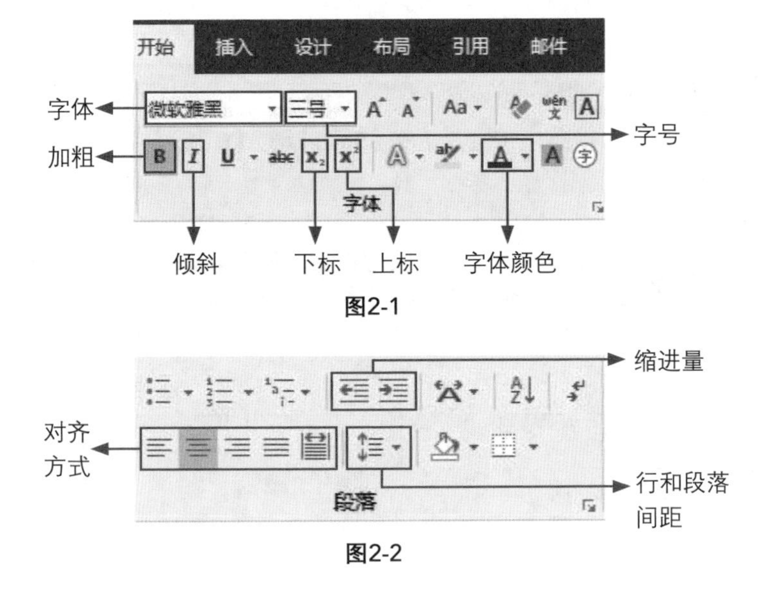

图2-1

图2-2

或者在“开始”选项卡中单击“段落”选项组的对话框启动器按钮，如图2-3所示。在打开的“段落”对话框中进行设置，如图2-4所示。

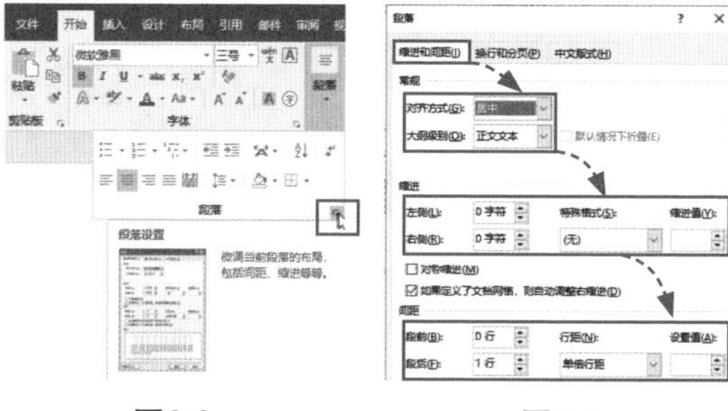

图2-3　　图2-4

技巧点拨：快速增大或减小字号

在“开始”选项卡中单击A˄按钮，或按【Ctrl+Shift+>】组合键，可以增大字号，如图2-5所示。单击A˅按钮，或按【Ctrl+Shift+<】组合键，可以减小字号，如图2-6所示。

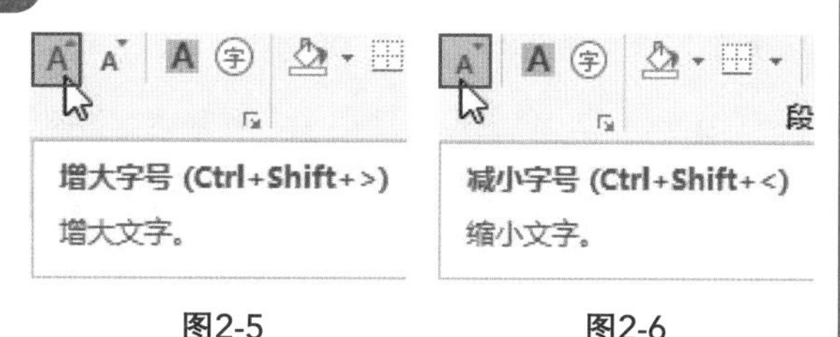

图2-5　　图2-6

技能应用：在文档中添加下划线

通常在劳动合同中需要在下划线上填写甲方或乙方信息，下面将介绍如何在“劳动合同”中输入下划线。

步骤01： 将光标插入到文本后面，在“开始”选项卡中单击“下划线”下拉按钮，从列表中选择合适的线型，如图2-7所示。

步骤02： 在键盘上按空格键，即可根据需要输入合适长度的下划线，如图2-8所示。

步骤03： 按照上述方法，在其他文本后面添加下划线即可，如图2-9所示。

图2-7　　图2-8　　图2-9

2.1.3 输入特殊符号

在编辑文档过程中，经常需要插入一些键盘无法输入的特殊字符。例如，“√”“℃”“①”“©”等。用户可以通过“符号”对话框输入特殊符号。

在“插入”选项卡中单击“符号”下拉按钮，从列表中选择“其他符号”选项。打开“符号”对话框，在“符号”选项卡中设置“字体”和“子集”选项，然后选择需要的特殊符号，将其插入到文档中，如图2-10所示；或者在“特殊字符”选项卡中选择合适的符号即可，如图2-11所示。

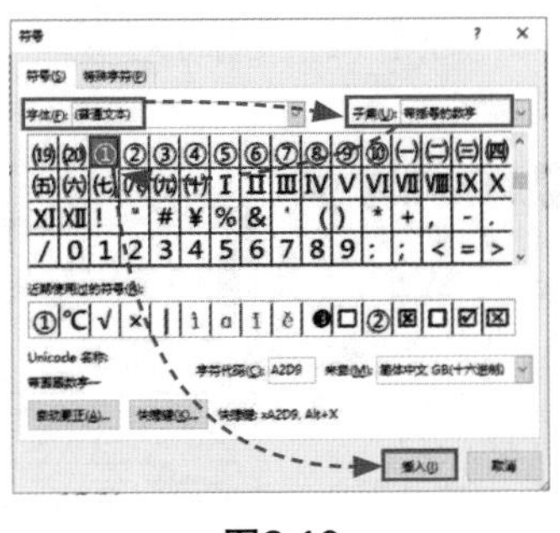

图2-10

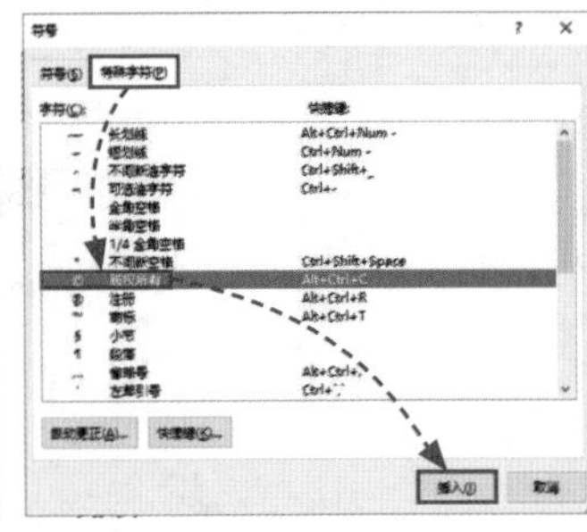

图2-11

2.1.4 输入数学公式

在数学试卷、论文等文档中经常要输入一些公式。下面将对3种常见的公式输入法进行介绍。

(1) 插入内置公式

在“插入”选项卡中单击“公式”下拉按钮，从列表中选择合适的内置公式，如图2-12所示，即可将所选公式插入到文档中，并打开“公式工具-设计”选项卡，通过功能区中的命令可更改公式的系数、符号、增减项等，如图2-13所示。

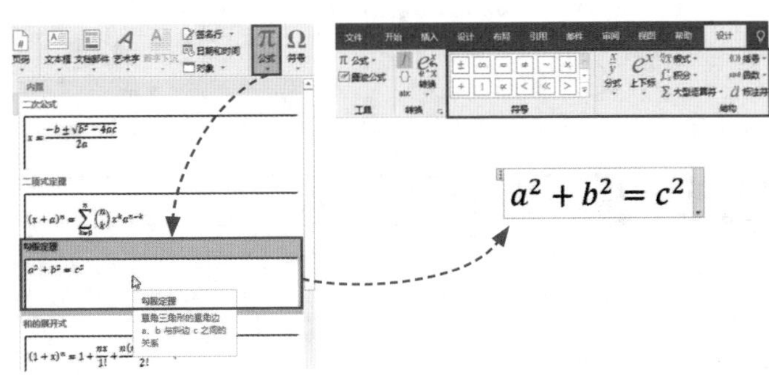

图2-12　图2-13

(2) 插入Office.com中的公式

在“插入”选项卡中单击“公式”下拉按钮，从列表中选择“Office.com中的其他公式”选项，然后再从其级联菜单中选择合适的公式插入到文档中即可，如图2-14所示。

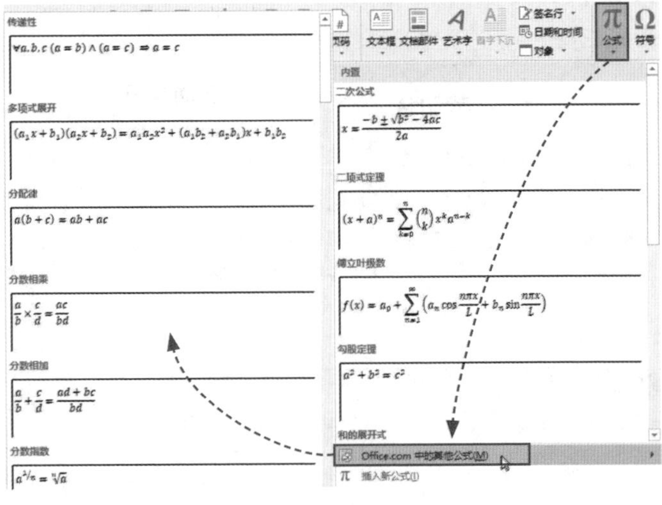

图2-14

（3）插入自定义公式

在“公式”列表中选择“插入新公式”选项，即可在文档中插入一个“在此处键入公式”窗格，用户通过“公式工具-设计”选项卡中“符号”和“结构”选项组中的命令辅助输入需要的公式即可，如图2-15所示。

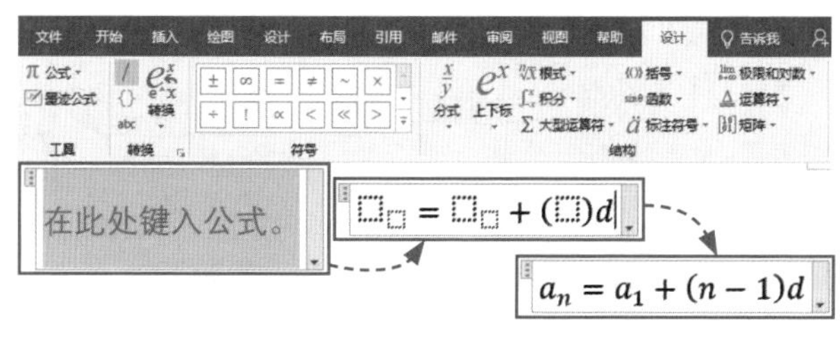

图2-15

技巧点拨：插入手写公式

用户也可以通过手写插入数学公式。在“公式”列表中选择“墨迹公式”选项，弹出一个“数学输入控件”面板，在面板的黄色区域，拖动鼠标书写需要的公式，在黄色区域上方会显示规范的字体，如果用户在书写过程中出现错误，则可以单击下方的“擦除”按钮，按住鼠标左键不放，拖动鼠标进行擦除，书写完成后，单击“插入”按钮，如图2-16所示，即可将书写的公式插入到文档中。

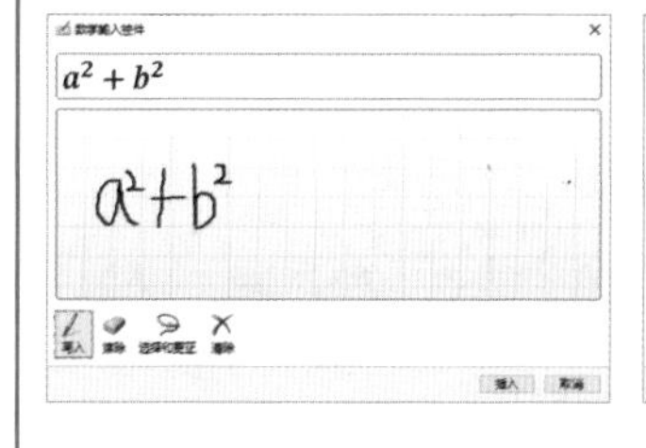

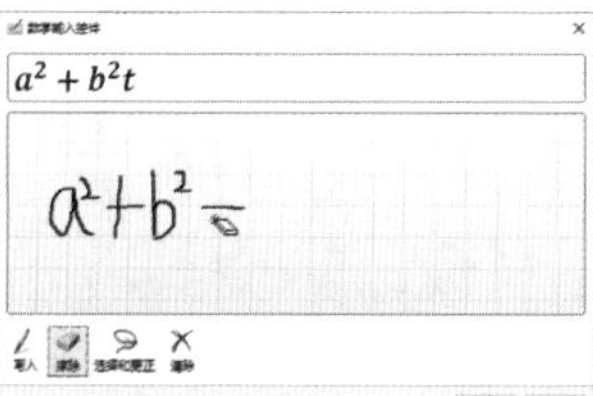

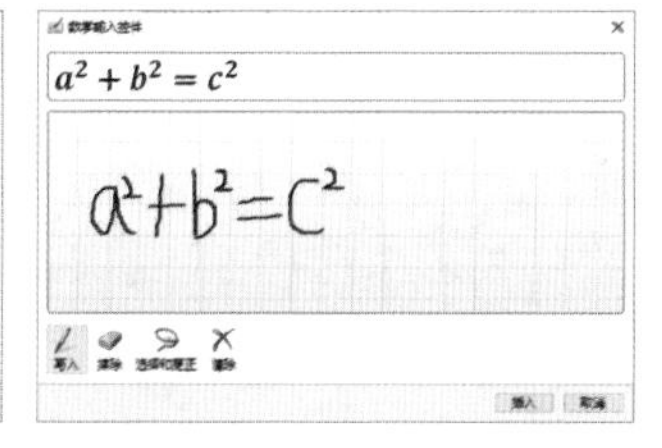

图2-16

技能应用：为合同条款内容添加编号

扫一扫 看视频

为了使文档内容的层次结构更清晰、更有条理。用户可以为其添加编号，下面将介绍具体的操作方法。

步骤01：选择文本，在“开始”选项卡中单击“编号”下拉按钮，从列表中选择合适的编号样式，如图2-17所示。

步骤02：即可为所选文本添加编号，如图2-18所示。

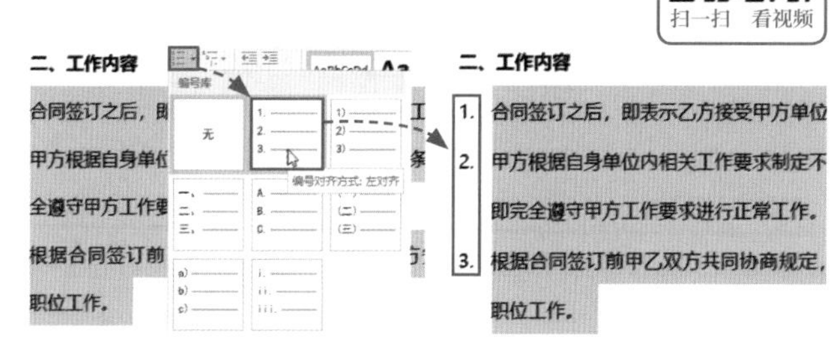

图2-17　　图2-18

2.2 文本的查找与替换

文档的查找和替换功能，可以对文档中的特定部分进行查看或者替换，下面将进行详细介绍。

2.2.1 查找文本内容

在对文档进行编辑时，若需要快速查找特定文本，则需要用到“查找”功能。在“开始”选项卡中单击“查找”下拉按钮，从列表中选择“查找”选项，弹出“导航”窗格，在搜索框中输入需要查找的内容，这里输入“合同”，系统自动突出显示要查找的文本，如图2-19所示。

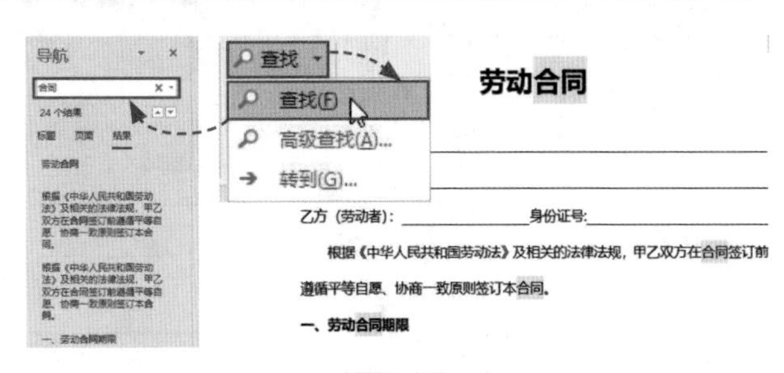

图2-19

此外，用户也可以使用高级搜索选项来查找文字。在“查找”列表中选择“高级查找”选项，打开“查找和替换”对话框，在“查找内容”文本框中输入“合同”，单击“阅读突出显示”按钮，从列表中选择“全部突出显示”选项，即可将文档中的“合同”文本全部用亮黄色突出显示出来，如图2-20所示。

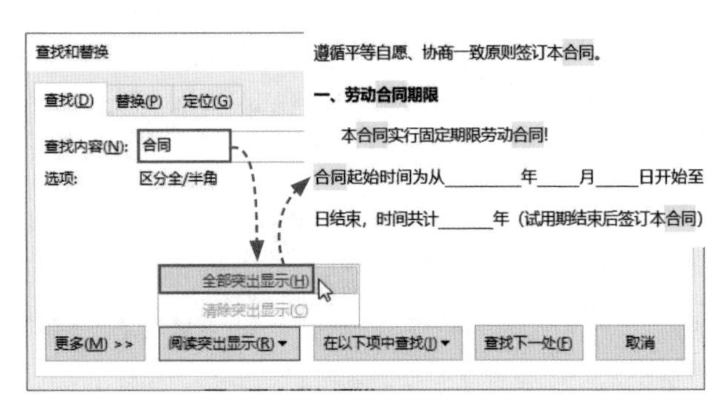

图2-20

2.2.2 替换文本内容

在编辑文档过程中，如果需要大量修改相同的文本，则可以使用“替换”功能进行操作。

（1）替换文本

在“开始”选项卡中单击“替换”按钮，打开“查找和替换”对话框，在“查找内容”文本框中输入需要查找的文本，在“替换为”文本框中输入替换的文本，单击“全部替换”按钮，弹出提示对话框，提示完成几处替换，单击“确定”按钮即可，如图2-21所示。

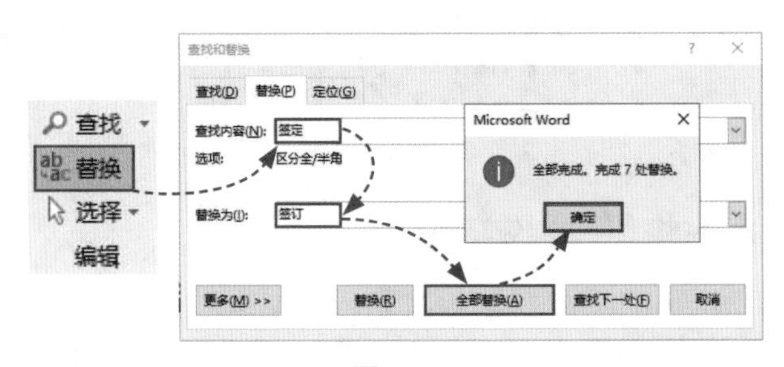

图2-21

（2）替换格式

例如，将字体为“宋体、五号”的文本，替换为“微软雅黑、小四、加粗”。

打开“查找和替换”对话框，将光标插入到“查找内容”文本框中，单击“更多”按钮，展开面板，单击“格式”按钮，选择“字体”选项，如图2-22所示。

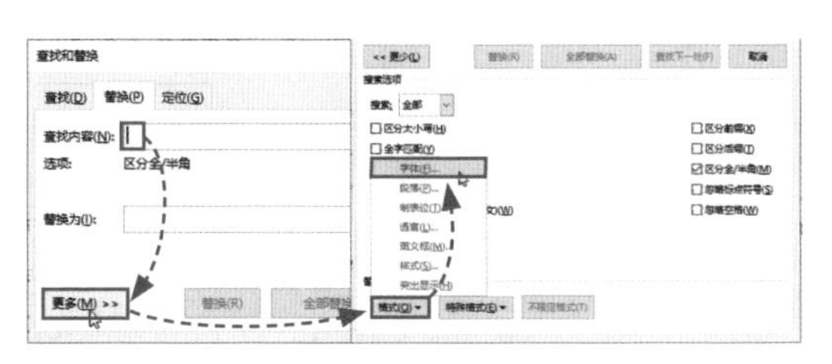

图2-22

打开“查找字体”对话框，将字体设置为“宋体”，将“字形”设置为“常规”，将“字号”设置为“五号”，单击“确定”按钮，如图2-23所示。返回“查找和替换”对话框，将光标插入到“替换为”文本框中，单击“格式”按钮，选择“字体”选项，打开“替换字体”对话框，将“字体”设置为“微软雅黑”，将“字形”设置为“加粗”，将“字号”设置为“小四”，单击“确定”按钮，如图2-24所示。

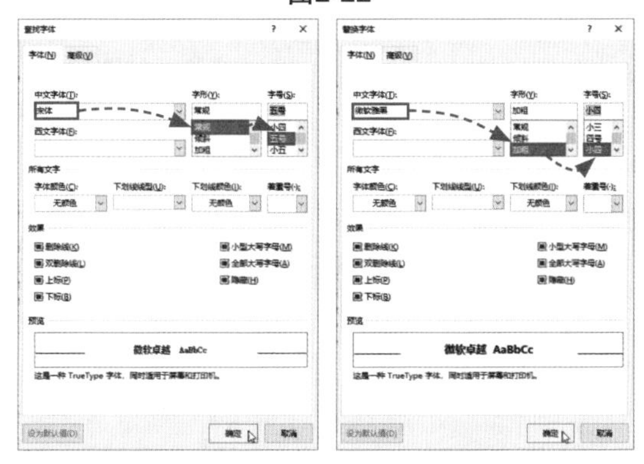

图2-23　　图2-24

返回“查找和替换”对话框，单击“全部替换”按钮，即可完成文本格式的替换，如图2-25所示。

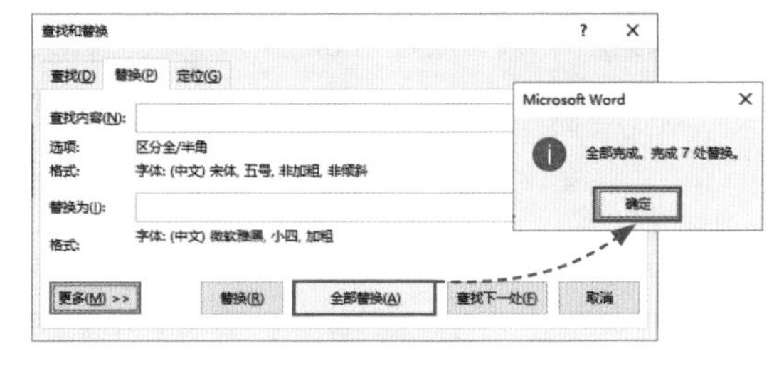

图2-25

技能应用：快速删除文档中的空行

当劳动合同中出现大量空行时，要想快速删除空行，可以按照以下方法操作。

步骤01： 打开“查找和替换”对话框，在“查找内容”文本框中输入“^p^p”，在“替换为”文本框中输入“^p”，单击“全部替换”按钮，如图2-26所示。

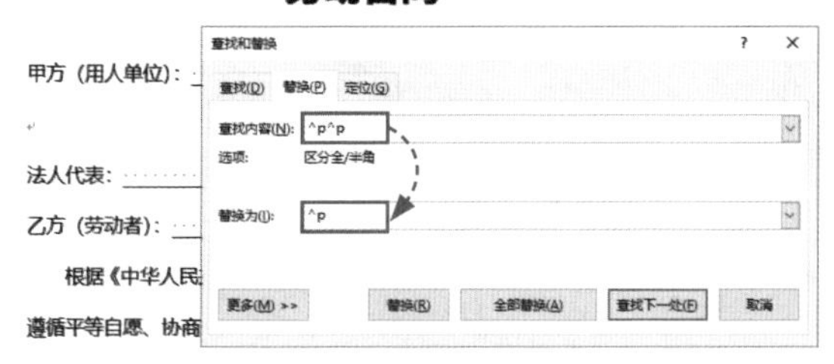

图2-26

步骤02： 将空行删除，继续单击“全部替换”按钮，直至删除全部的空行即可，如图2-27所示。

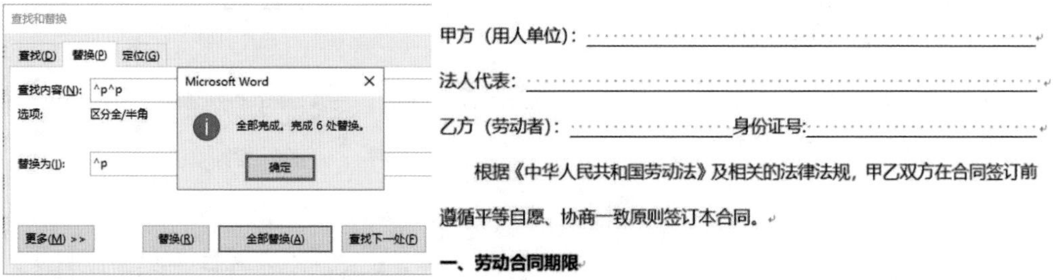

图2-27

2.3 文档的审阅与修订

文档制作完成后，可以通过Word文档的审阅功能对文档进行校对、翻译、批注、修订、限制编辑等，下面将进行详细介绍。

2.3.1 字数统计

当用户需要查看文档的字数、页数、字符数、段落数等信息时，可以在“审阅”选项卡中单击“字数统计”按钮，如图2-28所示。在打开的“字数统计”对话框中进行查看即可，如图2-29所示。

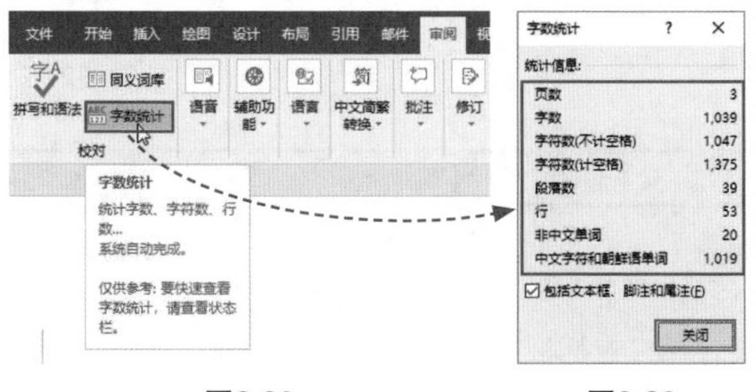

图2-28　　图2-29

技巧点拨：简繁转换

如果用户想要将简体中文转换为繁体，则可以在“审阅”选项卡中单击“简转繁”按钮，如图2-30所示。如果想要将繁体转换为简体，则单击“繁转简”按钮即可，如图2-31所示。

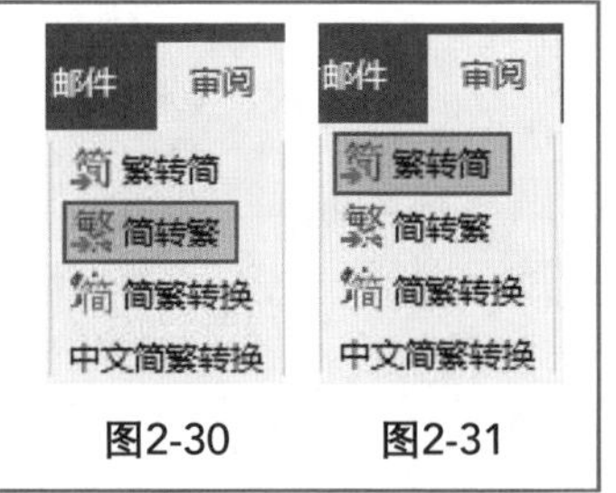

图2-30　　图2-31

2.3.2 内容翻译

Word文档的审阅功能非常强大，它可以将文档中的中文翻译成其他语言。选择文本，在“审阅”选项卡中单击“翻译”下拉按钮，从列表中选择“翻译所选内容”选项，如图2-32所示。打开“翻译工具”窗格，单击“目标语言”下拉按钮，从列表中选择所需语言项，单击“插入”按钮，即可将翻译的文本插入到文档中，如图2-33所示。

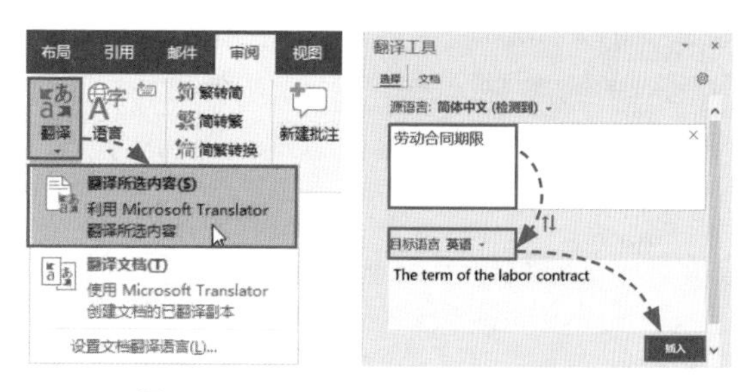

图2-32　　图2-33

2.3.3 文档批注

同事或者师生之间通过文档进行交流时，如果对某些部分有疑问，可以通过批注功能进行标注。选择需要添加批注的文本内容，在“审阅”选项卡中单击“新建批注”按钮，在文档右侧弹出一个批注框，在其中输入相关内容即可，如图2-34所示。

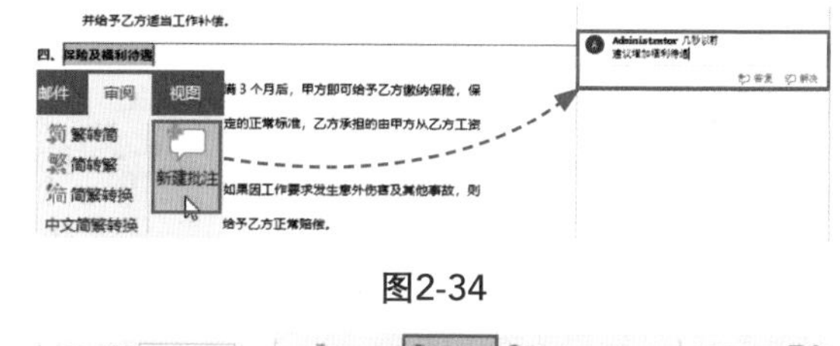

图2-34

如果想要隐藏批注，则可以单击“显示标记”下拉按钮，从列表中取消对“批注”选项的勾选即可，如图2-35所示。

如果需要将批注删除，则单击“删除”下拉按钮，从列表中选择“删除”或“删除文档中的所有批注”选项即可，如图2-36所示。

图2-35　　图2-36

2.3.4 跟踪修订

文档中存在需要修改的地方，则可以使用“修订”功能进行修改，这样可以使原作者明确哪些地方进行了改动。在“审阅”选项卡中单击“修订”按钮，使其呈现选中状态，用户对文档内容进行修改、删除、添加操作后，在文档右侧会出现提示，如图2-37所示，其中添加的内容会改色并添加下划线。

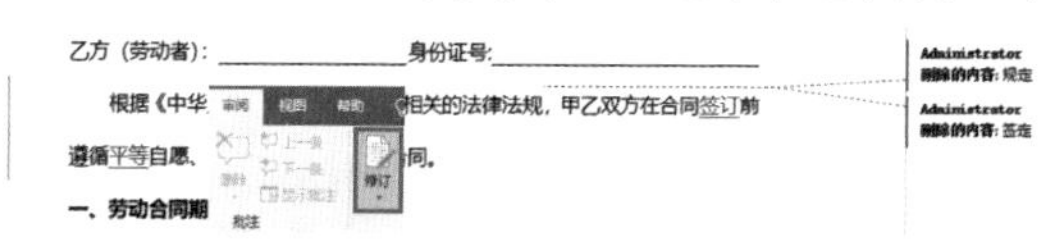

图2-37

修订文本后，文档是在批注框中显示修订，如果想要更改修订标记的显示方式，可以单击“显示标记”下拉按钮，从列表中选择“批注框”选项，在级联菜单中可以根据需要选择显示方式，如图2-38所示。

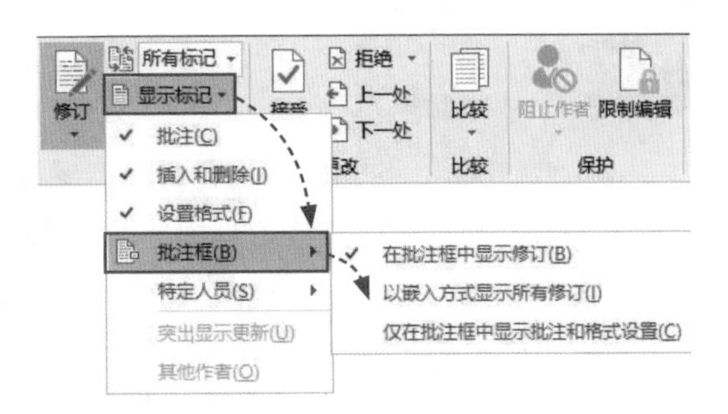

图2-38

若接受修订，则单击“接受”下拉按钮，从列表中根据需要进行选择，如图2-39所示。

若拒绝修订，则单击“拒绝”下拉按钮，进行相关选择即可，如图2-40所示。

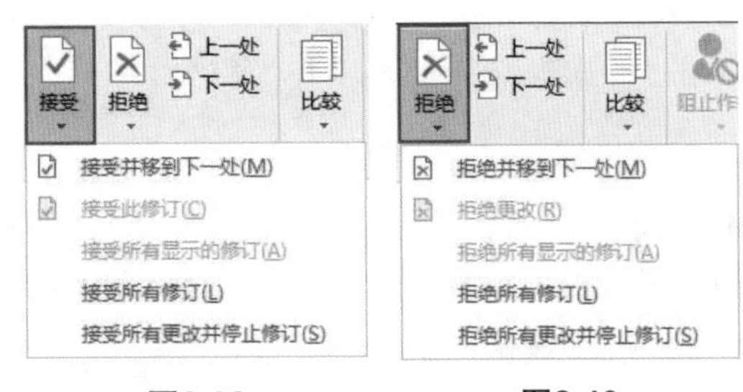

图2-39　　图2-40

新手误区：取消修订状态

当用户不需要修订文档时，要单击取消“修订”的选中状态，否则文档会一直处于修订状态。

2.3.5 限制编辑

为了防止他人随意更改文档内容，用户可以设置限制编辑。限制其他人可以对文档进行编辑和设置格式的程度。在“审阅”选项卡中单击“限制编辑”按钮，弹出“限制编辑”窗格，勾选“仅允许在文档中进行此类型的编辑”复选框，并在下方的列表中选择“不允许任何更改（只读）”选项，单击“是，启动强制保护”按钮，如图2-41所示。打开“启动强制保护”对话框，在“新密码”文本框中输入“123”，并确认新密码，单击“确定”按钮，此时，用户删除或修改文档中的内容时，在下方弹出提示内容，提示由于所选内容已被锁定，您无法进行此更改，如图2-42所示。

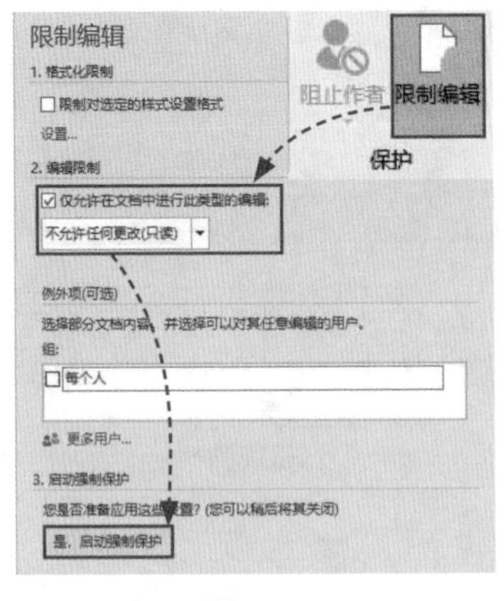

图2-41

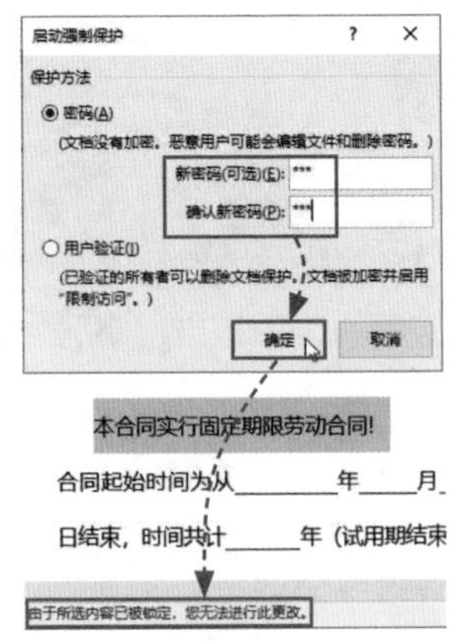

图2-42

技巧点拨：取消限制编辑

在“限制编辑”窗格中单击“停止保护”按钮，如图2-43所示。打开“取消保护文档”对话框，在“密码”文本框中输入密码“123”，单击“确定”按钮即可，如图2-44所示。

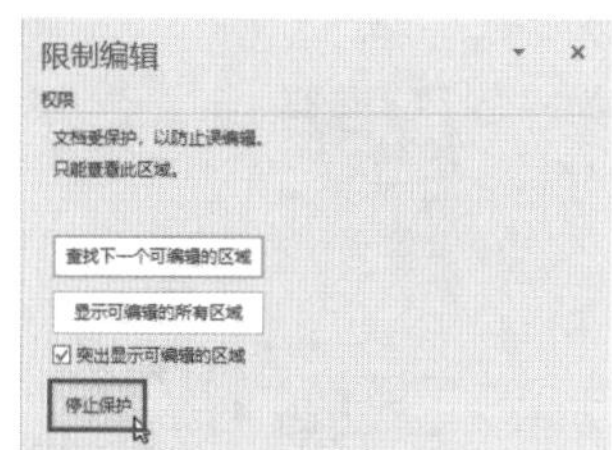

图2-43

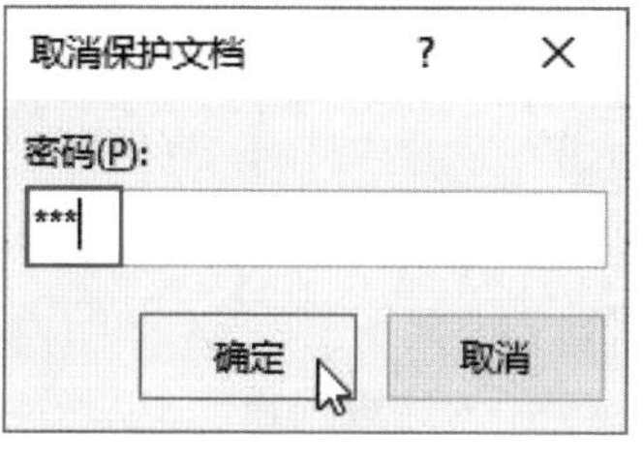

图2-44

技能应用：为文档设置访问密码

用户可以为劳动合同设置一个打开密码，只有输入正确的密码，才能打开文档，下面将介绍具体的操作方法。

步骤01： 单击“文件”按钮，选择“信息”选项，单击“保护文档”下拉按钮，从列表中选择“用密码进行加密”选项，如图2-45所示。

步骤02： 打开“加密文档”对话框，在“密码”文本框中输入“123”，单击“确定”按钮，弹出“确认密码”对话框，重新输入密码，单击“确定”按钮，如图2-46所示。

步骤03： 保存文档后，再次打开该文档，会弹出“密码”对话框，只有输入正确的密码，才能打开该文档，如图2-47所示。

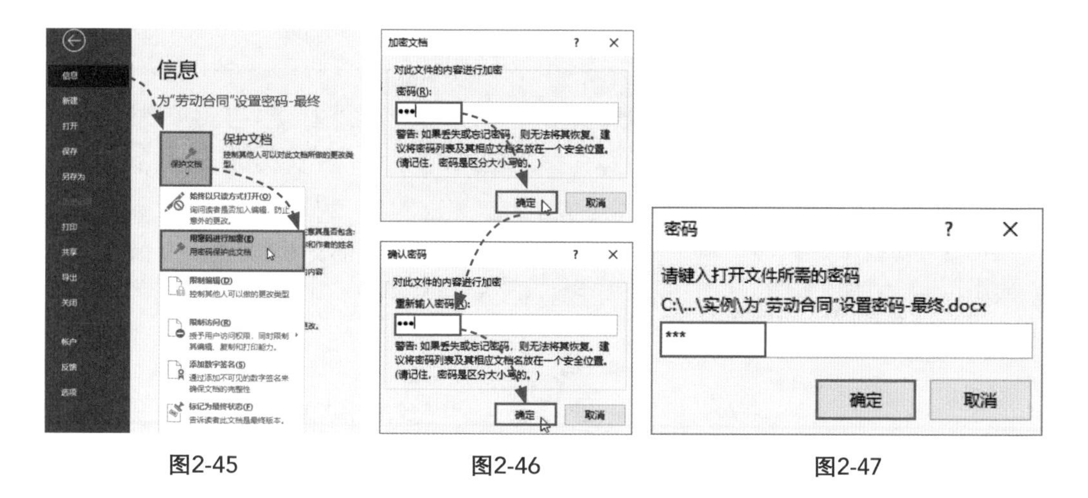

图2-45　图2-46　图2-47

2.4 文档分栏显示

在编辑文档页面中的内容时，使用文档的分栏功能，可以表明并列关系，并且可以整齐地规划文本，下面将进行详细介绍。

2.4.1 轻松将文档分栏

用户可以自动将文档内容分为两栏、三栏，或者更多栏。在“布局”选项卡中单击“栏”下拉按钮，从列表中根据需要选择“两栏”或“三栏”，这里选择“三栏”选项，如图2-48所示，即可将所选内容设置为三栏显示，如图2-49所示。

当用户需要将文字内容分为四栏或更多栏，则可以在“栏”列表中选择“更多栏”选项，打开“栏”对话框，从中设置栏数、栏宽和栏间距、应用范围、栏宽是否相等、是否显示分隔线等，单击“确定”按钮即可，如图2-50所示。

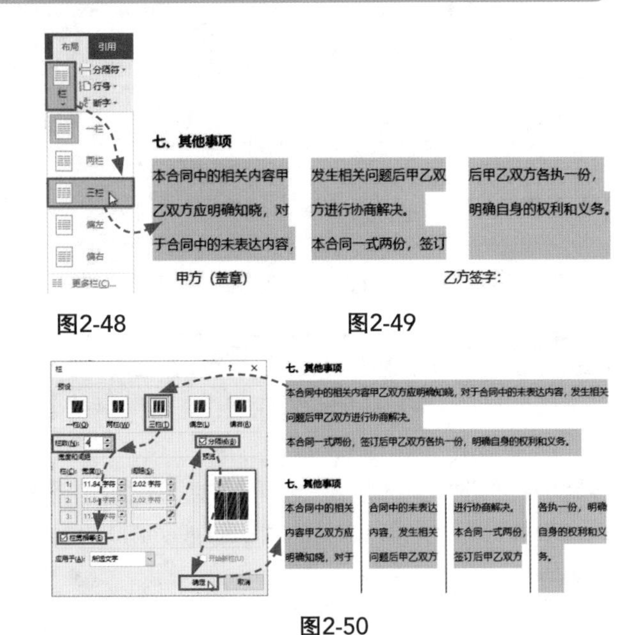

图2-48

图2-49

图2-50

技巧点拨：设置不同的栏宽

用户可以根据版式需求，设置不同的栏宽，只需要取消勾选“栏宽相等”复选框，重新设置各栏的宽度和间距即可。

2.4.2 使用分栏符辅助分栏

分栏符用于指示分栏符后面的文字将从下一栏开始。在对文档分栏过程中，如果希望文本可以直接切换至下一栏，则将光标定位至需要转至下一栏的文本开始处，在“布局”选项卡中单击“分隔符”下拉按钮，从列表中选择“分栏符”选项，即可将光标之后的文本调整到下一栏，如图2-51所示。

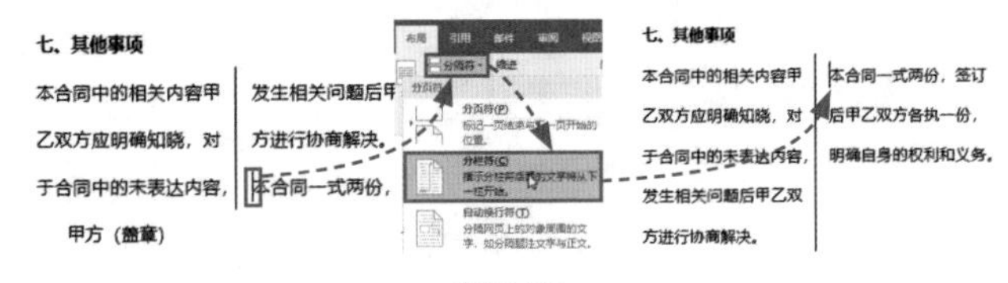

图2-51

2.5 分节与分页

通常情况下，在编辑文档时，系统会自动分页。用户也可以通过插入分页符，在指定位置强制分页。下面将对分节与分页进行详细介绍。

2.5.1 设置分节

为文档分节，可以对同一个文档中的不同区域采用不同的排版方式。将光标插入到需要分节的位置，在“布局”选项卡中，单击“分隔符”下拉按钮，从列表中选择“分节符”选项下的“下一页”选项，如图2-52所示，即可在光标处对文档进行分节。分节符之后的文本将会另起一页，并以新节的方式显示，如图2-53所示。

“分节符”选项中还包括“连续”“偶数页”和“奇数页”，如图2-54所示。

• 连续分节符：使当前节与下一节共存于同一页面中。可以在同一页面的不同部分共存的不同节格式，包括：列数、左、右页边距和行号。

• 偶数页分节符：使新的一节从下一个偶数页开始。如果下一页是奇数页，那么此页将保持空白。

• 奇数页分节符：使新的一节从下一个奇数页开始。如果下一页是偶数页，那么此页将保持空白。

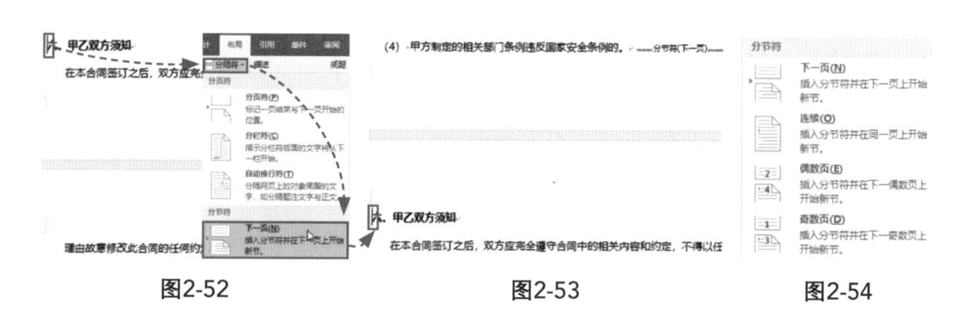

图2-52　　图2-53　　图2-54

2.5.2 设置分页

分页功能属于人工强制分页，即在需要分页的位置插入一个分页符，将一页中的内容分布在两页中。为文档分页的好处就是，在分页符之前，无论是增加或删除文本，都不会影响分页符之后的内容。将光标插入到需要分页的位置，在“布局”选项卡中单击“分隔符”下拉按钮，从列表中选择“分页符”选项，如图2-55所示。此时，光标之后的文本将会另起一页显示，如图2-56所示。

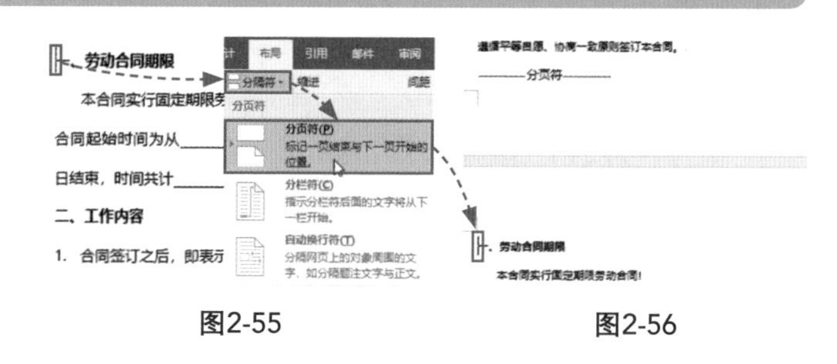

图2-55　　图2-56

技巧点拨：使用快捷键分页

将光标插入到需要分页的位置，按【Ctrl+Enter】组合键，即可为文档分页。

技能应用：为合同文档添加封面

用户可以为劳动合同快速添加一个封面，下面将介绍具体的操作方法。

步骤01： 将光标插入到“劳动合同”标题前面，如图2-57所示。在“插入”选项卡中单击“封面”下拉按钮，从列表中选择合适的内置封面样式，如图2-58所示。

步骤02： 此时在光标上方插入一个封面，然后根据需要，修改封面中的内容即可，如图2-59所示。

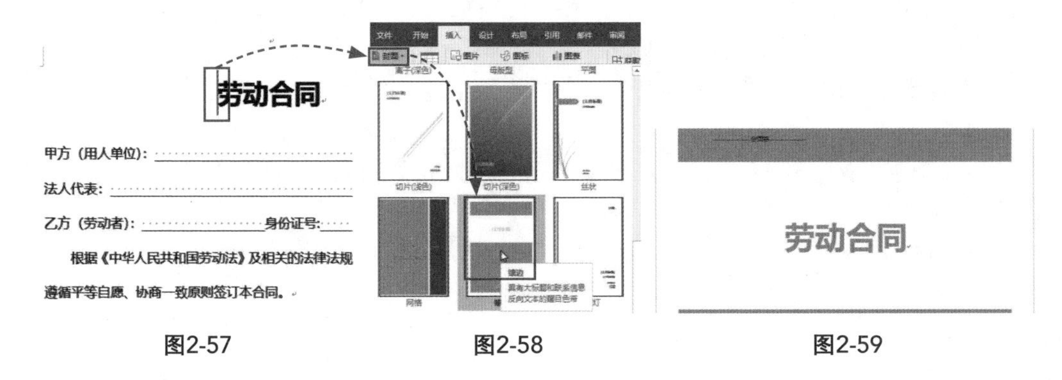

图2-57　　图2-58　　图2-59

2.6 文档的打印设置

文档制作完成后，通常需要以纸质形式呈现出来。在打印之前，首先需要对文档的页面进行设置，然后预览并打印，下面将进行详细介绍。

2.6.1 设置打印参数

在打印文档之前，可以对文档的打印份数、打印范围、打印方向、打印纸张等进行设置。

（1）设置文档打印份数

单击“文件”按钮，选择“打印”选项，在“打印”界面的“份数”文本框中，设置打印份数即可，如图2-60所示。

（2）设置打印范围

在“打印”界面中单击“打印范围”按钮，从列表中根据需要选择打印范围即可，如图2-61所示。

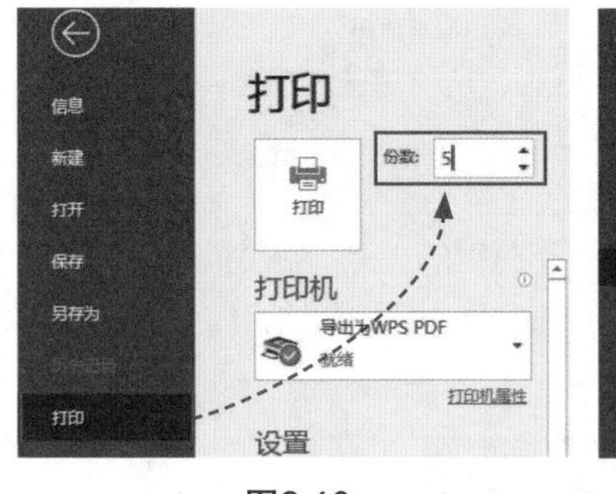

图2-60

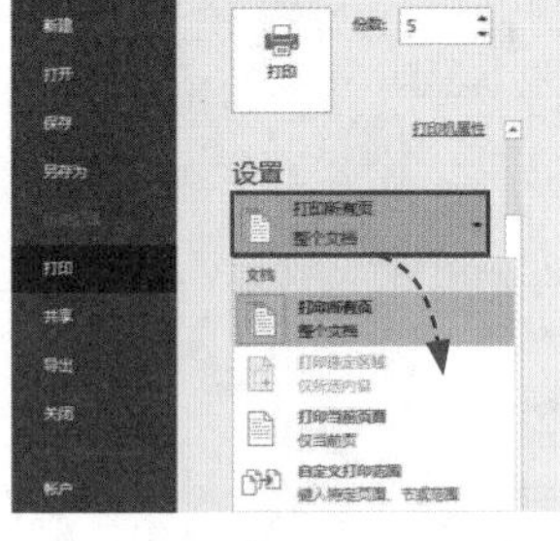

图2-61

（3）设置打印方向、纸张、页边距

单击“方向”按钮，从列表中按需选择“纵向/横向”选项，如图2-62所示。单击“纸张大小”按钮，从列表中选择合适的纸张大小，如图2-63所示。单击“页边距”按钮，从展开的列表中选择合适的页边距即可，如图2-64所示。

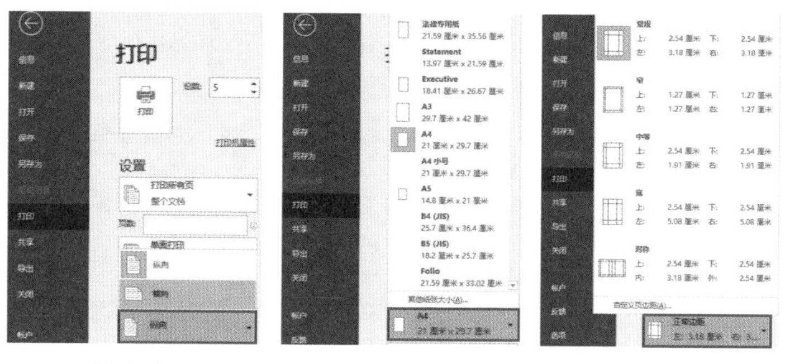

图2-62　　图2-63　　图2-64

（4）设置打印版式并选择打印机

单击“打印版式”按钮，从列表中选择合适的打印版式，如图2-65所示。单击“打印机”按钮，从展开的列表中选择用于打印文档的打印机，如图2-66所示。

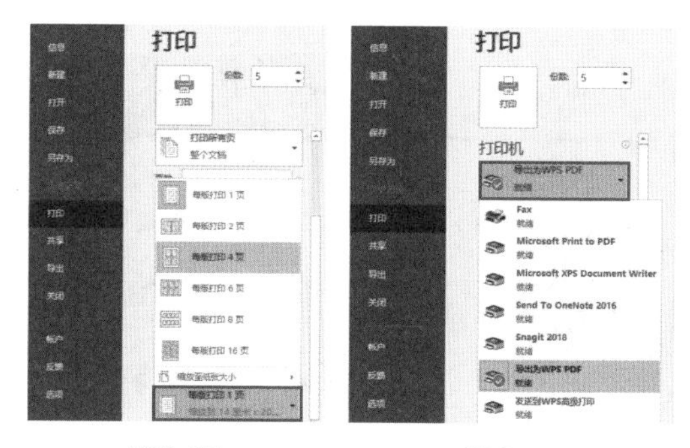

图2-65　　图2-66

2.6.2 打印预览与打印

用户可以先预览打印效果，然后再对文档进行打印。单击“文件”按钮，选择“打印”选项，在“打印”界面的右侧即可预览打印效果，单击“打印”按钮，即可将文档打印出来，如图2-67所示。

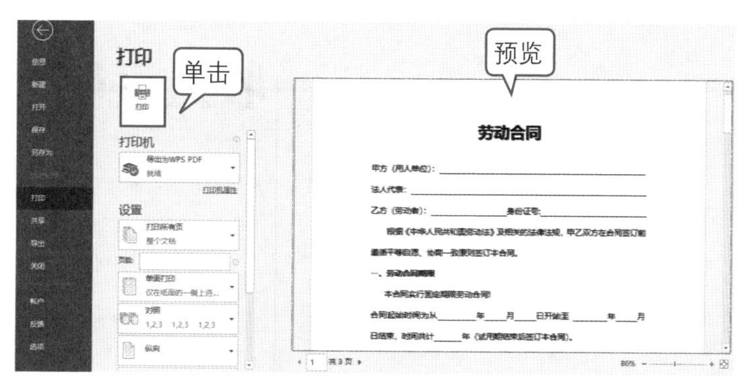

图2-67

技能应用：快速添加“打印预览和打印”命令

扫一扫 看视频

用户可以将“打印预览和打印”命令添加到快速访问工具栏，方便进行打印，下面将介绍具体的操作方法。

单击“文件”按钮，选择“选项”选项，打开“Word选项”对话框，选择“快速访问工具栏”选项，在“从下列位置选择命令”列表框中选择“打印预览和打印”选项，单击“添加”按钮，将其添加到“自定义快速访问工具栏”，单击“确定”按钮即可，如图2-68所示。

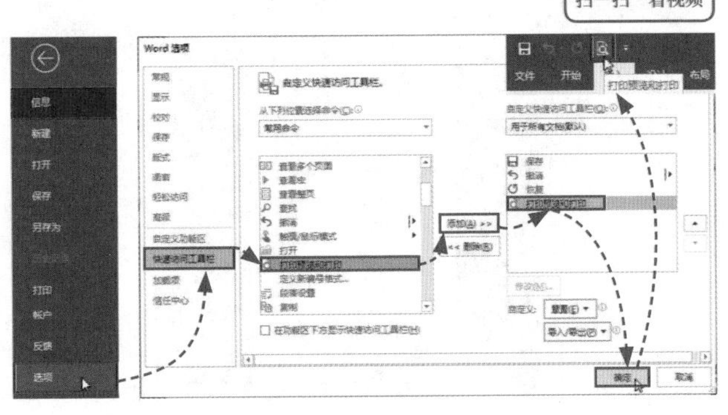

图2-68

实战演练：制作收入证明文档

扫一扫 看视频

收入证明用来证明员工的财务收入，一般在办理银行贷款、信用卡等时需要出具收入证明，下面将介绍如何制作收入证明。

步骤01： 新建一个空白文档，打开“布局”选项卡❶，单击“纸张大小”下拉按钮❷，从列表中选择“16开”选项❸，如图2-69所示。

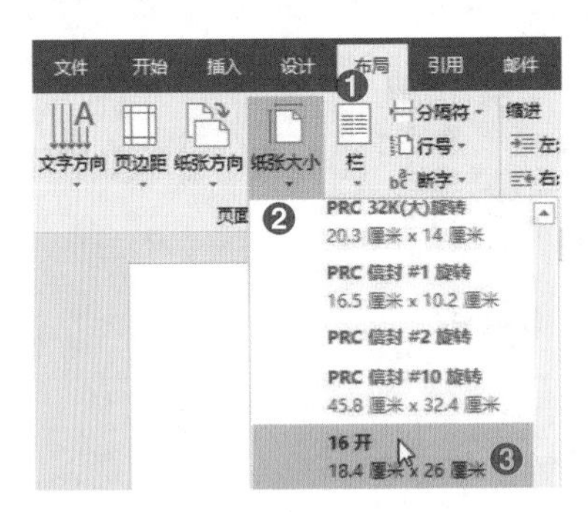

图2-69

步骤02： 在文档中输入标题❶和正文内容❷，如图2-70所示。

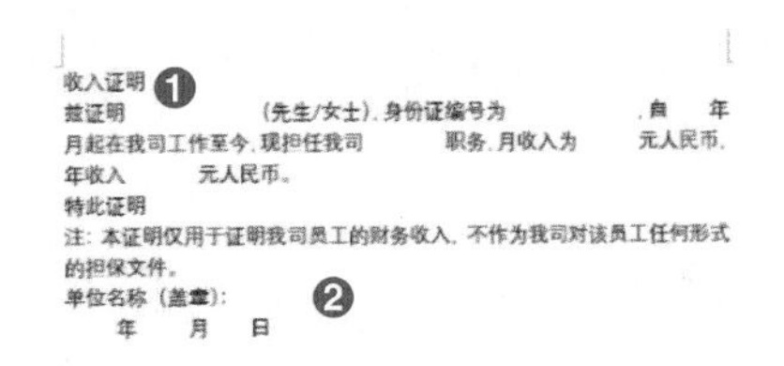

收入证明 ❶
兹证明　　　　（先生/女士），身份证编号为　　　　　，自　　年
月起在我司工作至今，现担任我司　　　　职务，月收入为　　　元人民币，
年收入　　　元人民币。
特此证明
注：本证明仅用于证明我司员工的财务收入，不作为我司对该员工任何形式的担保文件。
单位名称（盖章）：　❷
　年　月　日

图2-70

步骤03： 选择标题“收入证明”，在“开始”选项卡中，将“字体”设置为“微软雅黑”❶，将“字号”设置为“28”❷，加粗显示❸，如图2-71所示。

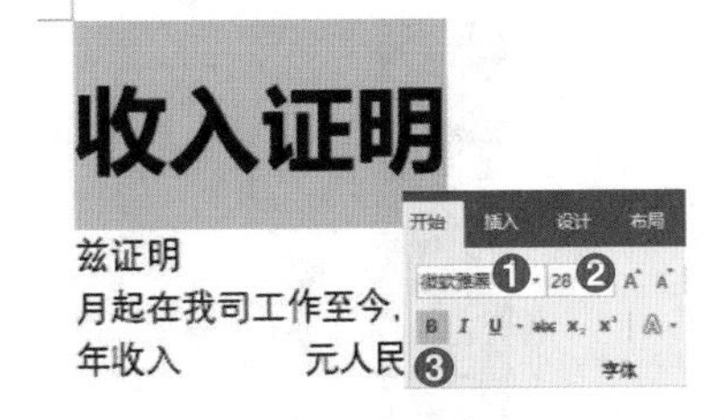

图2-71

步骤04： 打开“段落”对话框，将“对齐方式”设置为“居中”❶，将“段后”间距设置为“2行”❷，如图2-72所示。

图2-72

步骤05：选择正文内容，将“字体”设置为“宋体”❶，将“字号”设置为“四号”❷，如图2-73所示。

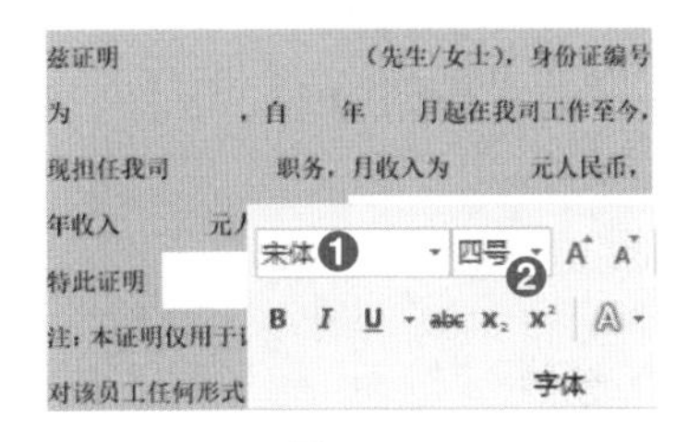

图2-73

步骤06：打开“段落”对话框，将“特殊格式”设置为“首行缩进2字符”❶，将“行距”设置为“2倍行距”❷，如图2-74所示。

图2-74

步骤07：选择“单位名称（盖章）：”文本，打开“段落”对话框，将“段前”间距设置为“2行”❶，如图2-75所示。

图2-75

步骤08：选择空格❶，按【Ctrl+U】组合键，即可快速添加下划线❷，如图2-76所示。

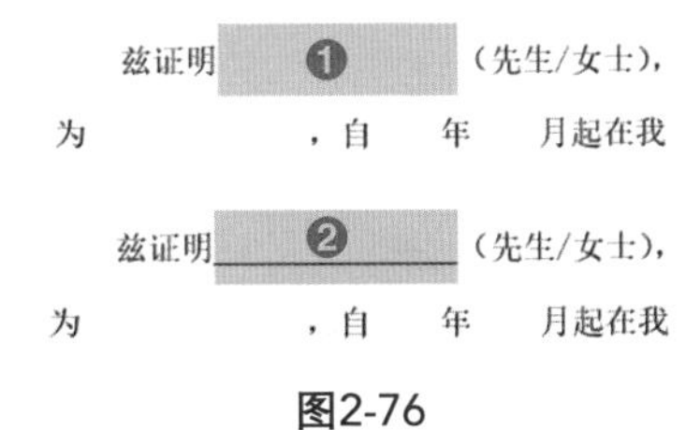

图2-76

步骤09：按照同样的方法，为其他文本添加下划线，如图2-77所示。

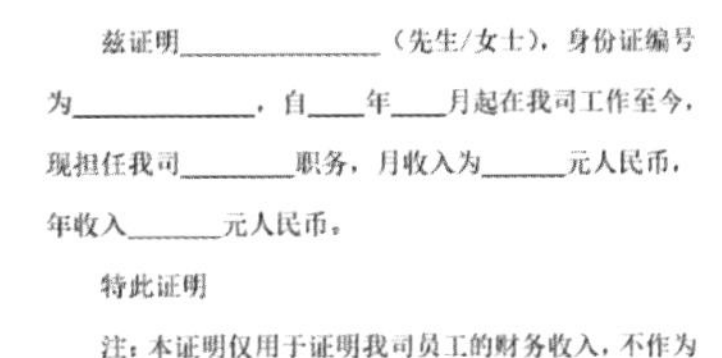
兹证明______________(先生/女士)，身份证编号

为____________，自____年____月起在我司工作至今，

现担任我司________职务，月收入为______元人民币，

年收入_______元人民币。

特此证明

注：本证明仅用于证明我司员工的财务收入，不作为

图2-77

步骤10：选择结尾文本，在“开始”选项卡中单击“段落”选项组的“右对齐”按钮❶，将其设置为右对齐❷，即可完成收入证明的制作，如图2-78所示。

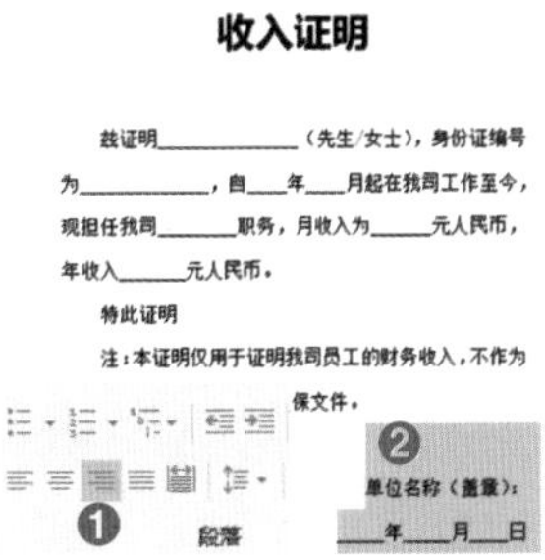

图2-78

知识拓展

Q：如何为文字添加拼音？

A：选择文字，在“开始”选项卡中单击“拼音指南”按钮，如图2-79所示。打开“拼音指南”对话框，在“拼音文字”文本框中默认显示拼音，然后根据需要设置“对齐方式”“偏移量”“字体”和“字号”，单击“确定”按钮即可，如图2-80所示。

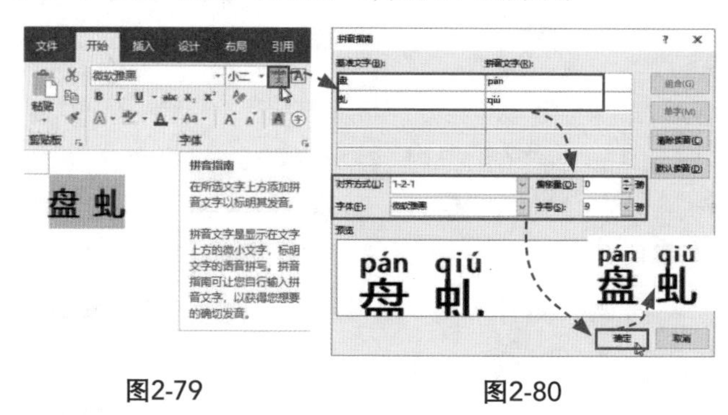

图2-79　　图2-80

Q：如何更改字母大小写？

A：选择英文字母，在“开始”选项卡中单击“更改大小写”下拉按钮，从列表中根据需要进行选择即可，如图2-81所示。

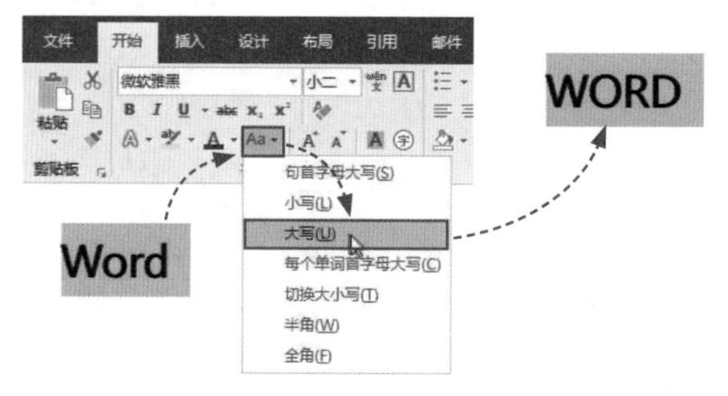

图2-81

Q：如何为段落添加项目符号？

A：选择段落，在“开始”选项卡中单击“项目符号”下拉按钮，从列表中选择需要的符号样式即可，如图2-82所示。

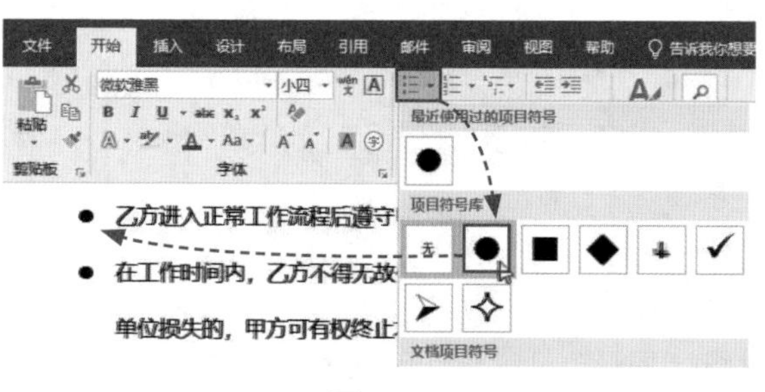

图2-82

第3章

Word文档的美化

通常文档制作好后，需要对其进行美化，例如设置页面背景，添加页眉页脚，插入图片、图形、艺术字等，从而丰富文档页面，使其看起来更加美观大方。本章将对Word文档的美化操作进行详细讲解。

3.1 文档页面的设计

用户可以在文档页面中进行各种操作，例如设置页面布局、设置页面背景等，下面将进行详细介绍。

3.1.1 设置页面布局

通常需要对文档页面的页边距、纸张方向、纸张大小等进行设置。在“布局”选项卡中单击“页边距”下拉按钮，从列表中可以设置整个文档的边距大小，如图3-1所示。单击“纸张方向”下拉按钮，可以将文档页面设置为“横向”或“纵向”，如图3-2所示。单击“纸张大小”下拉按钮，从列表中可以为文档选择纸张大小，如图3-3所示。

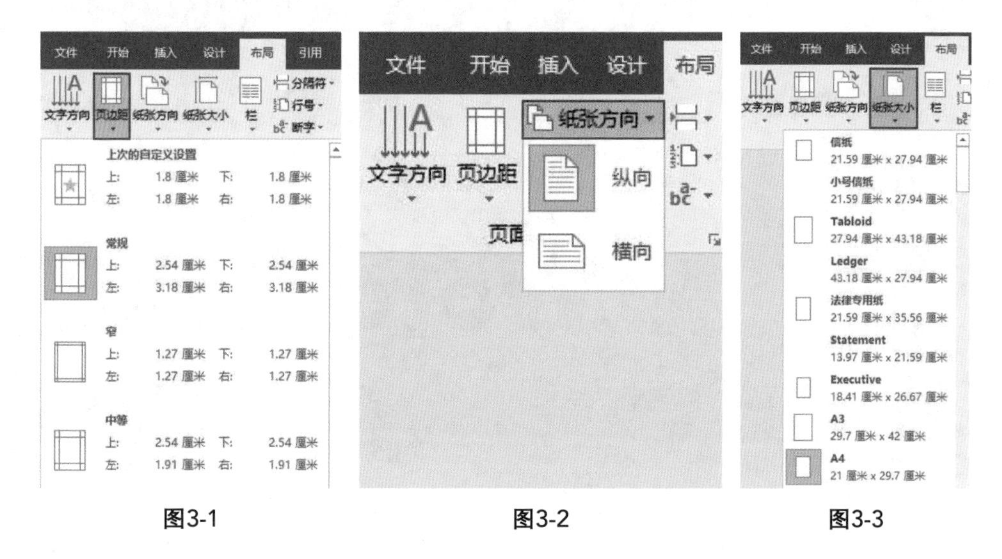

图3-1　　图3-2　　图3-3

此外，在“布局”选项卡中单击“页面设置”选项组的对话框启动器按钮，如图3-4所示。打开“页面设置”对话框，在“页边距”选项卡中可以设置页边距和纸张方向，如图3-5所示。在“纸张”选项卡中可以设置纸张大小，如图3-6所示。

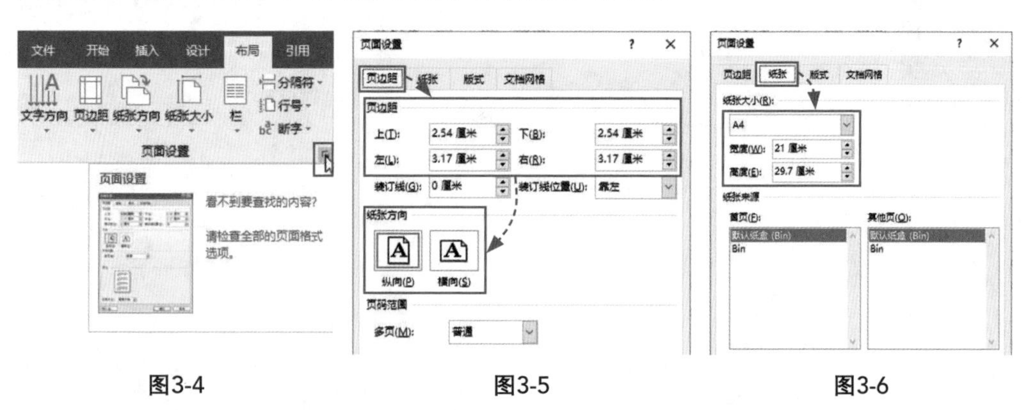

图3-4　　图3-5　　图3-6

技巧点拨：自定义纸张大小

用户打开“页面设置”对话框，在“纸张”选项卡中，将“纸张大小”设置为“自定义大小”，并设置合适的“宽度”和“高度”值即可，如图3-7所示。

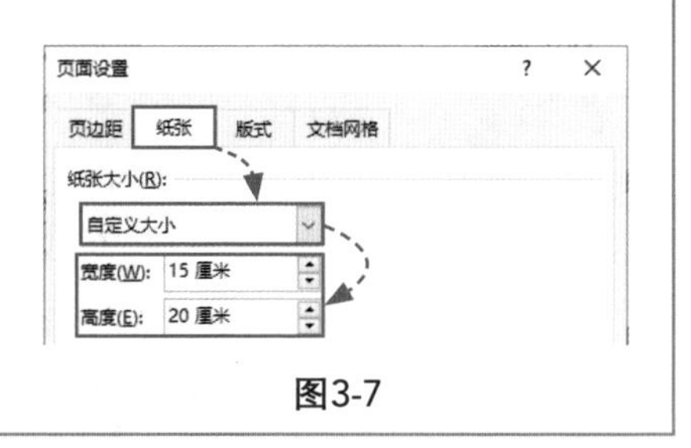

图3-7

3.1.2 设置页面背景

页面背景的设置包括添加水印、更改页面颜色、设置页面边框。下面将详细介绍操作方法。

（1）添加水印

在“设计”选项卡中单击“水印”下拉按钮，从列表中可以选择内置的水印样式，如图3-8所示。

如果对内置的水印样式不满意，则可以在列表中选择“自定义水印”选项，打开“水印”对话框，在该对话框中可以自定义图片水印和文字水印，如图3-9所示。

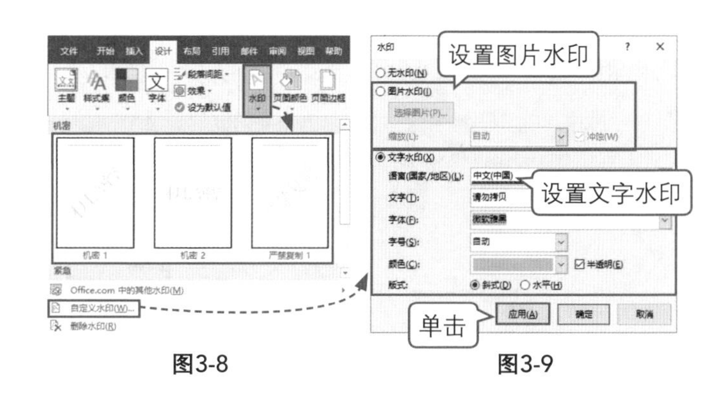

图3-8 图3-9

（2）更改页面颜色

在“设计”选项卡中单击“页面颜色”下拉按钮，从列表中可以选择合适的页面颜色，如图3-10所示。

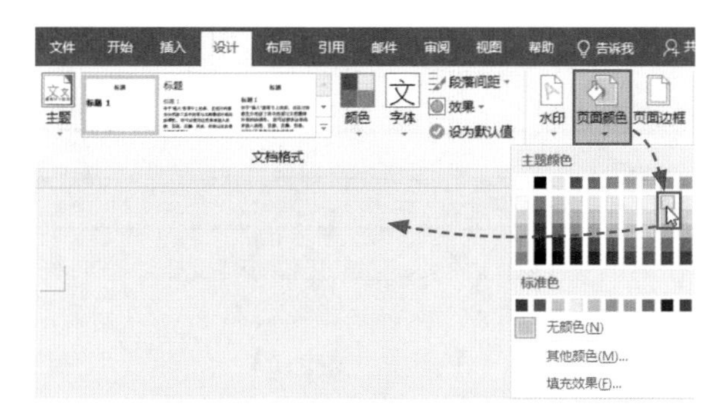
图3-10

此外，用户还可以为文档页面设置渐变、纹理、图案和图片填充。在“页面颜色”列表中选择“填充效果”选项，打开“填充效果”对话框，从中进行相关设置即可，如图3-11所示。

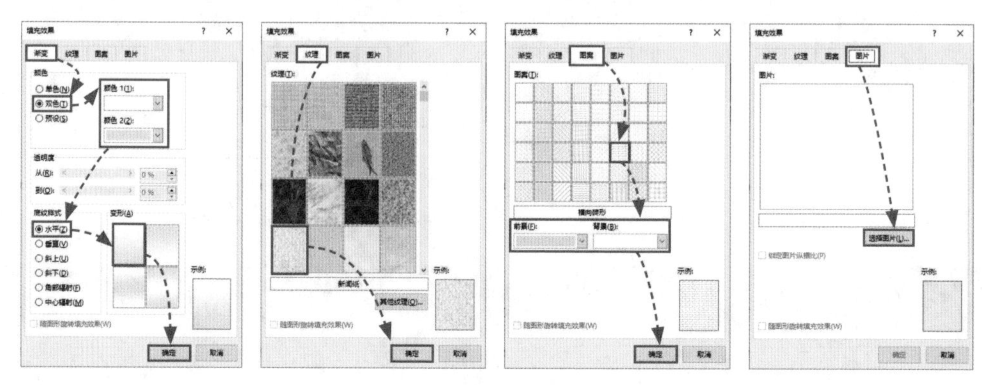

图3-11

（3）设置页面边框

在“设计”选项卡中单击“页面边框”按钮，打开“边框和底纹”对话框，在“页面边框”选项卡中，选择“设置”选项组的“方框”选项，然后设置边框样式、颜色、宽度、应用范围，单击“确定”按钮，如图3-12所示，即可为文档页面添加边框。

如果用户想要为文档页面设置一个艺术型边框，则可以在“页面边框”选项卡中单击“艺术型”下拉按钮，从列表中选择合适的艺术样式即可，如图3-13所示。

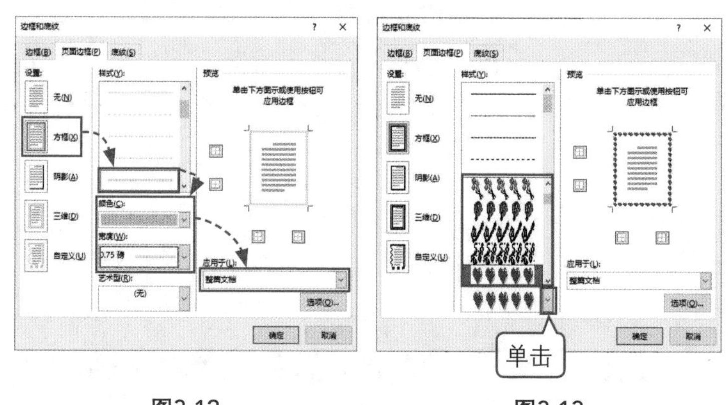

图3-12　　图3-13

技能应用：为文档添加整体边框

制作招聘文案时，有时为了设计需要，会为文档添加边框，下面将介绍具体的操作方法。

步骤01： 在“设计”选项卡中单击“页面边框”按钮，打开“边框和底纹”对话框，在“页面边框”选项卡中，选择“方框”选项，并选择合适的样式，单击“颜色”下拉按钮，从列表中选择“白色，背景1”，如图3-14所示。

步骤02：将“宽度”设置为“2.25磅”，单击“选项”按钮，如图3-15所示。

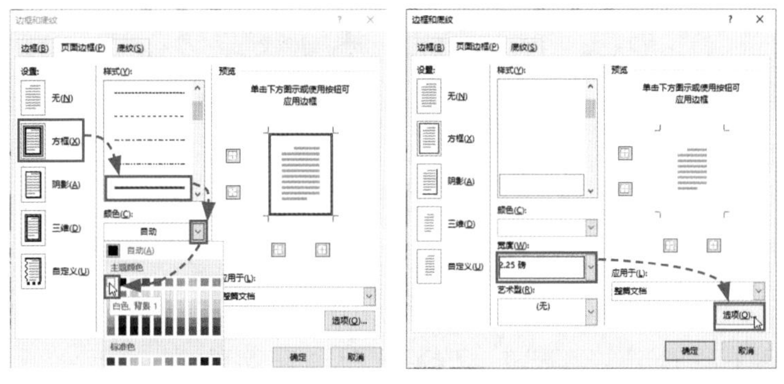

图3-14　　　　图3-15

步骤03：打开“边框和底纹选项”对话框，将“上”“下”“左”“右”边距设置为“9磅”，单击“确定”按钮，如图3-16所示。返回“边框和底纹”对话框，直接单击“确定”按钮。

步骤04：即可为“企业招聘海报”文档添加边框，如图3-17所示。

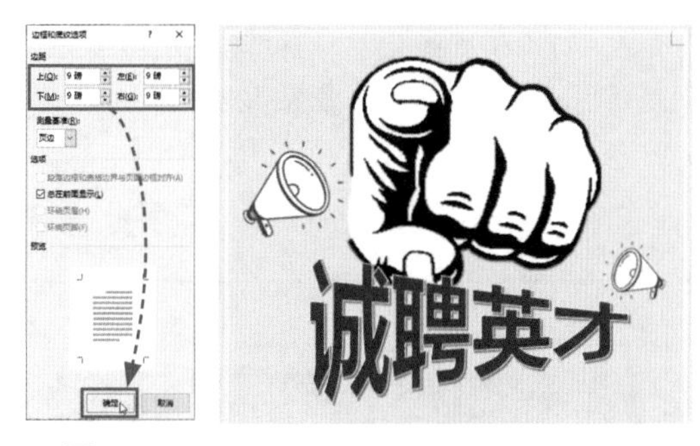

图3-16　　　　图3-17

3.2 页眉页脚的添加

在制作合同、标书和论文等文档的时候，需要插入页眉和页脚，也需要标注页码，下面将进行详细介绍。

3.2.1 插入页眉页脚

一般在文档中插入页眉和页脚，用来展示标题和作者信息。在“插入”选项卡中单击“页眉”下拉按钮，从列表中选择内置的页眉样式，如图3-18所示。页眉即可处于编辑状态，在页眉中输入相关内容即可，如图3-19所示。

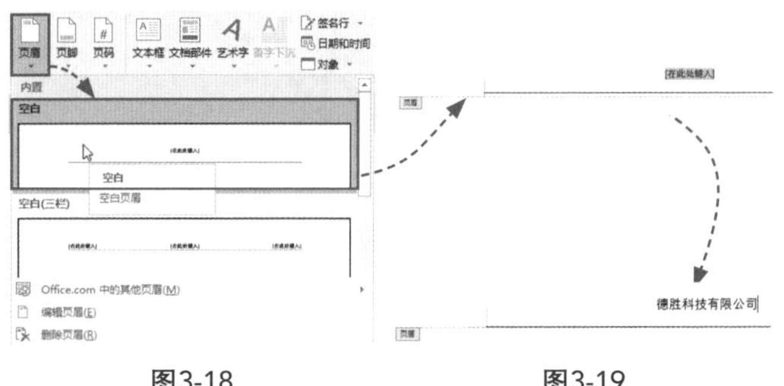

图3-18　　　　图3-19

同样，单击“页脚”下拉按钮，从列表中选择内置的页脚样式，如图3-20所示。页脚即可处于编辑状态，输入内容即可，如图3-21所示。

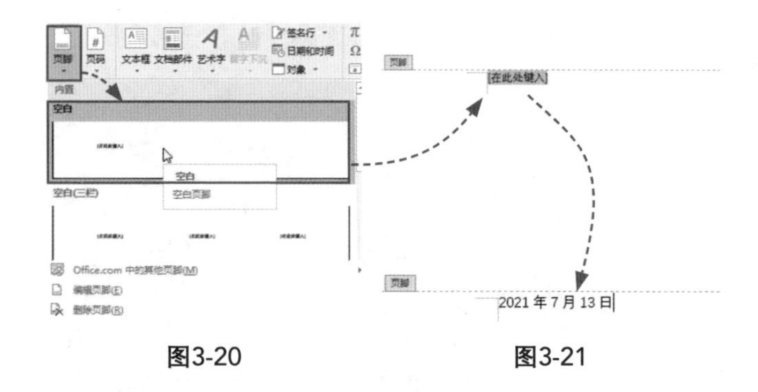

图3-20　　图3-21

技巧点拨：退出页眉页脚编辑状态

编辑好页眉页脚后，如果想要退出编辑状态，则在“页眉和页脚工具-设计”选项卡中单击“关闭页眉和页脚”按钮即可，如图3-22所示。

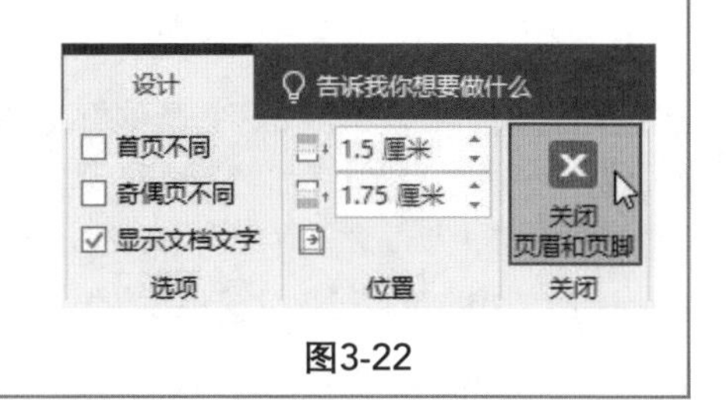

图3-22

3.2.2 自定义页眉页脚

除了可以按照Word文档内置的样式添加页眉和页脚外，还可以自定义页眉和页脚。在“页眉”列表中选择“编辑页眉”选项，进入编辑状态，在“设计”选项卡中可以设置在页眉中插入图片、日期和时间、文档信息等，如图3-23所示。

此外，还可以设置页眉页脚首页不同、奇偶页不同、页眉顶端距离、页脚底端距离等。

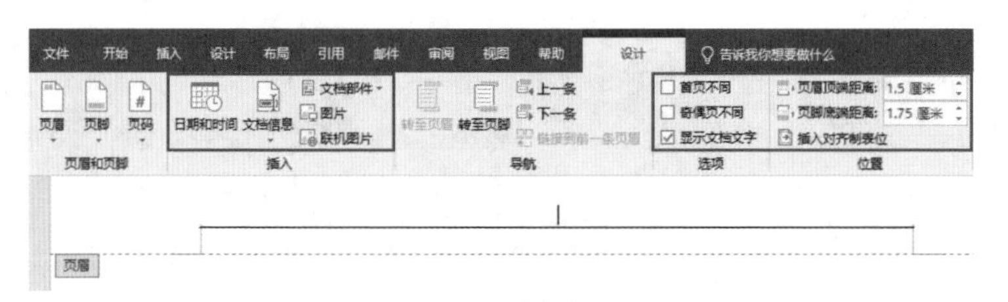

图3-23

3.2.3 为文档添加页码

为长篇文档添加页码，方便浏览与查看。在“插入”选项卡中单击“页码”下拉按钮，从列表中选择页码的显示位置，如图3-24所示，即可在文档的合适位置插入页码。

如果用户想要设置页码的显示样式，则在“页码”列表中选择“设置页码格式”选项，打开“页码格式”对话框，在“编号格式”列表中选择需要的样式即可，如图3-25所示。

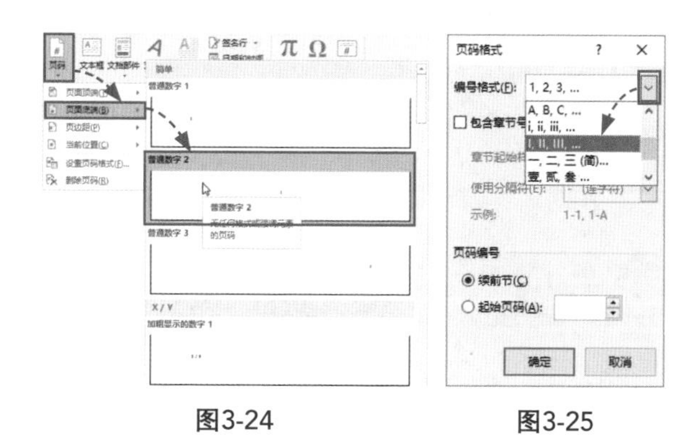

图3-24　　图3-25

3.3 图片的应用

为了使文档图文并茂、更具有说服力，需要在文档中插入图片，并对图片进行编辑，下面将进行详细介绍。

3.3.1 插入图片

插入图片的方法有2种，分别为插入计算机中的图片和插入联机图片。

（1）插入计算机中的图片

在“插入”选项卡中单击“图片”按钮，如图3-26所示。打开“插入图片”对话框，从中选择需要的图片，单击“插入”按钮，如图3-27所示，即可将所选图片插入到文档中。

图3-26　　图3-27

（2）插入联机图片

在“插入”选项卡中单击“联机图片”按钮，打开“联机图片”窗格，在搜索框中输入需要搜索的关键词，如图3-28所示。按【Enter】键确认，即可搜索出相关图片，单击选择需要的图片，单击“插入”按钮即可，如图3-29所示。

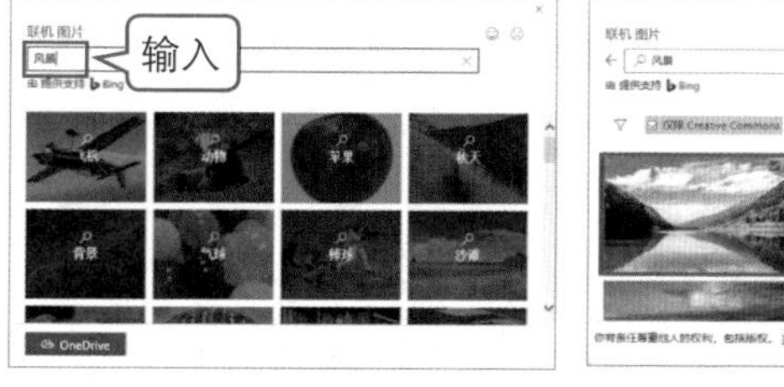

图3-28

图3-29

技巧点拨：插入多张图片

如果用户想要一次性插入多张图片，则在“插入图片”对话框中，按住【Ctrl】键不放，鼠标单击选取需要插入的多张图片即可。

3.3.2 调整图片大小和位置

将图片插入到文档后，通常需要对图片的大小和位置进行调整。

（1）调整图片大小

① **鼠标调整法。**选择图片，将光标放置于图片任意对角点上，鼠标光标变为“↘”形状，如图3-30所示。按住鼠标左键不放，拖动鼠标，即可调整图片的大小，如图3-31所示。

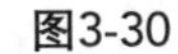

图3-30

图3-31

② **数值框调整法。**选择图片，打开“图片工具-格式”选项卡，在“大小”选项组中可以设置图片的“高度”和“宽度”值，如图3-32所示。

图3-32

③ **裁剪图片。**选择图片，在“图片工具-格式”选项卡中单击“裁剪”按钮，此时图片周围出现8个裁剪点，如图3-33所示。将鼠标光标放在裁剪点上，按住鼠标左键不放，拖动鼠标，设置裁剪区域，如图3-34所示。设置好图片的裁剪区域后，按【Enter】或【Esc】键确认裁剪，如图3-35所示。其中，图片中深色区域为将要被裁剪掉的部分。

图3-33

图3-34

图3-35

技巧点拨：将图片裁剪为形状

如果想要将图片裁剪为一定的形状，则可以单击“裁剪”下拉按钮，从列表中选择“裁剪为形状”选项，并从其级联菜单中选择合适的形状即可，如图3-36所示。如果用户想要按比例裁剪，则在“裁剪”列表中选择“纵横比”选项，并从其级联菜单中选择需要的比例即可，如图3-37所示。

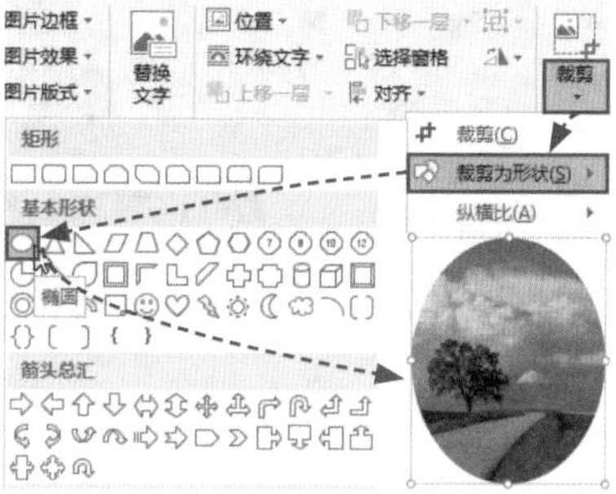

图3-36

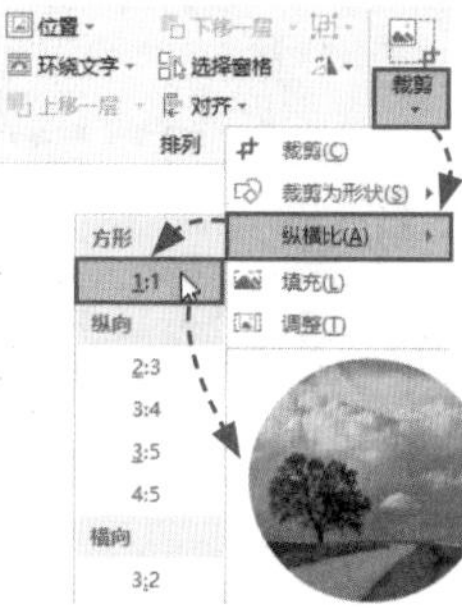

图3-37

（2）调整图片位置

选择图片，按住鼠标左键不放，拖动鼠标，将光标移至图片需要移动到的位置即可，如图3-38所示。

或者在“图片工具-格式”选项卡中单击“环绕文字”下拉按钮，从列表中选择一种环绕方式，如图3-39所示，也可以调整图片的位置。

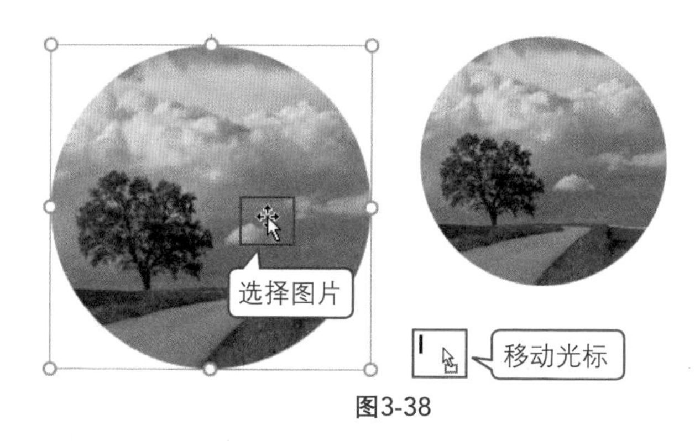

图3-38

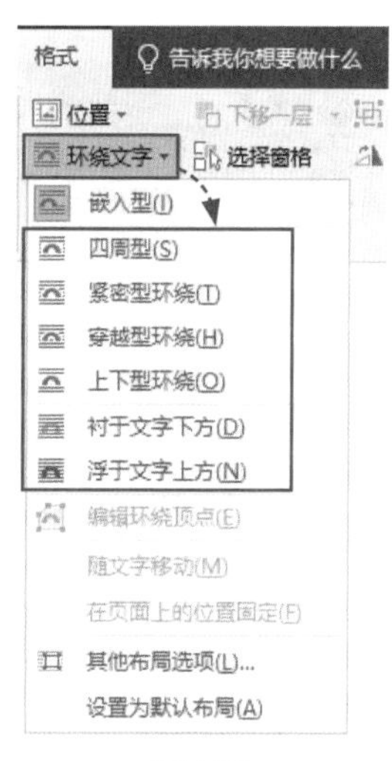

图3-39

3.3.3 设置图片效果

为了使图片看起来更加美观，用户可以调整图片的亮度/对比度、颜色、艺术效果等。

（1）调整亮度/对比度

选择图片，在“图片工具-格式”选项卡中单击“校正”下拉按钮，从列表中选择合适的亮度/对比度效果即可，如图3-40所示。

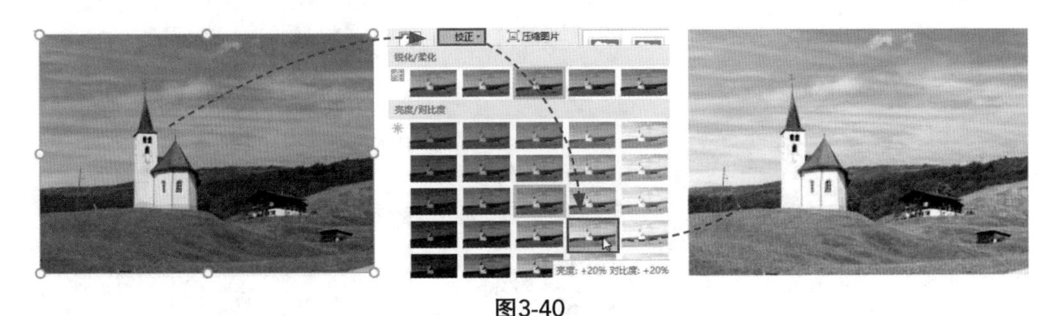

图3-40

（2）调整颜色

选择图片，在“图片工具-格式”选项卡中单击“颜色”下拉按钮，从列表中选择合适的颜色效果即可，如图3-41所示。

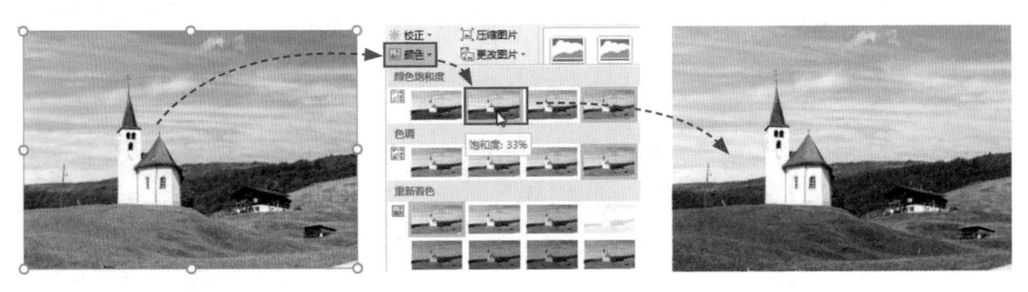

图3-41

（3）调整艺术效果

选择图片，在“图片工具-格式”选项卡中单击“艺术效果”下拉按钮，从列表中选择合适的艺术效果即可，如图3-42所示。

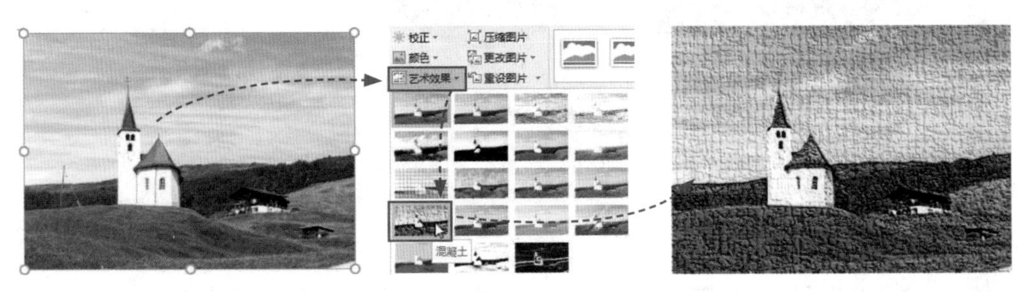

图3-42

3.3.4 应用图片样式

用户可以通过更改图片的样式来美化图片，其操作方法包括应用内置样式和自定义图片样式两种。

（1）应用内置样式

选择图片，在“图片工具-格式”选项卡中单击“图片样式”选项组的“其他”下拉按钮，从列表中选择合适的样式，如图3-43所示，即可快速为图片应用该样式，如图3-44所示。

图3-43　　图3-44

（2）自定义图片样式

①设置图片边框。选择图片，在“图片工具-格式”选项卡中单击“图片边框”下拉按钮，从列表中选择合适的边框颜色、粗细和虚线线型，即可设置图片边框的样式，如图3-45所示。

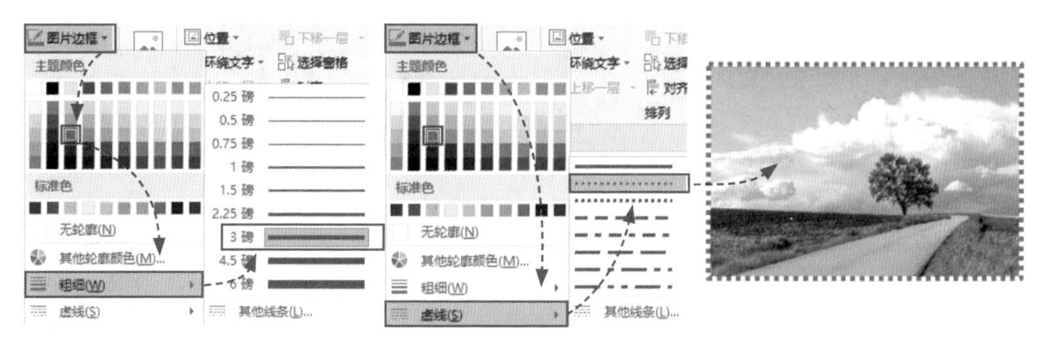

图3-45

②设置图片效果。选择图片，在“图片工具-格式”选项卡中单击“图片效果”下拉按钮，从列表中选择“阴影”选项，并从其级联菜单中选择合适的阴影效果即可，如图3-46所示。同理，用户还可以为图片设置“预设”“映像”“发光”“柔化边缘”“棱台”“三维旋转”等效果。

图3-46

3.3.5 压缩与重设图片

当文档中含有大量图片时，该文件大小也会相应增加。为了方便传送和保存，需要将图片压缩。如果对图片进行了大量的更改，想要让图片回到初始状态，可以重设图片。

（1）压缩图片

选择图片，在“图片工具-格式”选项卡中单击“压缩图片”按钮，如图3-47所示。打开“压缩图片”对话框，对“压缩选项”和“分辨率”选项进行设置，单击“确定”按钮即可，如图3-48所示。

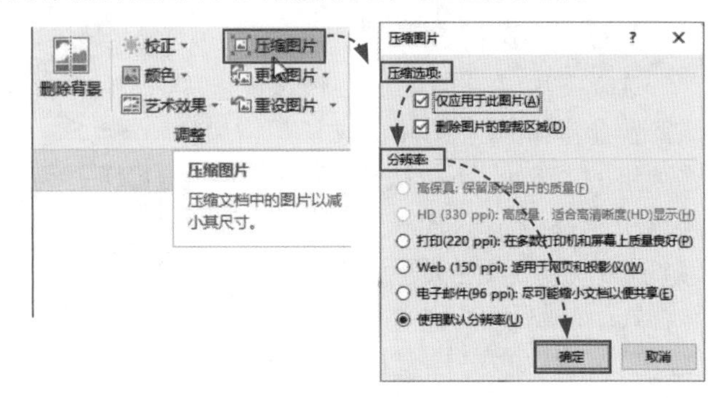

图3-47 图3-48

（2）重设图片

选择图片，在“图片工具-格式”选项卡中单击“重设图片”下拉按钮，从列表中选择合适的命令重设图片即可，如图3-49所示。

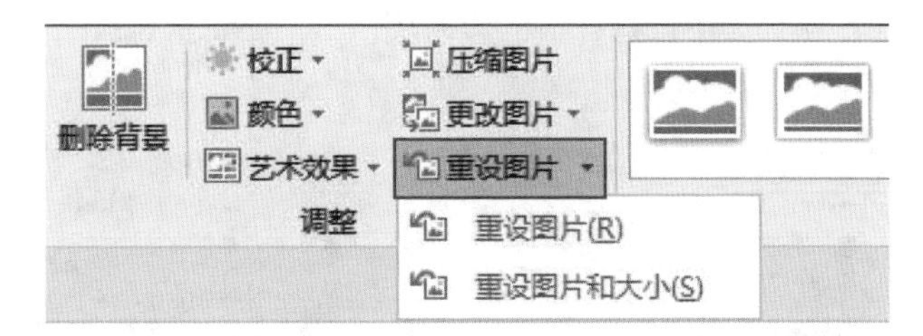

图3-49

技能应用：设计文案中的图片

用户在企业招聘文案中插入图片后，需要对图片进行设计，才能制作出想要的效果，下面将介绍具体的操作方法。

步骤01：选择图片，在“格式”选项卡中单击“环绕文字”下拉按钮，从列表中选择“衬于文字下方”选项，如图3-50所示。

步骤02：调整图片大小，将其移至合适位置，然后选择图片，在“格式”选项卡中单击“删除背景”按钮，如图3-51所示。

步骤03：弹出“背景消除”选项卡，单击“标记要保留的区域”按钮，鼠标光标变为铅笔样式，在需要保留的区域单击鼠标进行标记，如图3-52所示。

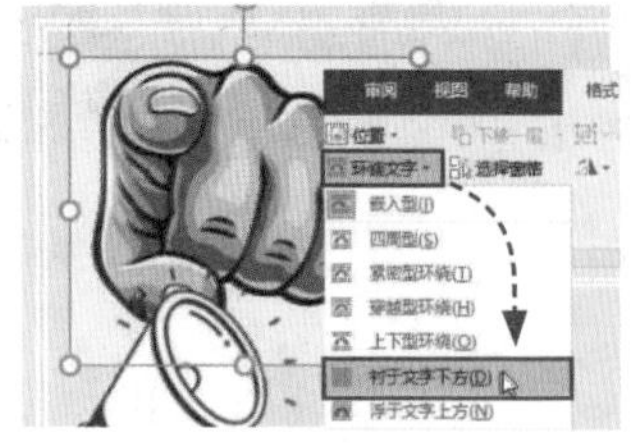

图3-50

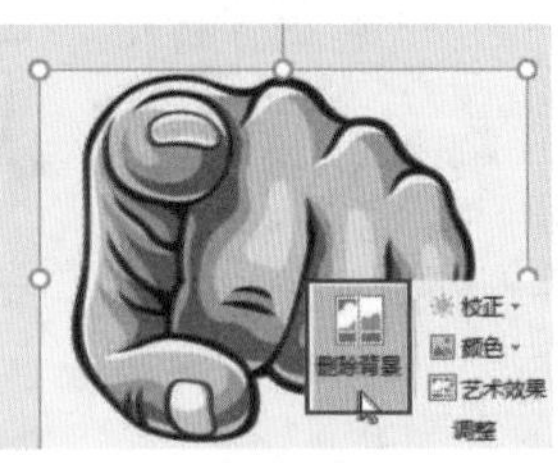

图3-51

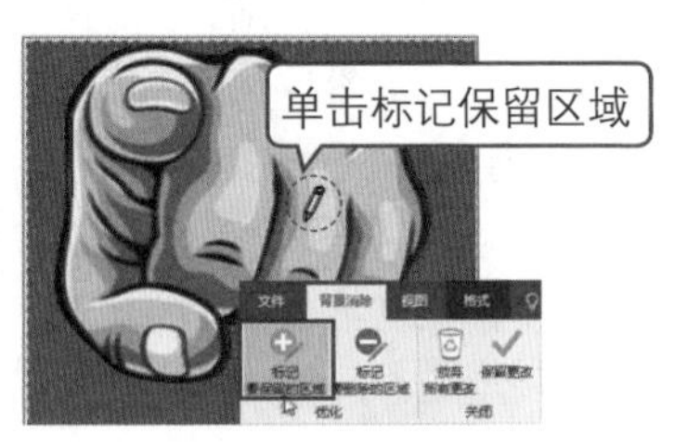

图3-52

步骤04：标记好后，在“背景消除”选项卡中单击“保留更改”按钮，即可将图片的背景删除，如图3-53所示。

步骤05：选择图片，在“格式”选项卡中单击“颜色”下拉按钮，从列表中选择“黑白：50%”，如图3-54所示。更改图片的颜色，最后适当调整图片的位置即可，如图3-55所示。

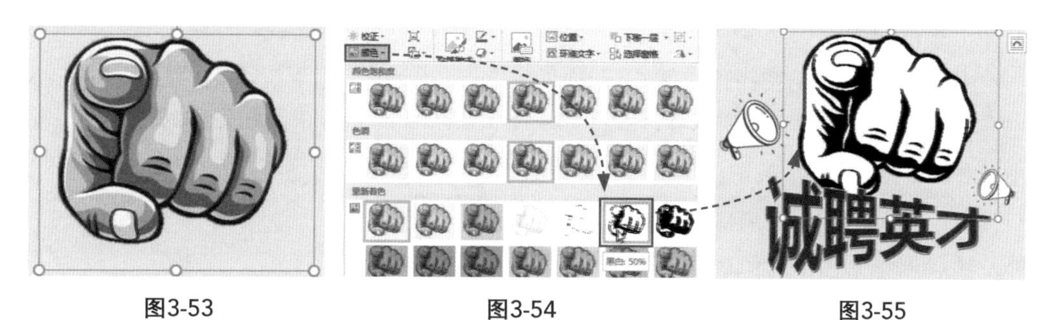

图3-53　　图3-54　　图3-55

3.4 图形的应用

在文档中，使用图形辅助说明，可以更好地说明文档中文本内容之间的关系，使其表达明确、清晰，下面将进行详细介绍。

3.4.1 DIY形状元素

在Word文档中用户可以插入“线条”“矩形”“基本形状”“箭头总汇”等类型的形状。在“插入”选项卡中单击“形状”下拉按钮，从列表中选择一种形状，如图3-56所示。鼠标光标变为十字形，按住鼠标左键不放，拖动鼠标，在合适位置绘制形状即可，如图3-57所示。

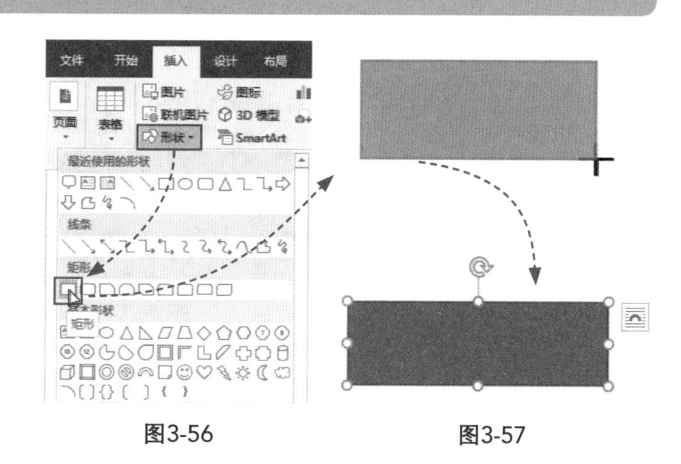

图3-56　　图3-57

新手误区：绘制垂直或水平直线

在绘制垂直或水平直线的时候，切记要配合【Shift】键来完成，否则很难绘制出精确的垂直线或者水平线。其中，绘制等腰三角形、等边菱形、正圆形等也需要【Shift】键配合。

3.4.2 编辑所绘图形

在文档中插入形状后，通常需要对形状进行编辑，例如更改形状、编辑形状顶点、在形状中输入文字等。

(1)更改形状

选择形状，在“绘图工具-格式”选项卡中单击“编辑形状”下拉按钮，从列表中选择“更改形状”选项，并从其级联菜单中选择合适的形状，即可快速更改形状，如图3-58所示。

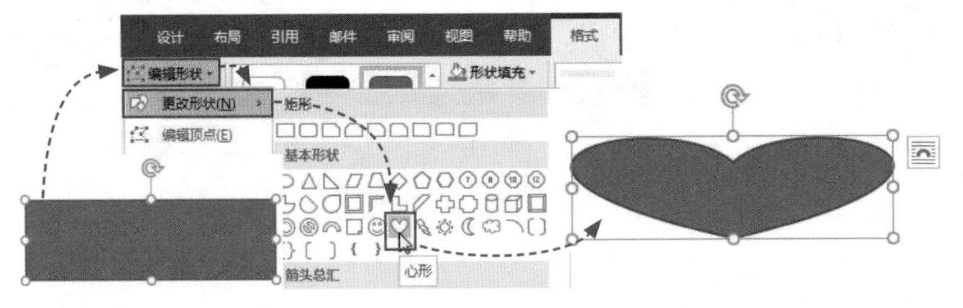

图3-58

(2)编辑形状顶点

选择形状，在“格式”选项卡中单击“编辑形状”下拉按钮，从列表中选择“编辑顶点”选项，即可进入编辑状态，将鼠标光标放置黑色小方块上，按住鼠标左键不放，拖动鼠标，移动顶点位置，即可更改形状的样式，编辑好后按【Esc】键退出即可，如图3-59所示。

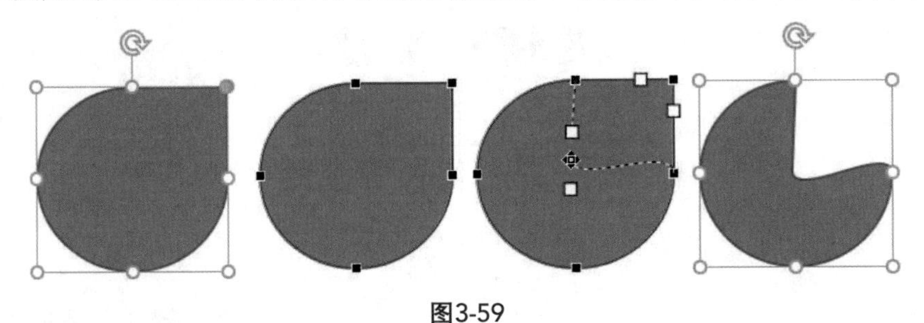

图3-59

(3)在形状中输入文字

选择形状，单击鼠标右键，从弹出的快捷菜单中选择“添加文字”命令，鼠标光标插入到形状中，直接输入文本内容即可，如图3-60所示。

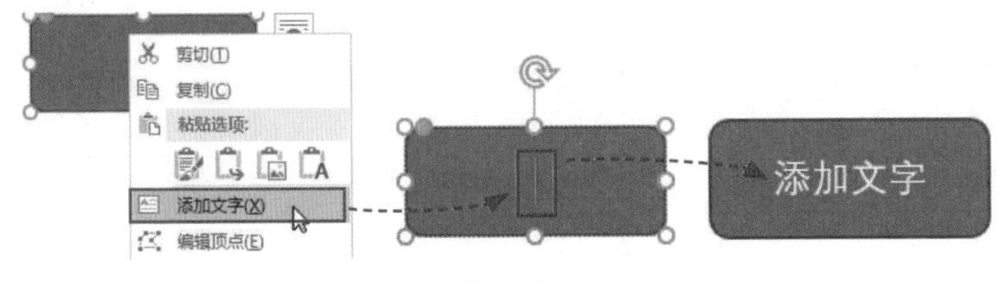

图3-60

技能应用：巧用图形修饰企业文案

用户可以使用图形修饰企业招聘文案，下面将介绍具体的操作方法。

步骤01： 在“插入”选项卡中单击“形状”下拉按钮，从列表中选择“矩形”选项，绘制一个矩形，如图3-61所示。

步骤02： 选择矩形，在“绘图工具-格式”选项卡中单击“形状填充”下拉按钮，从列表中选择合适的填充颜色，如图3-62所示。

步骤03： 单击“形状轮廓”下拉按钮，从列表中选择“无轮廓”选项，如图3-63所示。

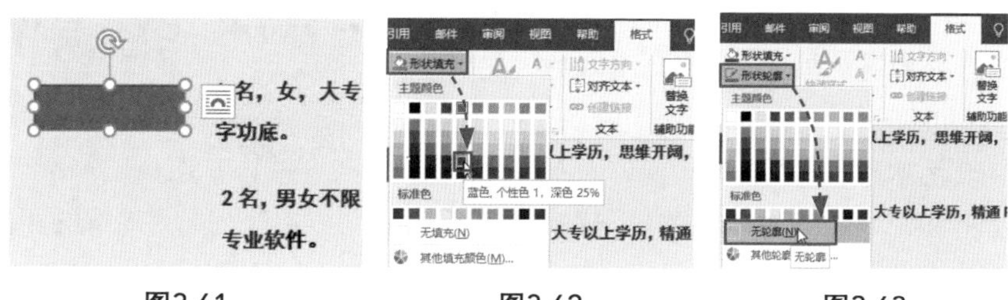

图3-61　　图3-62　　图3-63

步骤04： 选择矩形，单击鼠标右键，选择“添加文字”命令，在矩形中输入内容，如图3-64所示。

步骤05： 复制矩形，并修改矩形中的文本内容即可，如图3-65所示。

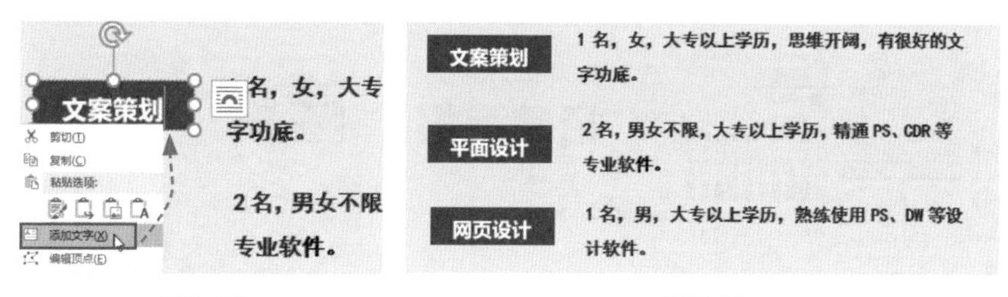

图3-64　　图3-65

3.5 艺术字的应用

当需要突出强调或美化文档的标题内容时，使用艺术字可以达到想要的效果，下面将进行详细介绍。

3.5.1 插入艺术字

Word文档中内置了几种艺术字样式，用户可以根据需要进行插入。在“插入”选项卡中单击“艺术字”下拉按钮，从列表中选择合适的艺术字样式，如图3-66所示，即可在文档中插入一个“请在此放置您的文字”艺术字文本框，在其中输入合适的内容即可，如图3-67所示。

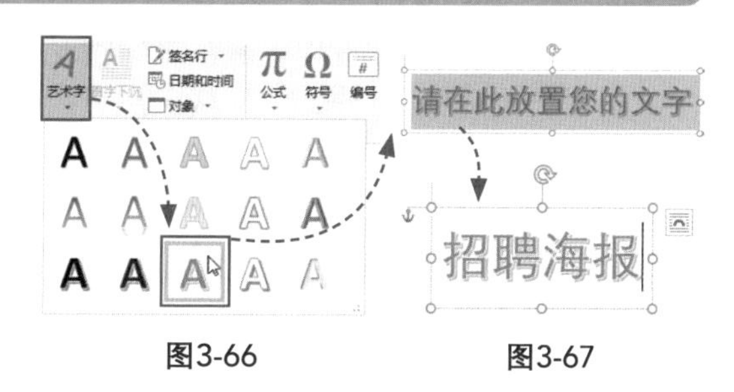

图3-66　　图3-67

3.5.2 编辑艺术字

插入艺术字后，如果对默认的艺术字样式不满意，可以根据需要对艺术字的颜色、轮廓和效果进行更改。

（1）更改艺术字颜色

选择艺术字，在“绘图工具-格式”选项卡中单击“文本填充”下拉按钮，从列表中选择合适的填充颜色即可，如图3-68所示。

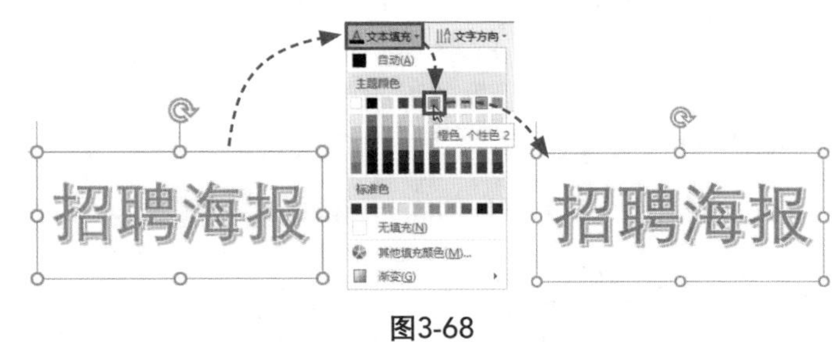

图3-68

（2）更改艺术字轮廓

选择艺术字，单击“文本轮廓”下拉按钮，从列表中可以更改艺术字轮廓的颜色、粗细和虚线线型，如图3-69所示。

（3）更改艺术字效果

选择艺术字，单击“文本效果”下拉按钮，从列表中可以更改艺术字的“阴影”“映像”“发光”“棱台”“三维旋转”“转换”等效果，如图3-70所示。

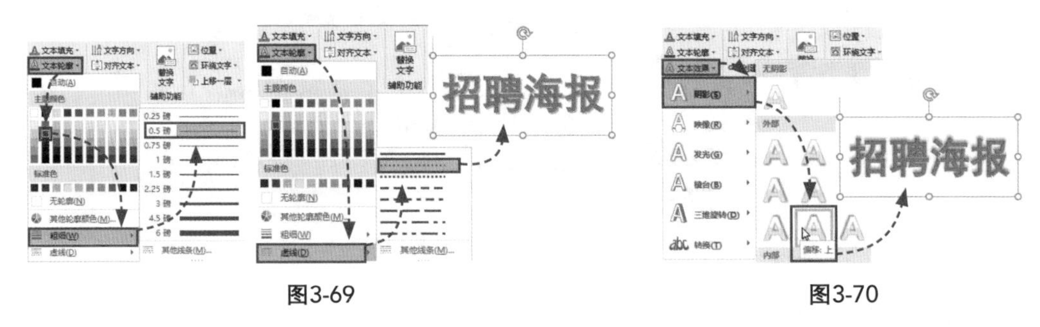

图3-69　　图3-70

技能应用：艺术字标题的应用效果

用户可以使用艺术字来美化企业招聘文案的标题，下面将介绍具体的操作方法。

步骤01： 在“插入”选项卡中单击“艺术字”下拉按钮，从列表中选择需要的艺术字样式，如图3-71所示。

步骤02： 在文本框中输入标题“诚聘英才”，选择文本框，在“开始”选项卡中将“字体”设置为“微软雅黑”，将“字号”设置为“100”，如图3-72所示。

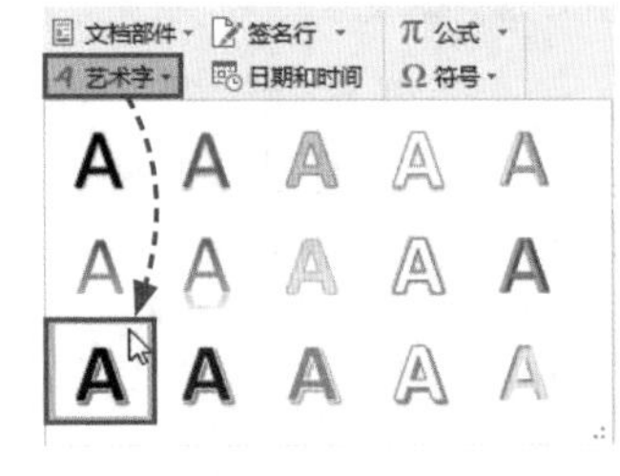

图3-71

图3-72

步骤03： 在“格式”选项卡中单击“文本填充”下拉按钮，从列表中选择合适的填充颜色，如图3-73所示。

步骤04： 单击“文本效果”下拉按钮，从列表中选择“转换”选项，并从其级联菜单中选择“淡出：左近右远”选项，如图3-74所示。

步骤05： 最后将艺术字放置于合适位置即可，如图3-75所示。

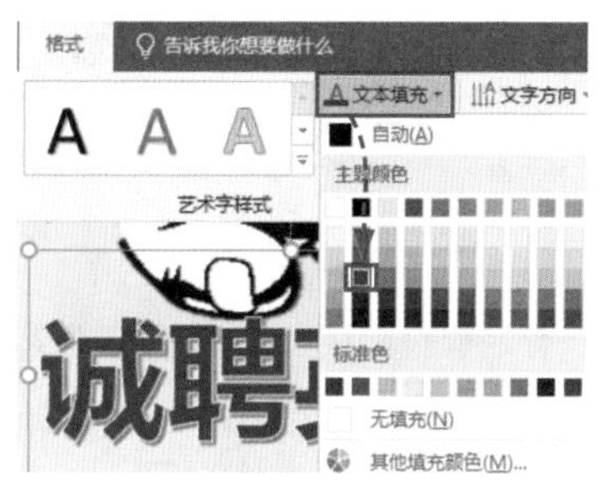

图3-73

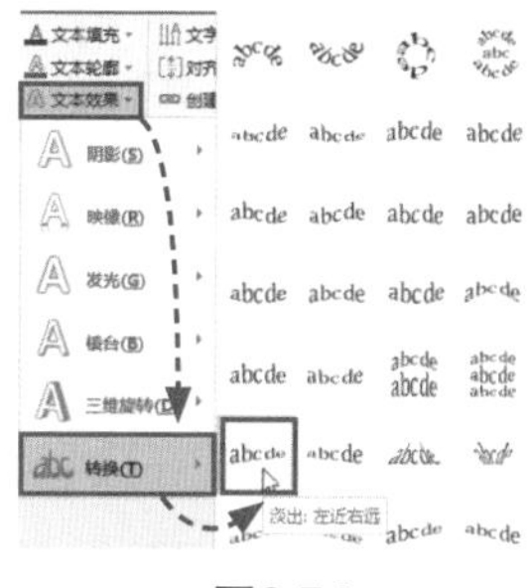

图3-74

图3-75

实战演练：制作企业宣传文案

企业简介即用简洁的语言及有限的篇幅来介绍企业的概况和发展历程，这里将通过具体实操来说明其制作过程。

步骤01： 新建一个空白文档，插入一张图片，在“格式”选项卡中单击“环绕文字”下拉按钮❶，选择“衬于文字下方”选项❷，然后调整图片的大小，将其放置于合适位置，如图3-76所示。

图3-76

步骤02： 在“插入”选项卡中单击“形状”下拉按钮，从列表中选择“椭圆”选项，绘制一个椭圆，如图3-77所示。

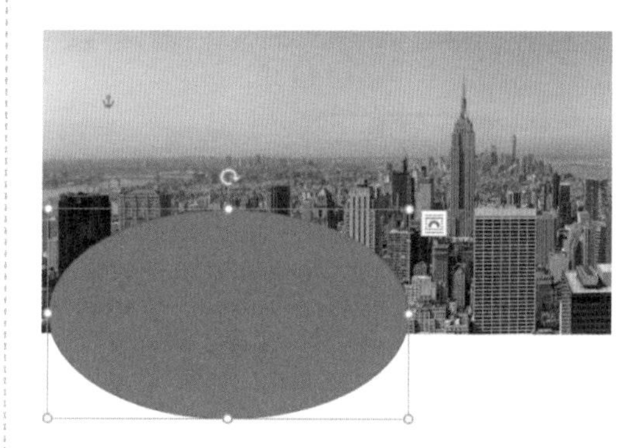

图3-77

步骤03： 选择椭圆，在“格式”选项卡中，将“形状填充”设置为白色❶，将“形状轮廓”设置为“无轮廓”❷，如图3-78所示。

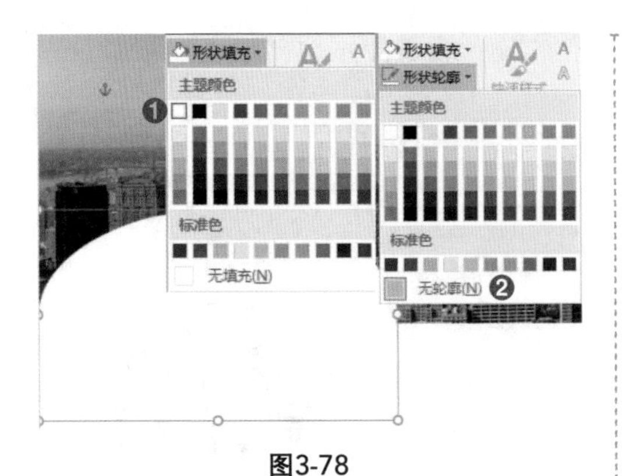

图3-78

步骤04：插入一个艺术字❶，输入“企业简介”❷，并将“字体”设置为“微软雅黑”❸，将“字号”设置为“72”❹，如图3-79所示。

图3-79

步骤05：在“插入”选项卡中单击“文本框”下拉按钮❶，从列表中选择“绘制横排文本框”选项❷，绘制一个文本框，输入内容“Company Profile”❸，并将“字体”设置为“Arial”❹，将“字号”设置为“小初”❺，设置合适的字体颜色❻，然后将对齐方式设置为“分散对齐”❼，如图3-80所示。

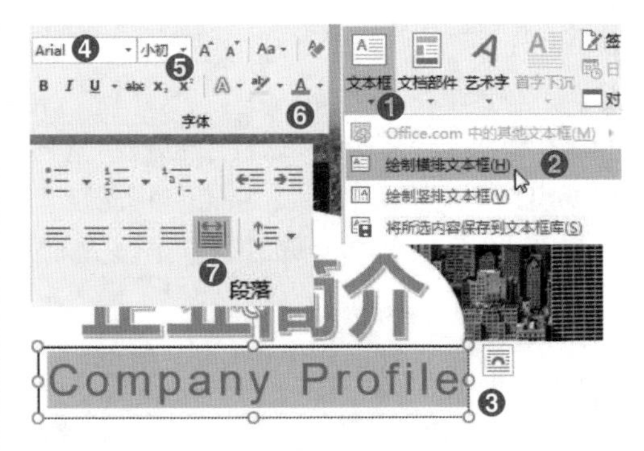

图3-80

步骤06：选择文本框，在“格式”选项卡中，将“形状填充”设置为“无填充”❶，将“形状轮廓”设置为“无轮廓”❷，如图3-81所示。

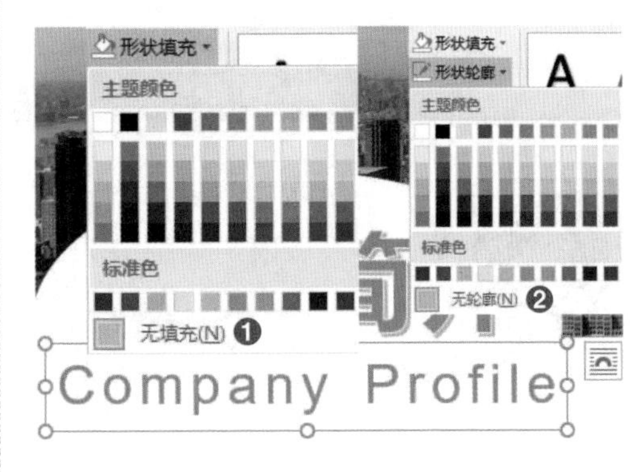

图3-81

步骤07：绘制一个“流程图：终止”图形，并设置图形的填充颜色❶和轮廓❷，如图3-82所示。

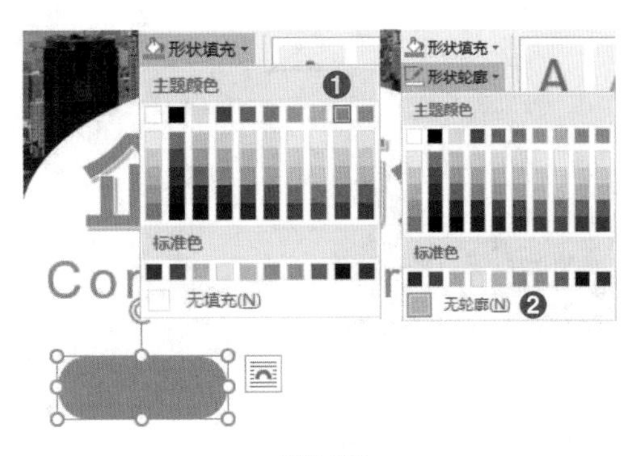

图3-82

步骤08：选择图形，单击鼠标右键，选择“添加文字”命令❶，在图形中输入文字❷，如图3-83所示。

图3-83

步骤09：绘制一个文本框，在其中输入相关内容，如图3-84所示。

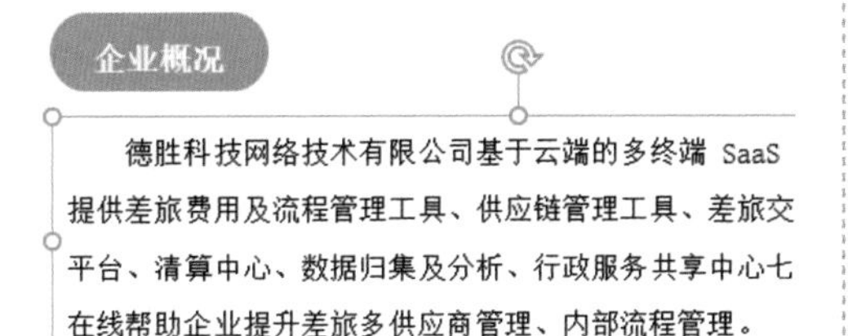

图3-84

步骤10：最后复制图形和文本框，并修改相关内容，即可完成“企业简介”的制作，如图3-85所示。

图3-85

知识拓展

Q：如何删除页眉横线？

A：在页眉处双击鼠标，进入编辑状态，选择页眉后面的段落标记，如图3-86所示。在“开始”选项卡中单击“边框”下拉按钮，从列表中选择“无框线”选项即可，如图3-87所示。

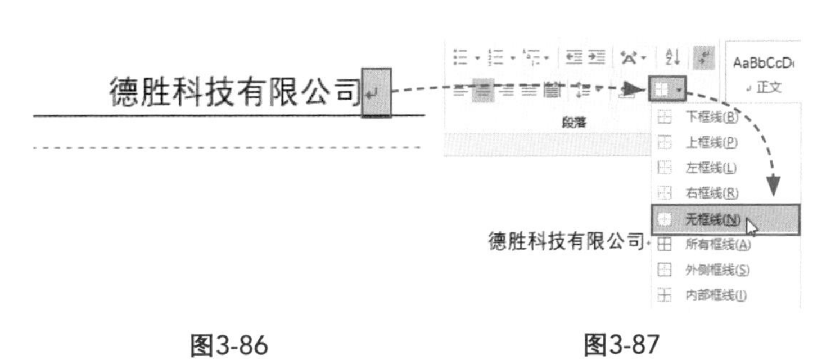

图3-86　　图3-87

Q：如何旋转图片？

A：选择图片，在“格式”选项卡中单击“旋转”下拉按钮，从列表中根据需要进行选择即可，如图3-88所示。或者将鼠标光标移至图片上方的旋转柄上，如图3-89所示。按住鼠标左键不放，拖动鼠标，旋转图片。

图3-88　　图3-89

Q：如何输入竖排文字？

A：在“插入”选项卡中单击“文本框”下拉按钮，从列表中选择“绘制竖排文本框”选项，如图3-90所示。拖动鼠标绘制文本框，在其中输入文本内容即可，如图3-91所示。

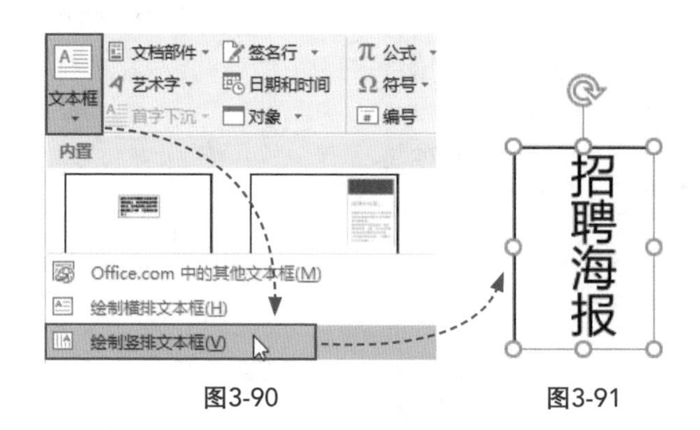

图3-90　　图3-91

第4章

Word表格的应用

说到表格，很多人不以为意，有的认为根本用不着，有的认为插入即可用，有的说做表就用Excel。可事实真的如此吗？充分利用Word文档中的表格功能，将会使文档别具风采，如制作个性简历、制作值班表、制作含有数据对比的文案、排版含有各种尺寸图片的宣传文案等，统统都会用到表格功能。因此，掌握Word表格的操作是很有必要的。本章将对Word表格的应用技能进行详细讲解。

4.1 表格的创建

除了创建表格，用户还需要掌握如何在表格中插入行/列、添加单元格等，下面将进行详细介绍。

4.1.1 插入表格方法多

插入表格的常见方法有3种，分别为：通过滑动鼠标插入、通过对话框插入和绘制表格。

（1）通过滑动鼠标插入

在“插入”选项卡中单击“表格”下拉按钮，在展开的列表中，可以滑动鼠标选取8行10列以内的表格，如图4-1所示。

（2）通过对话框插入

在“表格”列表中选择“插入表格”选项，打开“插入表格”对话框，在“列数”和“行数”数值框中输入需要的数值，单击“确定”按钮即可，如图4-2所示。

（3）绘制表格

在“表格”列表中选择“绘制表格”选项，鼠标光标变为铅笔形状，按住鼠标左键不放，拖动鼠标绘制表格框架，然后绘制行和列即可，如图4-3所示。绘制好后按【Esc】键退出。

图4-1

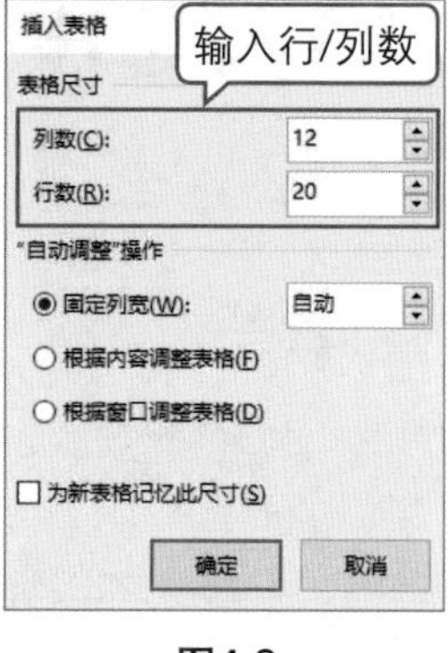

图4-2

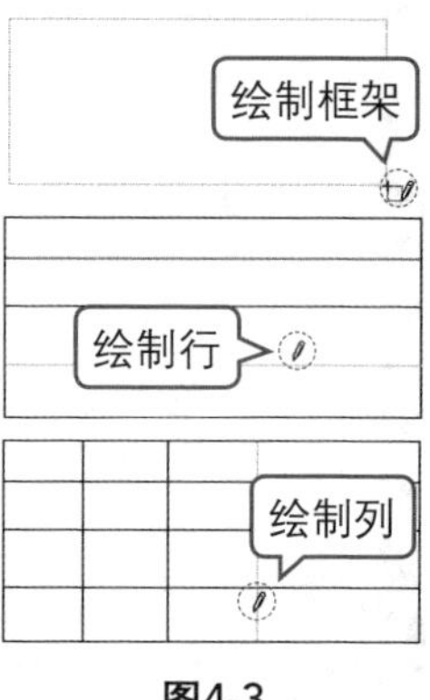

图4-3

技巧点拨：插入Excel电子表格

在“插入”选项卡中单击“表格”下拉按钮，从列表中选择“Excel电子表格”选项，即可在文档中插入一个Excel电子表格，根据需要在表格中输入数据，输入完成后，单击表格外空白处即可完成表格的插入操作，如图4-4所示。

图4-4

4.1.2 增加行/列很便捷

创建一个表格后，用户可以根据需要在表格中插入行或列。

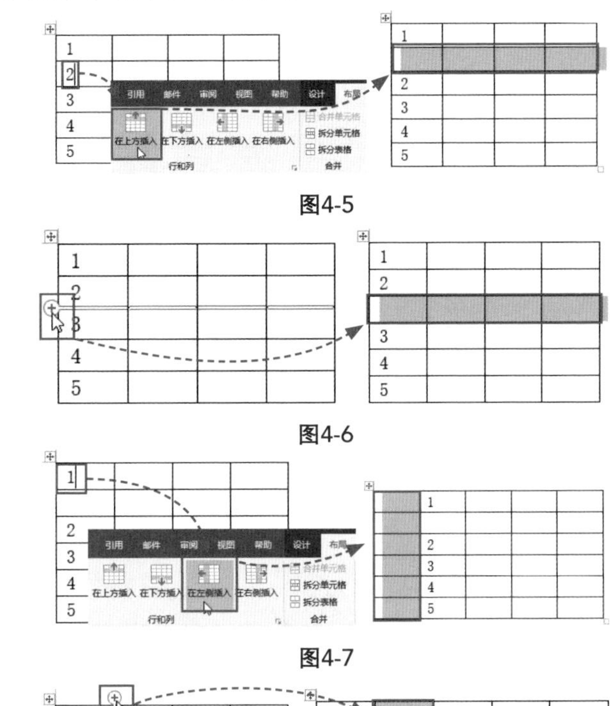

图4-5

图4-6

图4-7

图4-8

（1）插入行

将光标插入单元格中，在“表格工具-布局”选项卡中单击“在上方插入”按钮，即可在光标所在位置的上方插入一行，如图4-5所示。同理，单击“在下方插入行”按钮，会在光标的下方插入一行。

此外，用户将光标移至行的分割线上，单击“⊕”按钮，即可插入一行，如图4-6所示。

（2）插入列

将光标插入单元格中，单击“在左侧插入”按钮，即可在光标所在位置的左侧插入一列，如图4-7所示。同理，单击“在右侧插入列”按钮，会在光标的右侧插入一列。

此外，将光标移至列的分割线上，单击“⊕”按钮，即可插入一列，如图4-8所示。

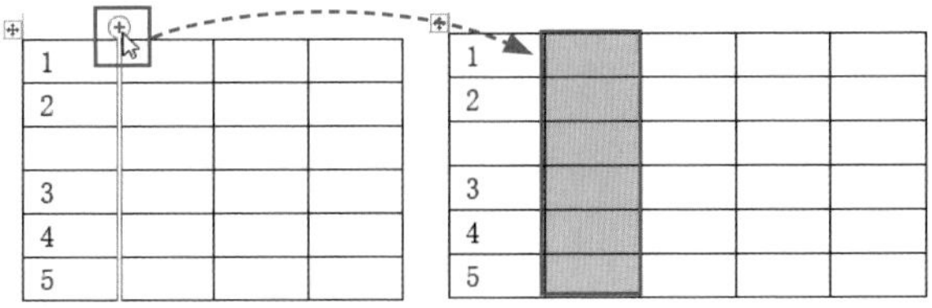

技巧点拨：删除行/列

将光标插入需要删除的行/列中，在“表格工具-布局”选项卡中单击“删除”下拉按钮，从列表中可以选择删除行或列，如图4-9所示。

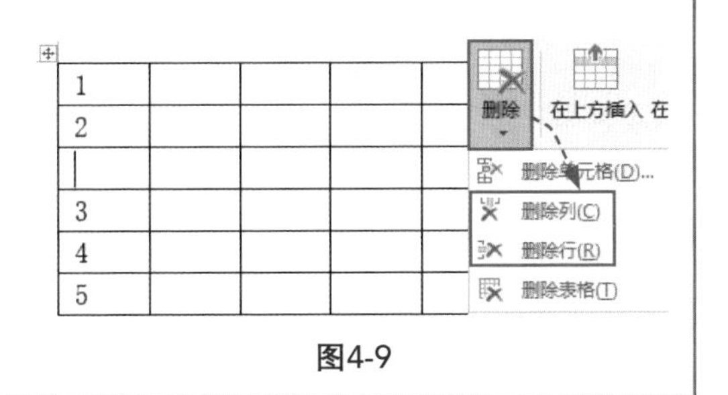

图4-9

4.1.3 添加单元格

当需要在表格内添加单元格时，用户可以通过“插入单元格”对话框来实现。将光标插入单元格中，在“表格工具-布局”选项卡中单击“行和列”选项组的对话框启动器按钮，如图4-10所示。或者单击鼠标右键，选择“插入”命令，并从其级联菜单中选择“插入单元格”命令，如图4-11所示。

打开“插入单元格”对话框，根据需要选择插入位置，单击“确定”按钮即可，如图4-12所示。

其中选择“活动单元格右移”选项，所选单元格向右移动，并在其左侧插入一个新单元格。

选择“活动单元格下移”选项，所选单元格向下移动，并在其上方插入一个新单元格。

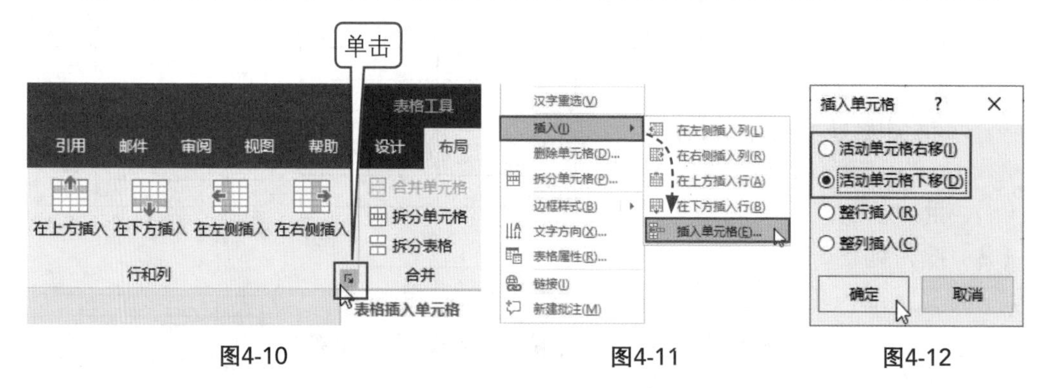

图4-10　　图4-11　　图4-12

技能应用：为申请表添加标题

在文档中插入表格后，如果想要为表格添加标题，则可以按照以下方法操作。

步骤01： 将光标插入第1个单元格中，如图4-13所示。按【Ctrl+Shift+Enter】组合键，即可在表格上方插入空行，如图4-14所示。

步骤02： 输入标题“外出培训申请表”，并设置字体格式和段落格式即可，如图4-15所示。

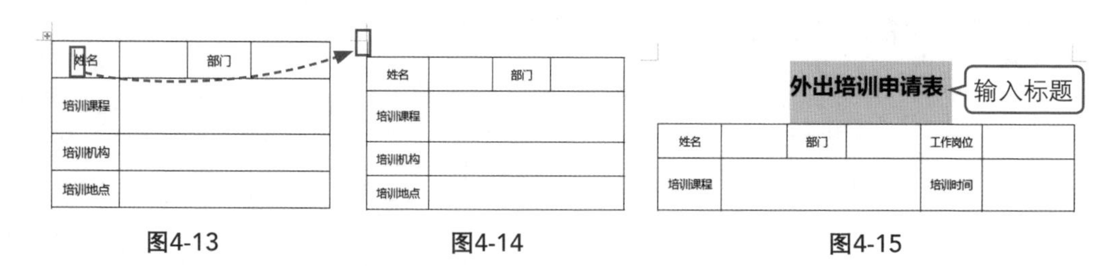

图4-13　　图4-14　　图4-15

4.2 表格的编辑

创建表格后，用户在编辑表格的过程中会需要对表格的行高/列宽或者单元格进行调整，下面将进行详细介绍。

4.2.1 调整行高与列宽

在编辑表格内容时，为了使整个表格中的内容布局更加美观，可以调整行高和列宽。

（1）调整行高

将光标移至行下方的分隔线上，当鼠标光标变为“≑”形状时，按住鼠标左键不放，拖动鼠标，即可调整该行的行高，如图4-16所示。

（2）调整列宽

将光标移至列右侧分隔线上，当鼠标光标变为“⇹”形状时，按住鼠标左键不放，拖动鼠标，即可调整该列的列宽，如图4-17所示。

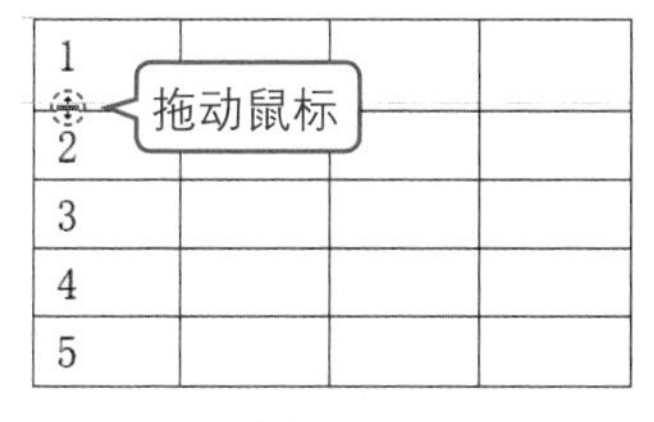

图4-16

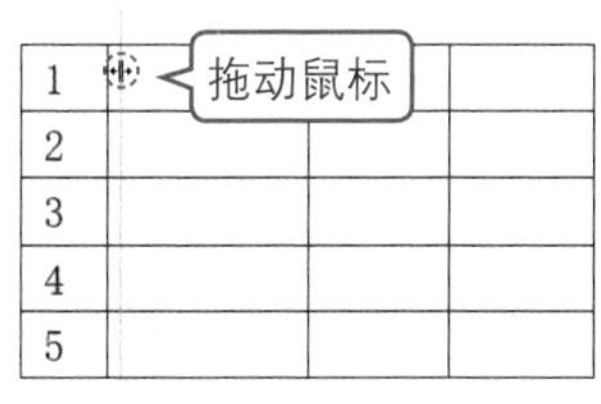

图4-17

4.2.2 平均分布行高/列宽

如果希望多行/多列的间距是相同的，则选择多行后，在“表格工具-布局”选项卡中单击“分布行”按钮，即可平均分布行高，如图4-18所示。

选择多列后，单击“分布列”按钮，即可平均分布列宽，如图4-19所示。

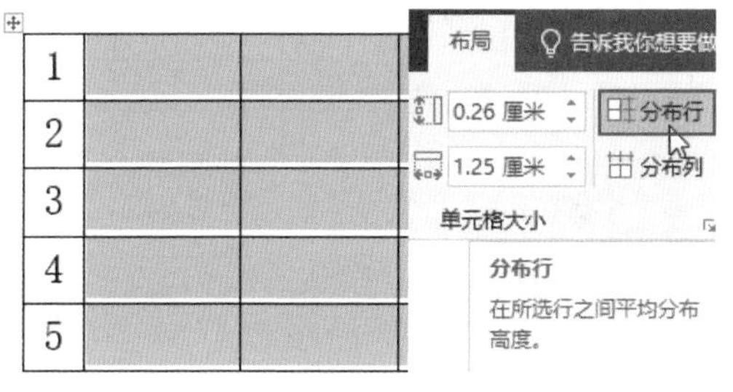

图4-18

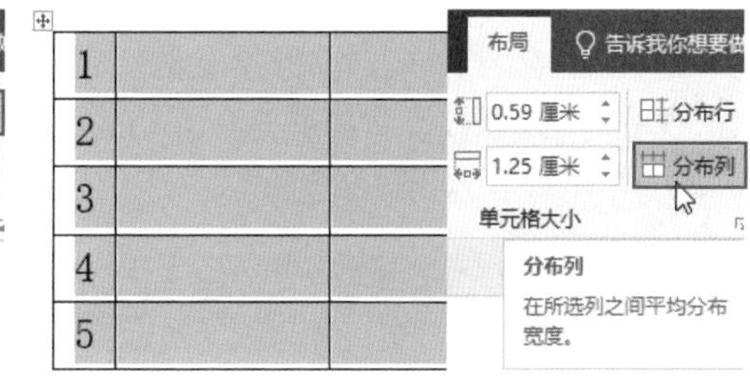

图4-19

4.2.3 更改单元格的大小

当用户需要对单个单元格的行高或列宽进行调整时，则需要选择单元格，将鼠标光标移至列分隔线上，如图4-20所示。按住鼠标左键不放，拖动鼠标，即可调整单元格的列宽，如图4-21所示。同理，将光标移至行分隔线上，拖动鼠标，可以调整单元格的行高。

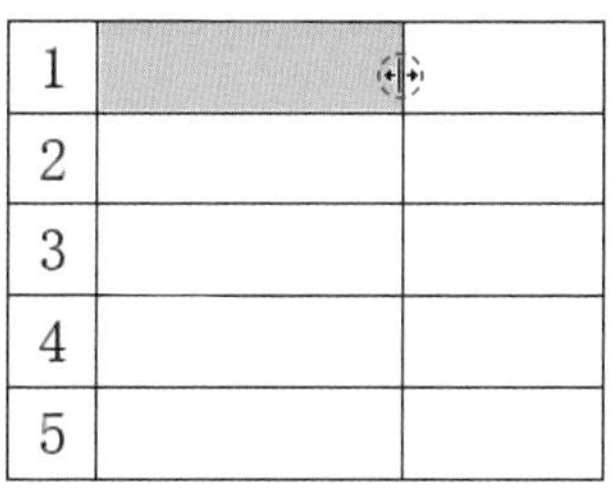

1		
2		
3		
4		
5		

图4-20

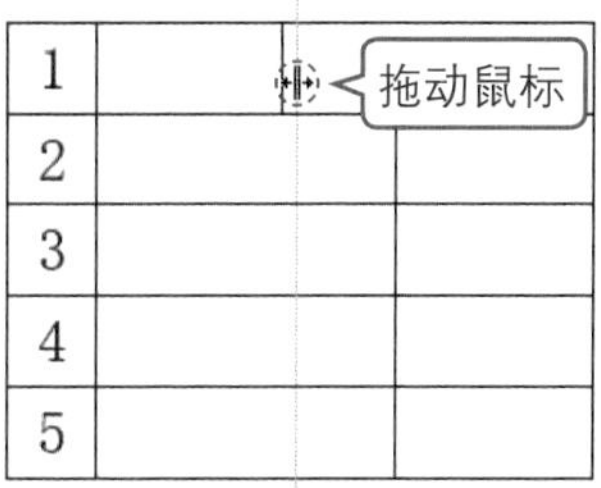

1	拖动鼠标	
2		
3		
4		
5		

图4-21

4.2.4 拆分/合并单元格

合并单元格就是将所选的多个单元格合并为一个单元格,而拆分单元格就是将所选单元格拆分成多个单元格。

（1）拆分单元格

将光标插入需要拆分的单元格中，在“表格工具-布局”选项卡中单击“拆分单元格”按钮，如图4-22所示。打开“拆分单元格”对话框，在“列数”和“行数”数值框中输入需要拆分的行列数，单击“确定”按钮即可，如图4-23所示。

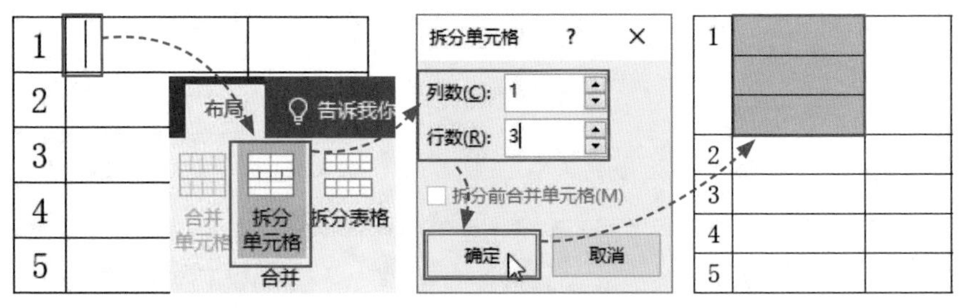

图4-22　　图4-23

（2）合并单元格

选择需要合并的单元格，在“表格工具-布局”选项卡中单击“合并单元格”按钮，如图4-24所示，即可将所选单元格合并成一个单元格，如图4-25所示。

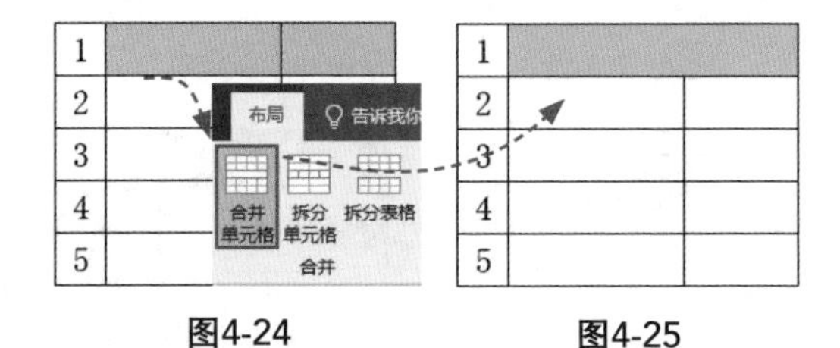

图4-24　　图4-25

4.2.5 拆分/合并表格

拆分表格就是将1个表格拆分成2个，选中的行将作为新表格的首行。在Word中，拆分表格一般为横向拆分。反之，也可以将表格合并。

（1）拆分表格

选择需要拆分的位置，在“布局”选项卡中单击“拆分表格”按钮，如图4-26所示，即可将表格以当前光标所在的单元格为基准，拆分为上下两个表格，如图4-27所示。

技巧点拨：快速拆分表格

选中需要作为第二个表格的全部内容，按【Shift+Alt+↓】组合键，可以快速拆分表格。

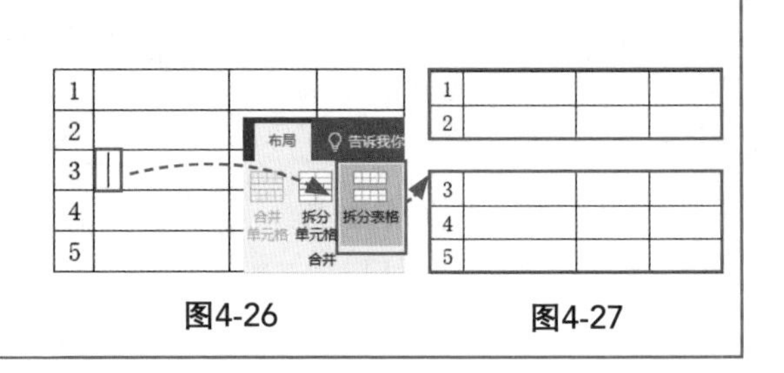

图4-26　　图4-27

（2）合并表格

合并表格只需要将光标定位至两个表格之间的空白处，按【Delete】键删除空白行即可；或者选择下方的表格，按【Shift+Alt+↑】组合键，可以快速合并表格。

技能应用：调整申请表中文本的宽度

外出培训申请表中的文本有长有短，为了使表格看起来整洁，可以为文本设置“分散对齐”，下面将介绍具体的操作方法。

步骤01：选择单元格中的文本，在“开始”选项卡中单击“分散对齐”按钮，如图4-28所示。

步骤02：打开“调整宽度”对话框，在“新文字宽度”数值框中输入合适的字符数，单击“确定”按钮，如图4-29所示。

步骤03：即可调整所选文本的宽度，如图4-30所示。

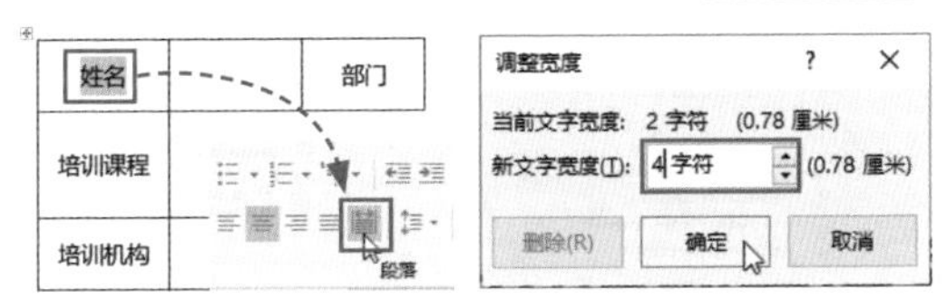

图4-28　　图4-29

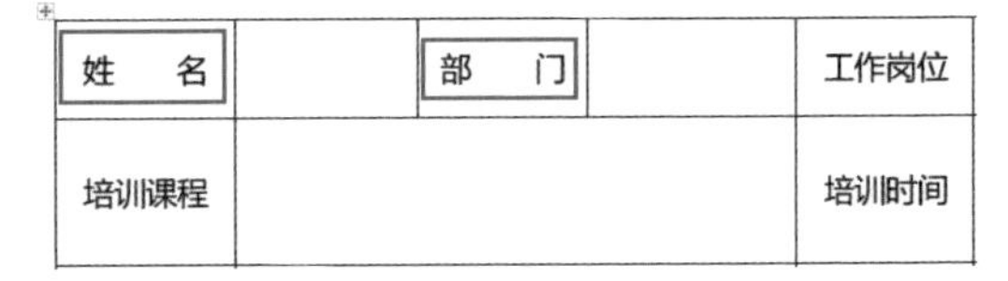

图4-30

4.3 表格的美化

默认显示的表格样式不是很美观，用户可以根据需要对表格进行美化操作，下面将进行详细介绍。

4.3.1 套用表格样式

Word文档中内置了多种表格样式，用户可以直接套用表格样式。选择表格，在“表格工具-设计”选项卡中单击“表格样式”选项组的“其他”下拉按钮，从列表中选择合适的表格样式，即可快速为表格套用所选样式，如图4-31所示。

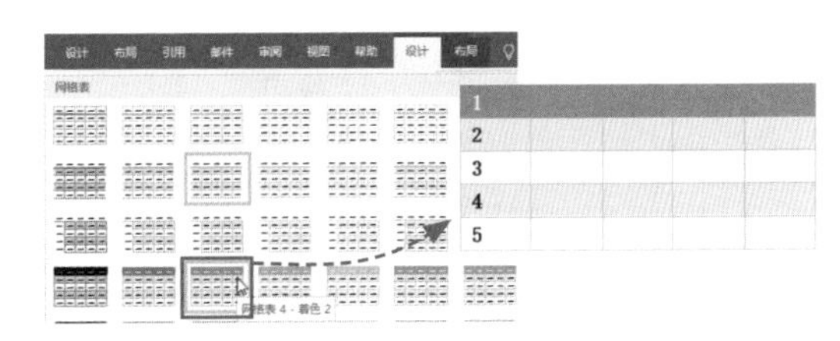

图4-31

4.3.2 自定义表格样式

除了直接套用内置的表格样式外，用户也可以自定义表格样式。选择表格，在“表格工具-设计”选项卡中单击“笔样式”下拉按钮，从列表中选择合适的线型，如图4-32所示。单击“笔划粗细”下拉按钮，从列表中选择合适的线型粗细，如图4-33所示。单击“笔颜色”下拉按钮，从列表中选择合适的边框颜色，如图4-34所示。

设置好边框的样式后，单击“边框”下拉按钮，从列表中选择合适的选项，如图4-35所示，即可将设置的边框样式应用至表格的边框上。

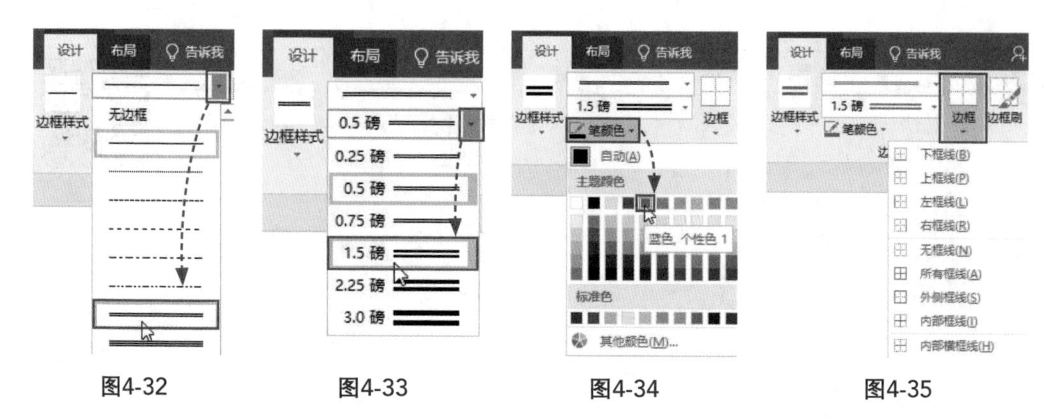

图4-32　图4-33　图4-34　图4-35

技巧点拨：使用“边框刷”

设置好边框样式后，鼠标光标变为“边框刷”样式，在表格的边框上，单击并拖动鼠标，即可将边框样式应用到该边框上，如图4-36所示。

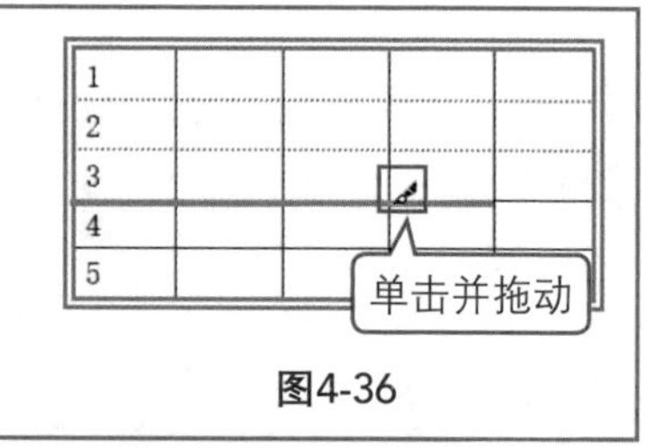

图4-36

4.3.3 为表格添加底纹

对于表格中需要突出显示的内容，可以通过更改表格底纹来突出显示。选择需要设置底纹的单元格，在“表格工具-设计”选项卡中单击“底纹”下拉按钮，从列表中选择合适的颜色即可，如图4-37所示。

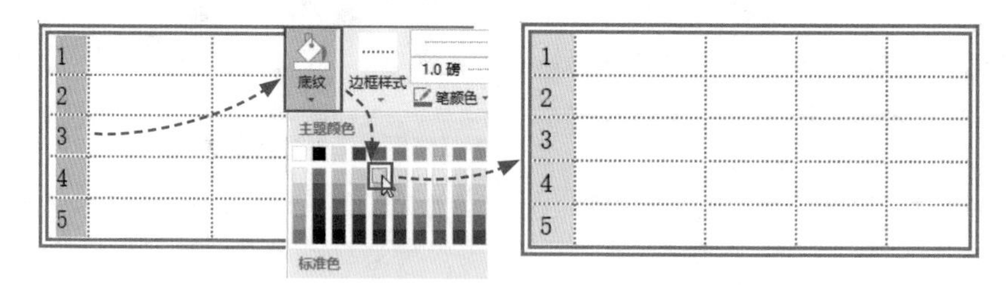

图4-37

技能应用：设置申请表中文本的对齐方式

在表格中输入的文本默认为“靠上两端对齐”，用户可以根据需要，设置文本的对齐方式，下面将介绍具体的操作方法。

步骤01： 选择表格中的文本，在“表格工具-布局”选项卡中单击“对齐方式”选项组的“水平居中”按钮，如图4-38所示。

步骤02： 即可将文本设置为“水平居中”对齐，如图4-39所示。

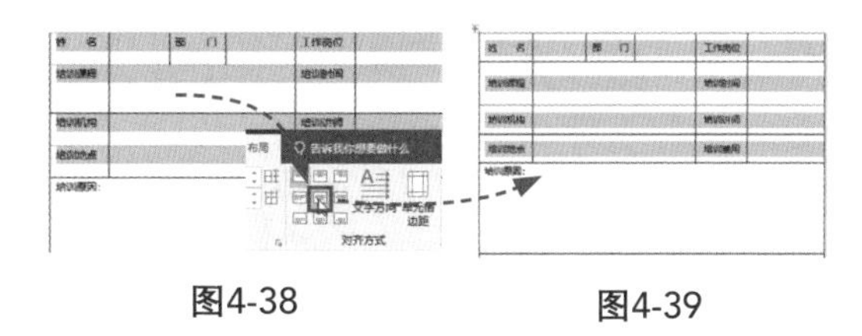

图4-38　　图4-39

4.4 文本与表格的相互转换

如果想要将大量的文本转换为表格，亦或将表格转换为文本，则可以利用Word文档的转换功能来实现，下面将进行详细介绍。

4.4.1 将文本转换为表格

如果用户需要将文本内容以表格的形式呈现，则无需插入表格后逐项复制，只需要选择文本内容，在“插入”选项卡中单击“表格”下拉按钮，从列表中选择“文本转换成表格”选项，如图4-40所示。

打开“将文字转换成表格”对话框，系统会根据所选文本自动设置相应的参数，这里保持各选项为默认状态单击“确定”按钮，即可将所选文本转换成表格，如图4-41所示。

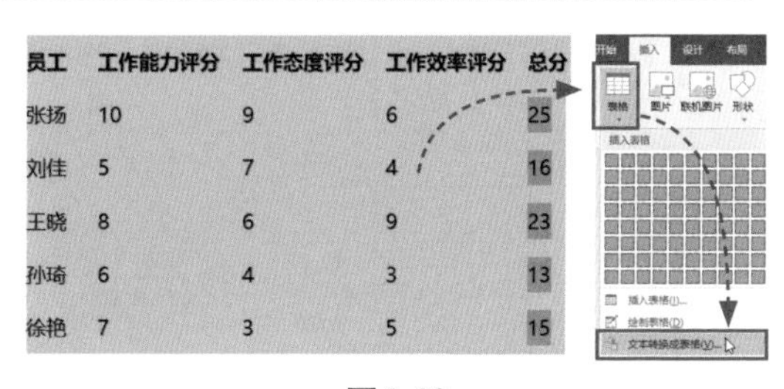

图4-40

员工	工作能力评分	工作态度评分	工作效率评分	总分
张扬	10	9	6	25
刘佳	5	7	4	16
王晓	8	6	9	23
孙琦	6	4	3	13
徐艳	7	3	5	15

图4-41

4.4.2 将表格转换为文本

如果需要将表格中的大量数据转换为文本，则可以选择表格，在“表格工具-布局”选项卡，单击“转换为文本”按钮，打开“表格转换成文本”对话框，保持各选项为默认状态，单击“确定”按钮即可，如图4-42所示。

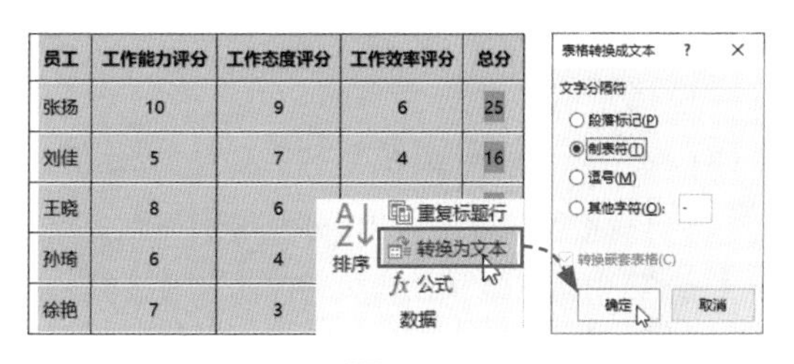

图4-42

4.5 在表格中实现简单运算

如果需要在表格中进行简单的计算，那么无需通过计算器，使用Word自带的计算功能即可快速实现数据的计算，下面将进行详细介绍。

4.5.1 计算和值、平均值

和值和平均值的计算在Word表格中经常会用到，下面将分别介绍如何在Word表格中进行数据的求和与求平均值。

（1）计算和值

将光标插入单元格中，在“表格工具-布局”选项卡中单击“公式”按钮，打开“公式”对话框，在“公式”文本框中默认显示的是求和公式，其中LEFT表示对左侧数据进行求和，设置好“编号格式”后，单击“确定”按钮，即可计算出“总分”，用户按【F4】键，可以将公式复制到其他单元格中，如图4-43所示。

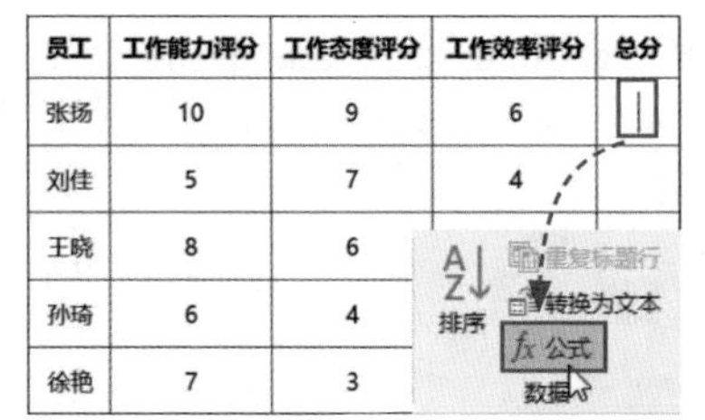

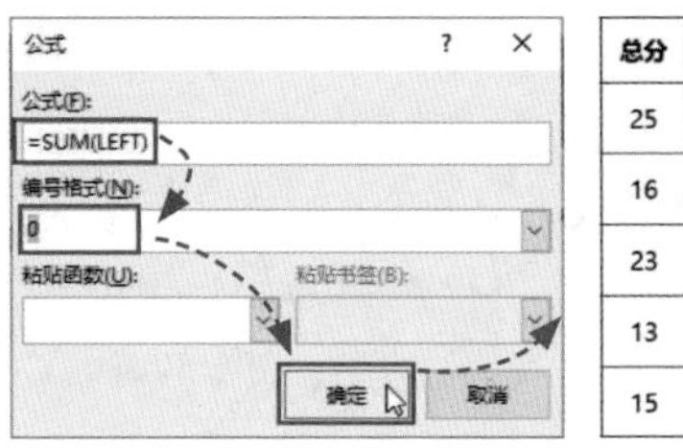

图4-43

（2）计算平均值

将光标插入单元格中，打开“公式”对话框，删除“公式”文本框中默认显示的公式，然后单击“粘贴函数”下拉按钮，从列表中选择“AVERAGE”函数，在其后面的括号中输入“ABOVE”，其中“ABOVE”表示计算上方数据，最后在“编号格式”列表中选择值的数字格式，单击“确定”按钮，即可计算出“平均值”，如图4-44所示。

图4-44

> **新手误区：更新域**
>
> 当表格数值发生变化，公式结果需要更新时，用户无需重新进行计算，只需全选表格，按【F9】键更新域即可。

4.5.2 对数据实施排序

在Word中不但可以对表格中的数据进行计算，还可以对表格中的数据进行排序。例如，对“总分”进行“升序”排序。选择表格，在“表格工具-布局”选项卡中单击“排序”按钮，如图4-45所示。打开“排序”对话框，在“主要关键字”列表中选择“总分”选项，在“类型”列表中选择“数字”选项，并选择“升序”单选按钮，单击“确定”按钮，如图4-46所示。

即可将“总分”按照从小到大的顺序进行“升序”排序，如图4-47所示。

在排序过程中，将按照“主要关键字”进行排序。当有相同记录时，按照“次要关键字”排序。若二者都是相同记录，则按照“第三关键字”排序。

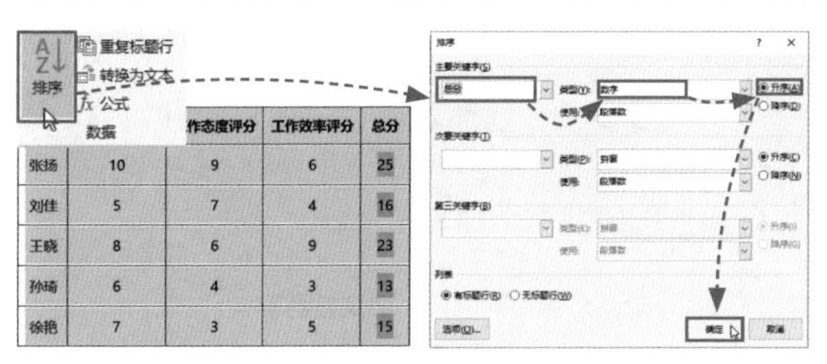

图4-45　　图4-46

员工	工作能力评分	工作态度评分	工作效率评分	总分
孙琦	6	4	3	13
徐艳	7	3	5	15
刘佳	5	7	4	16
王晓	8	6	9	23
张扬	10	9	6	25

图4-47

实战演练：制作会议签到表

会议签到表是一种见证性材料，作为一种记录，方便档案管理。下面将介绍如何制作“会议签到表”。

步骤01：新建一个空白文档，输入标题“会议签到表”❶，并设置字体格式❷和段落格式❸，如图4-48所示。

会议签到表 ❶

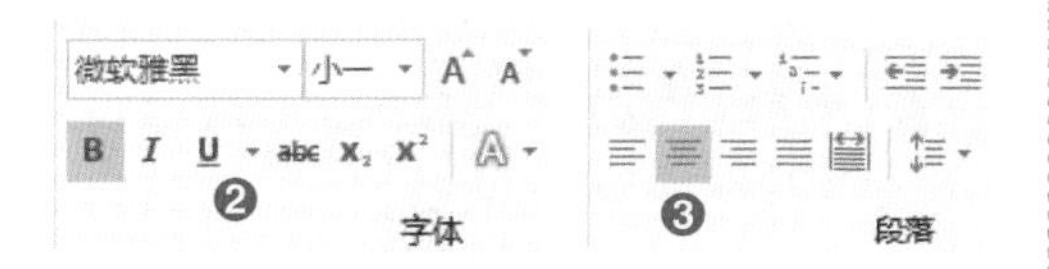

图4-48

步骤02：将光标插入文档中，在“插入”选项卡中单击“表格”下拉按钮❶，从列表中选择“插入表格”选项❷，如图4-49所示。

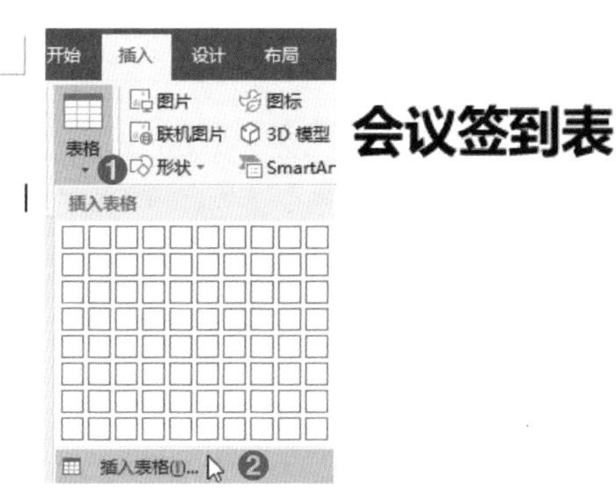

图4-49

步骤03：打开“插入表格”对话框，在“列数”数值框中输入“5”❶，在“行数”数值框中输入“17”❷，单击“确定”按钮，即可插入一个17行5列的表格，如图4-50所示。

图4-50

步骤04：选择单元格❶，在“布局”选项卡中单击“合并单元格”按钮❷，合并所选单元格❸，如图4-51所示。

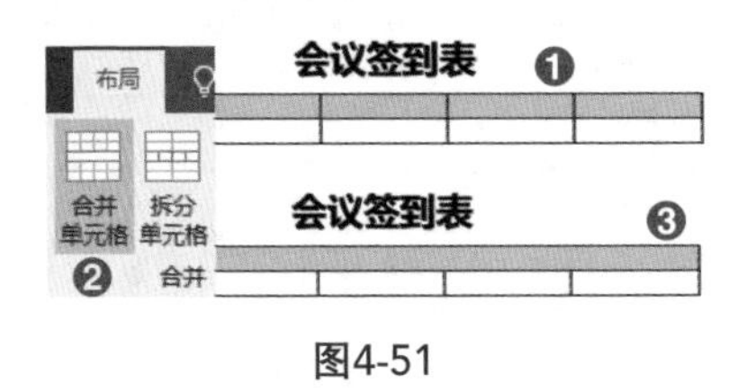

图4-51

步骤05：按照上述方法，合并其他单元格，如图4-52所示。

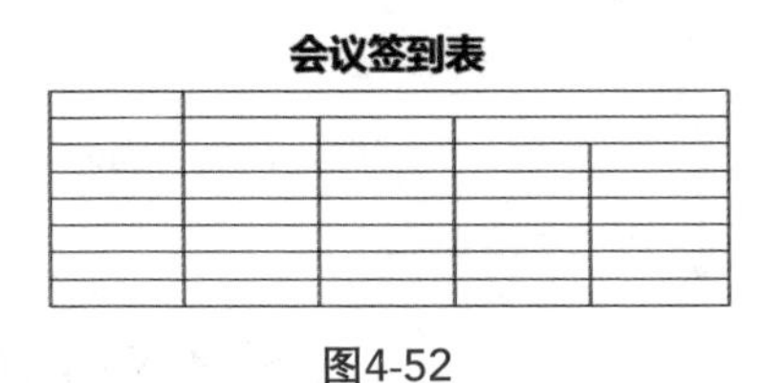

图4-52

步骤06：在表格中输入文本内容，选择单元格，在“开始”选项卡中单击“编号”下拉按钮❶，从列表中选择“1,2,3”编号样式❷，如图4-53所示。

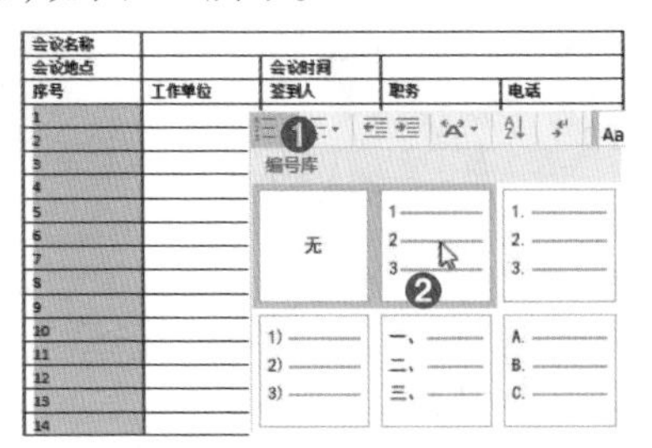

图4-53

步骤07：选择表格，将“字体”设置为“微软雅黑”❶，将“字号”设置为“小四”❷，将“对齐方式”设置为“水平居中”❸，如图4-54所示。

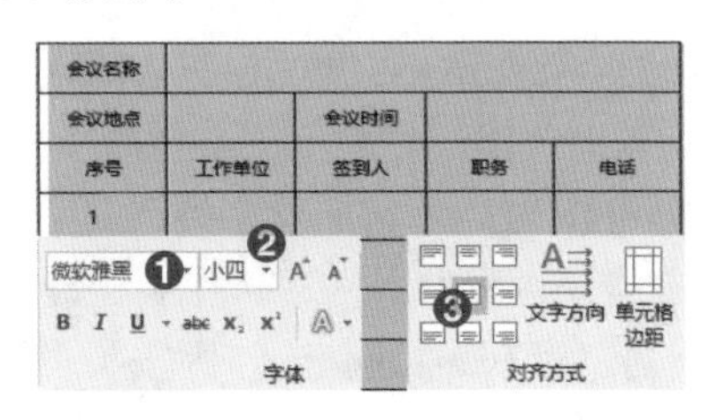

图4-54

步骤08：选择表格，在“布局”选项卡中，将“高度”值设置为“1.25厘米”❶，如图4-55所示。调整所有单元格的高度。

图4-55

步骤09：选择表格，在“设计”选项卡中设置“笔样式”❶、“笔划粗细”❷和“笔颜色”❸，如图4-56所示。

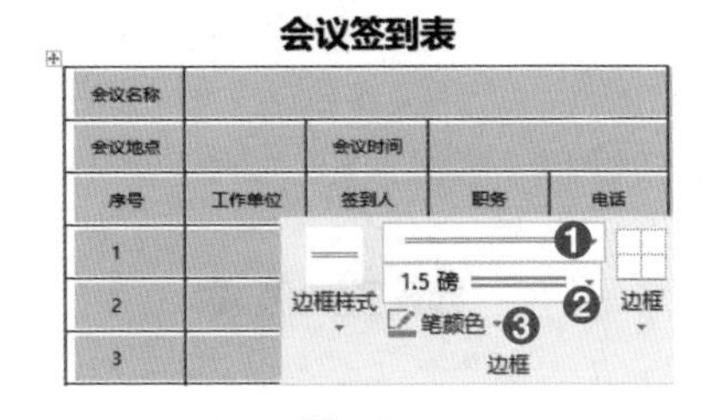

图4-56

步骤10：单击“边框”下拉按钮❶，从列表中选择“外侧框线”选项❷，将设置的边框样式应用至表格的外边框上，如图4-57所示。

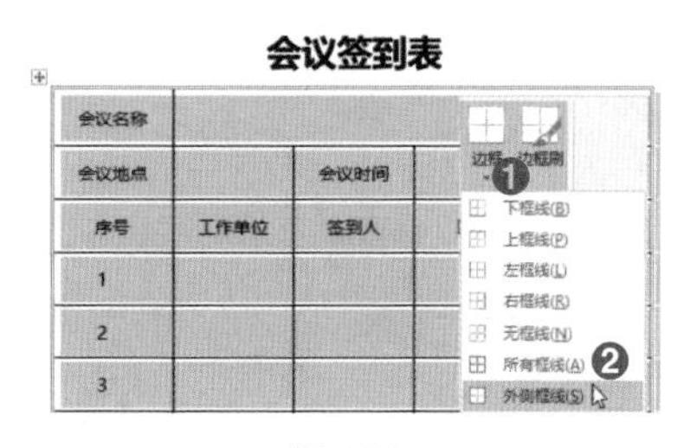

图4-57

步骤11： 再次设置边框样式，将其应用至表格的内部框线上，即可完成“会议签到表”的制作，如图4-58所示。

会议签到表

会议名称				
会议地点		会议时间		
序号	工作单位	签到人	职务	电话
1				
2				
3				
4				
5				
6				
7				

图4-58

知识拓展

Q：如何制作斜线表头？

A：将光标插入单元格中，在“布局”选项卡中单击“绘制表格”按钮，如图4-59所示。鼠标光标变为铅笔形状，按住鼠标左键不放，拖动鼠标，绘制斜线即可，如图4-60所示。

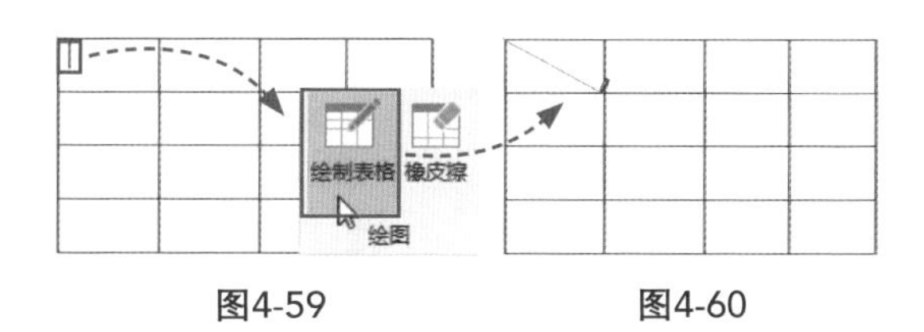

图4-59　　图4-60

Q：如何清除表格样式？

A：选择表格，在“设计”选项卡中单击“表格样式”选项组的“其他”下拉按钮，如图4-61所示。从列表中选择“清除”选项即可，如图4-62所示。

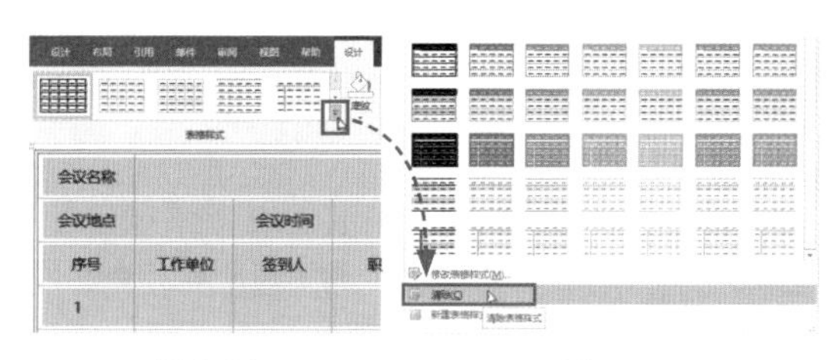

图4-61　　图4-62

Q：如何使用橡皮擦合并单元格？

A：在“布局”选项卡中单击“橡皮擦”按钮，鼠标光标变为橡皮擦形状，如图4-63所示。在分隔线上单击鼠标，即可将其擦除，实现合并单元格的效果，如图4-64所示。

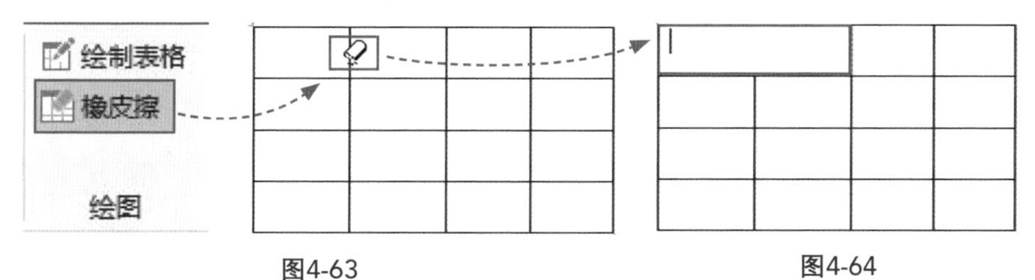

图4-63　　图4-64

第5章

Word高级排版

在编辑长文档时，只掌握Word的一些基础操作是远远不够的，用户需要了解样式的应用、目录的提取、脚注与题注的插入、邮件合并等一些高级操作，才能高效地完成任务。本章将对Word的高级排版操作进行详细介绍。

5.1 样式的应用

在文档中使用样式，可以避免对内容进行重复的格式化操作，下面将进行详细介绍。

5.1.1 应用内置样式

样式就是文字格式和段落格式的集合。Word内置了多种样式，例如正文、标题1、标题2、标题、副标题等，用户可以直接为文本套用内置的样式。选择文本，在“开始”选项卡中单击“样式”选项组的“其他”下拉按钮，从列表中选择内置的样式，即可将所选样式应用到文本上，如图5-1所示。

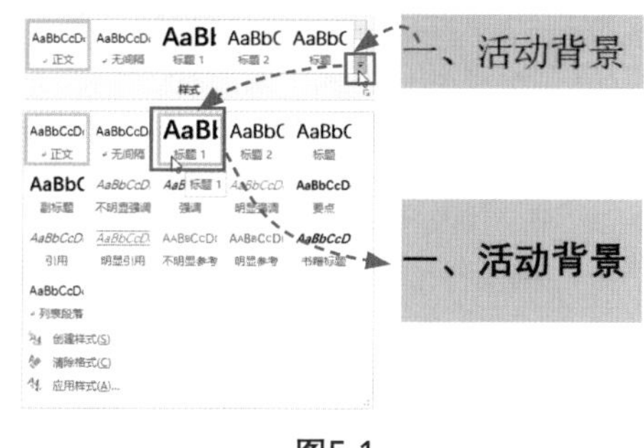

图5-1

5.1.2 创建样式

如果Word内置的样式不符合要求，用户可以自己创建样式。在“样式”列表中选择“创建样式”选项，如图5-2所示。打开“根据格式化创建新样式”对话框，在“名称”文本框中输入样式名称，单击“修改”按钮，如图5-3所示。

打开“根据格式化创建新样式”对话框，从中设置“样式类型”“样式基准”“后续段落样式”，单击“格式”按钮，选择“字体”选项，在“字体”对话框中设置样式的字体格式。在“格式”列表中选择“段落”选项，在打开的“段落”对话框中设置样式的段落格式，如图5-4所示。

创建一个样式后，在“开始”选项卡的“样式”列表中即可查看并使用，如图5-5所示。

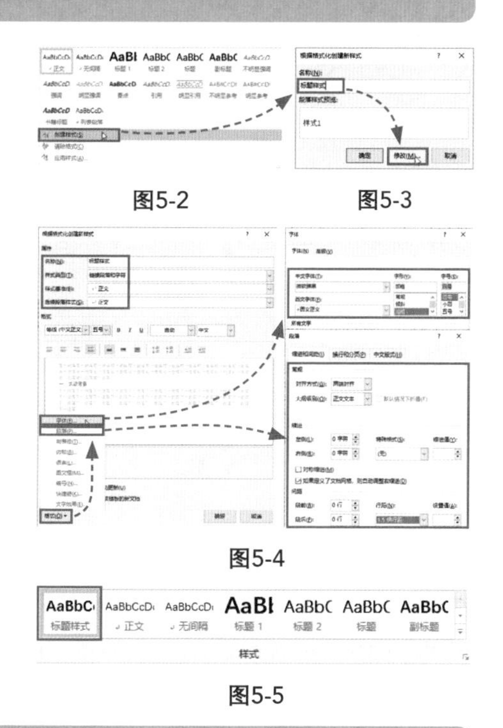

图5-2　图5-3

图5-4

图5-5

5.1.3 修改样式

大部分内置的样式不符合排版要求，所以就需要对套用的样式进行格式修改。在样式上单击鼠标右键，从弹出的快捷菜单中选择“修改”命令，如图5-6所示。

在打开的“修改样式”对话框中，可以修改样式的字体、段落、制表位、边框、语言、图文框、编号等，如图5-7所示。

图5-6　　图5-7

技巧点拨：“自动更新”的意义

在“修改样式”对话框中如果勾选“自动更新”复选框，如图5-8所示。那么只要应用了该样式的文本内容有一项发生了改变，其他所有应用了该样式的文本内容就都会即刻同步更新。

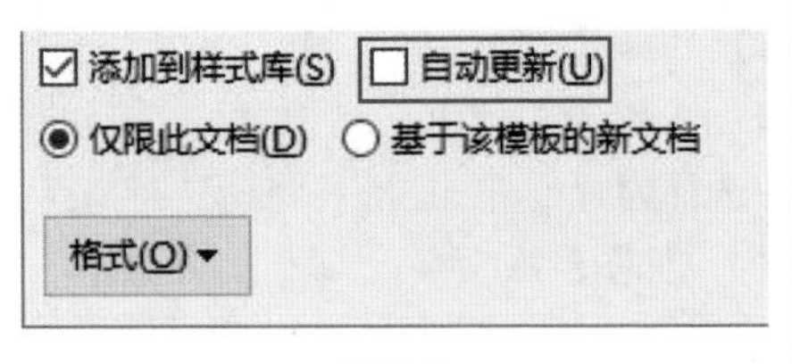

图5-8

技能应用：修改规章制度中的标题样式

用户为公司规章制度中的标题应用了标题样式，下面将介绍如何进行统一修改操作。

步骤01：选择应用了“一级标题样式”的标题文本，如图5-9所示。

步骤02：在“开始”选项卡中，将字体更改为“微软雅黑”，将字号更改为“四号”，并加粗显示，如图5-10所示。

步骤03：打开“段落”对话框，将“对齐方式”设置为“居中”，将“大纲级别”设置为“1级”，将“行距”设置为“1.5倍行距”，如图5-11所示。

步骤04：在“一级标题样式”上单击鼠标右键，从弹出的快捷菜单中选择“更新一级标题样式以匹配所选内容”，如图5-12所示。

步骤05：此时，所有应用了“一级标题样式”的标题，都进行了统一修改，如图5-13所示。

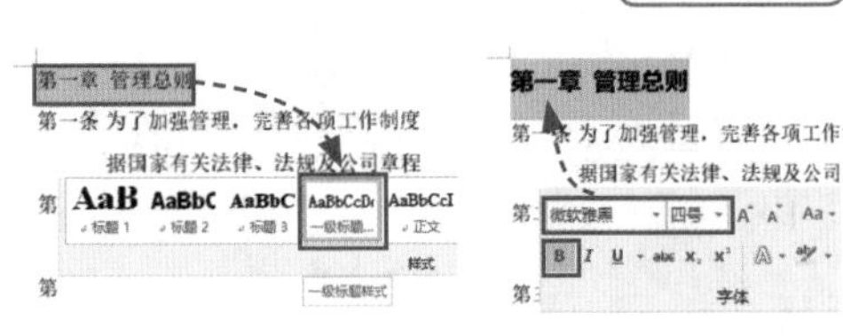

图5-9　　图5-10

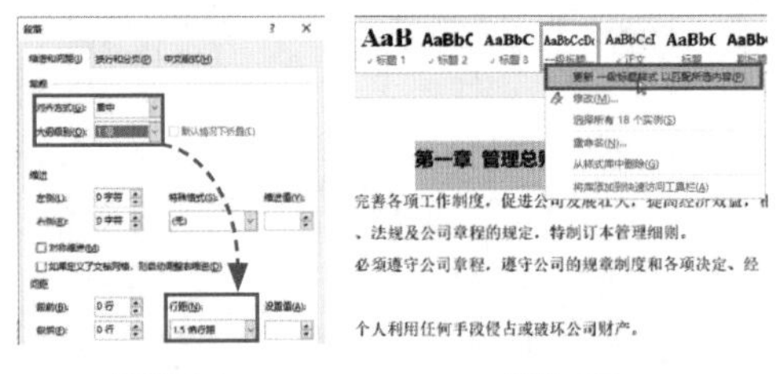

图5-11　　图5-12

第一章　管理总则

第一条 为了加强管理，完善各项工作制度，促进公司发展

第二章　员工守则

第一条 遵纪守法，忠于职守，克己奉公。

图5-13

5.2 文档目录的创建

对于长篇文档来说，为了方便查看相关内容，需要为文档制作目录，下面将进行详细介绍。

5.2.1 插入目录

Word提供了几种内置的目录样式，通过“目录”功能，用户可以将文档中的目录自动提取出来。在“引用”选项卡中单击“目录”下拉按钮，从列表中选择合适的目录样式即可，如图5-14所示。

新手误区：自动提取目录的前提

在自动提取目录之前，用户必须对标题设置样式或大纲级别，如图5-15所示，否则无法自动提取目录。

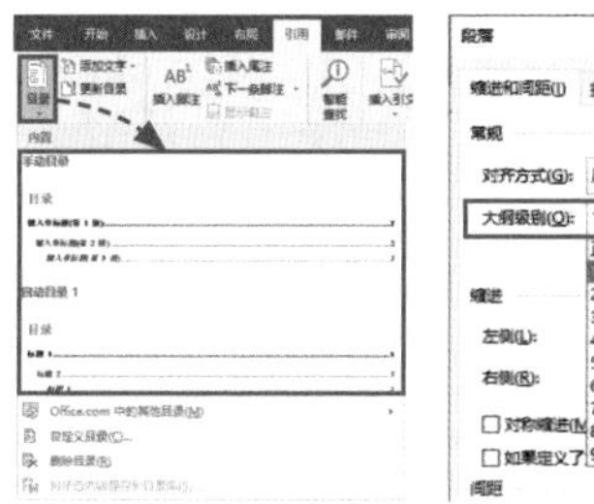

图5-14

图5-15

5.2.2 更新和删除目录

如果对文档中的标题内容进行了修改，那么目录也需要进行相应的更改，用户只需要在“引用”选项卡中单击“更新目录”按钮，如图5-16所示。或者选择插入的目录，单击目录上方的“更新目录”按钮，如图5-17所示。打开“更新目录”对话框，从中进行相应的选择即可，如图5-18所示。

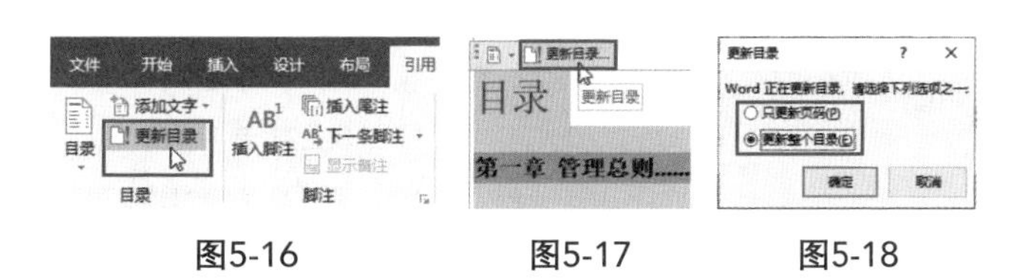

图5-16　图5-17　图5-18

如果用户想要删除目录，只需要在“目录”列表中选择“删除目录”选项即可。

技巧点拨：取消目录的超链接

在引用自动目录时，默认目录标题都是带有超链接的，只要按【Ctrl】键，单击目录标题，就会快速跳转到标题对应的正文位置。如果用户想要取消目录超链接，可以选中目录，按【Ctrl+Shift+F9】快捷键，就可以取消目录的超链接。

技能应用：制作规章制度的索引目录

扫一扫 看视频

除了插入内置的目录样式外，用户还可以自定义目录样式，下面将介绍如何提取“公司规章制度”文档目录。

步骤01：将光标插入到空白页中，在“引用”选项卡中单击“目录”下拉按钮，从列表中选择“自定义目录”选项，如图5-19所示。

步骤02：打开“目录”对话框，在“目录”选项卡中可以设置目录的页码显示方式、制表符前导符样式、格式、显示级别等，单击“修改”按钮，如图5-20所示。

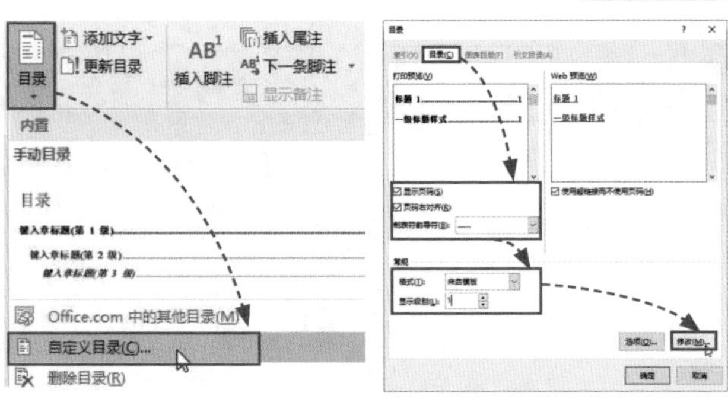

图5-19　　图5-20

步骤03：打开“样式”对话框，在“样式”列表框中选择一级标题样式，单击“修改”按钮，如图5-21所示。

步骤04：打开“修改样式”对话框，从中设置一级标题样式的字体格式，单击“确定”按钮，如图5-22所示。

步骤05：返回“样式”对话框，单击“确定”按钮，即可将目录按照自定义的样式提取出来，如图5-23所示。

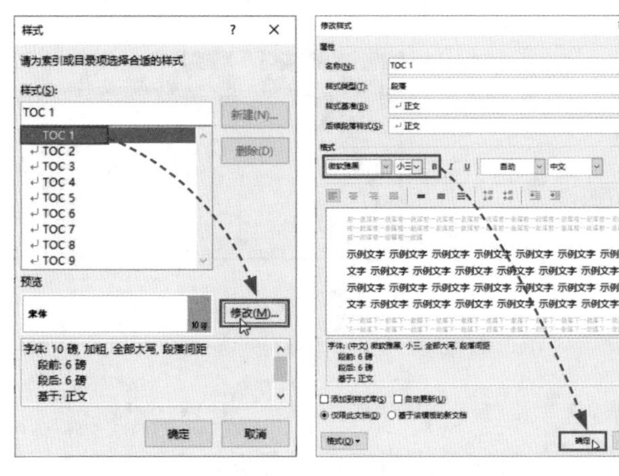

图5-21　　图5-22

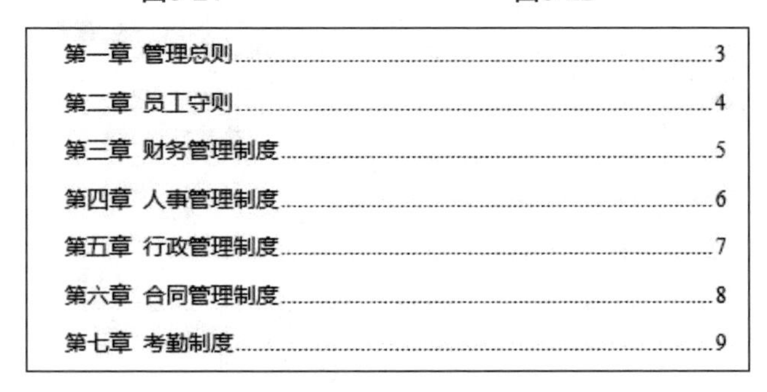

图5-23

技巧点拨：TOC1、TOC2、TOC3…的含义

在“样式”对话框中，“TOC1”是目录中的一级标题样式，“TOC2”是二级标题样式，“TOC3”是三级标题样式。

5.3 脚注与题注

一篇专业的文档排版，少不了脚注与题注。那么什么是脚注、题注呢？下面将进行详细介绍。

5.3.1 插入脚注

通常情况下，脚注位于每一个页面的底端，标明资料来源或者对文章内容进行补充注释。选择需要插入脚注的内容，在“引用”选项卡中，单击“插入脚注”按钮，如图5-24所示。此时光标会自动跳转至页面底端，直接输入脚注内容即可，如图5-25所示。插入脚注后，正文内容会自动在文字的右上角生成上标数字“1”，并且在脚注区会自动生成短横线，脚注内容也会自动编号。

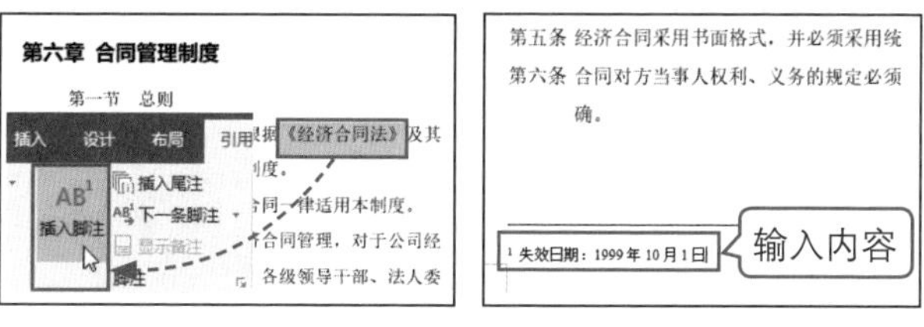

图5-24　　图5-25

此外，如果用户想要删除文档中的脚注，可以选择脚注的上标数字，如图5-26所示，然后在键盘上直接按【Delete】键即可。

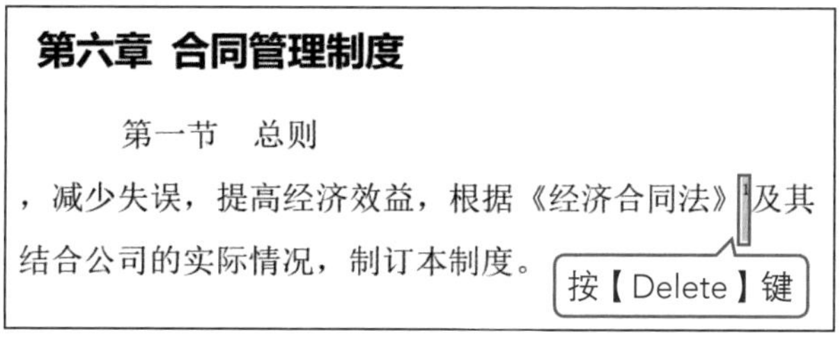

第六章 合同管理制度

第一节 总则

，减少失误，提高经济效益，根据《经济合同法》及其结合公司的实际情况，制订本制度。

按【Delete】键

图5-26

5.3.2 插入题注

题注用于文章的图片、表格、图表、公式等项目添加自动编号和名称。选择图片或表格，在“引用”选项卡中单击“插入题注”按钮，如图5-27所示。

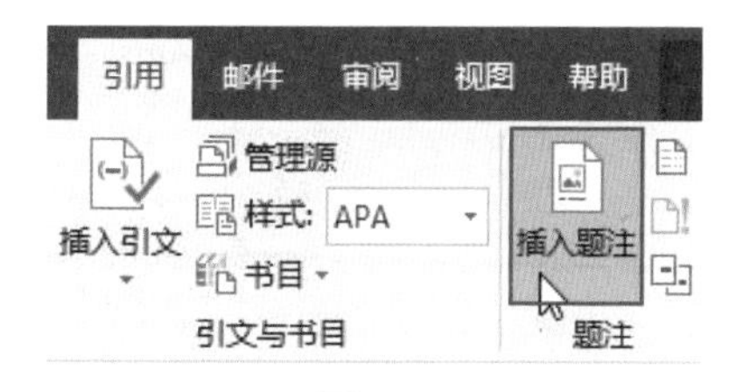

图5-27

技巧点拨：自动编号

自动编号的作用：无论项目数量是否增删、位置是否移动，编号都会按照顺序自动更新。

打开“题注”对话框，在该对话框中进行相关设置即可，如图5-28所示。

- **题注：** 可以预览设置的效果，“图表 1”后可继续输入题注内容。
- **标签：** 根据插入的项目选择对应的标签，例如“表格”“图”“公式”等。如果没有所需要的标签，则单击“新建标签”，输入对应的标签即可。

- **位置：**有“所选项目下方”和“所选项目上方”两种。一般图片题注会放在下方，表格题注会放在上方。
- **编号：**设置带章节号的题注。例如“图1-1”。

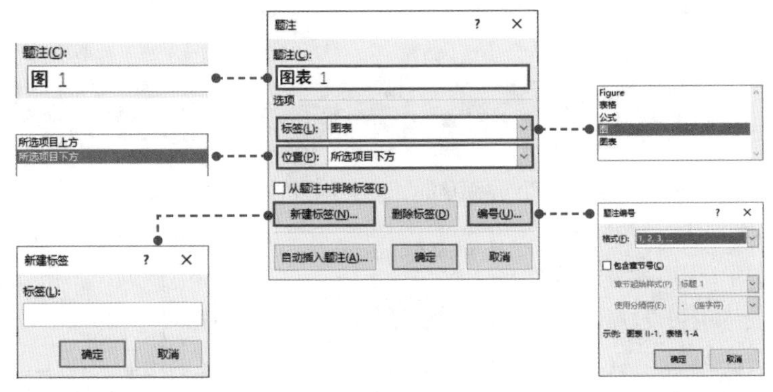

图5-28

新手误区：自动更新编号

当文章中的图片、表格有增删，或者位置发生变化时，需要按【Ctrl+A】组合键，全选内容，然后按【F9】键，编号才能自动更新。

5.4 邮件合并

使用“邮件合并”功能，可以批量制作工作证、荣誉证书之类的文档，能够节省大量时间，但使用该功能之前，用户需要先创建主文档和数据源。下面将进行详细介绍。

5.4.1 创建主文档

主文档是一份Word文档，例如批量制作“工作证”，需要创建一个“工作证”文档模板，如图5-29所示。用户可以自己设计一个主文档或下载模板。

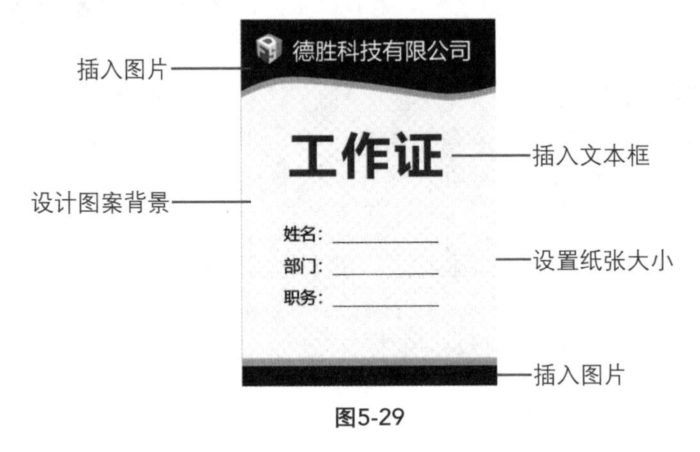

图5-29

5.4.2 创建数据源

数据源是一份Excel表格，里面必须包含需要用到的变量信息，这里制作“工作证”，需要用到的变量信息为“姓名”“部门”“职务”，用户只需要创建一个工作表，并在其中输入相关内容即可，如图5-30所示。

	A	B	C
1	姓名	部门	职务
2	赵佳	财务部	员工
3	刘元	销售部	主任
4	王晓	行政部	经理
5	徐峥	生产部	员工
6	孙杨	销售部	员工
7	韩梅	生产部	员工

图5-30

5.4.3 将数据源合并到主文档

主文档和数据源制作完成后，需要将数据源合并到主文档中。打开主文档，在“邮件”选项卡中单击“选择收件人”下拉按钮，从列表中选择“使用现有列表”选项，打开“选取数据源”对话框，从中选择Excel数据源，单击“打开”按钮，弹出“选择表格”对话框，直接单击“确定”按钮，如图5-31所示，即可将数据源合并到主文档中。

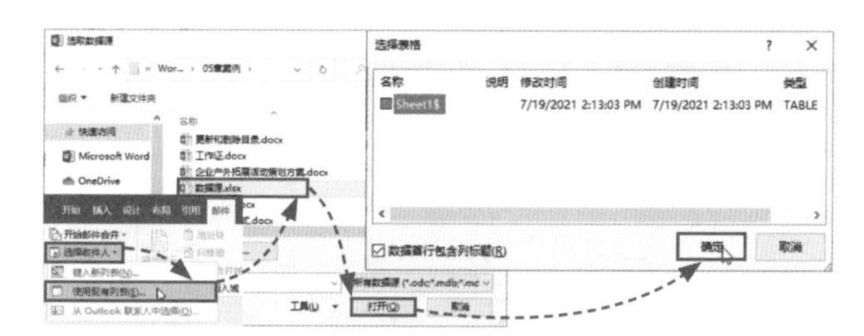

图5-31

实战演练：批量制作工作证

工作证是表明某人在某单位工作的凭证，是一个公司形象和认证的一种标志。下面将介绍如何批量制作“工作证”。

步骤01：设计好“工作证”模板后，打开“邮件”选项卡❶，单击“选择收件人”下拉按钮❷，从列表中选择“使用现有列表”选项❸，如图5-32所示。

图5-32

步骤02：打开“选取数据源”对话框，从中选择“数据源”表格❶，单击“打开”按钮❷，如图5-33所示。

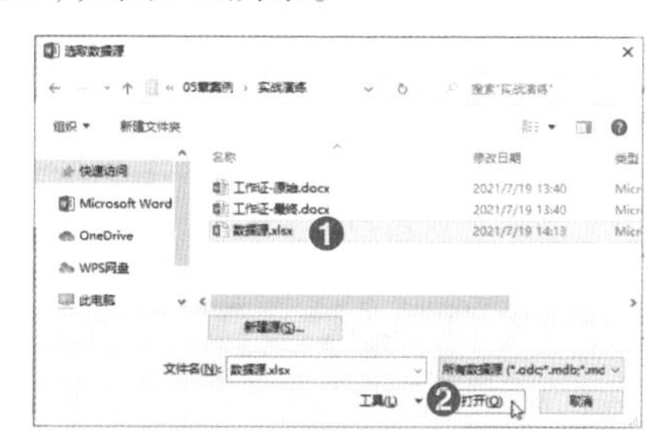

图5-33

步骤03：弹出“选择表格”对话框，从中选择工作表名称❶，单击“确定”按钮❷，如图5-34所示。

图5-34

步骤04：将光标插入到“姓名”文本后面❶，在“邮件”选项卡中单击“插入合并域”下拉按钮❷，从列表中选择“姓名”选项❸，如图5-35所示。

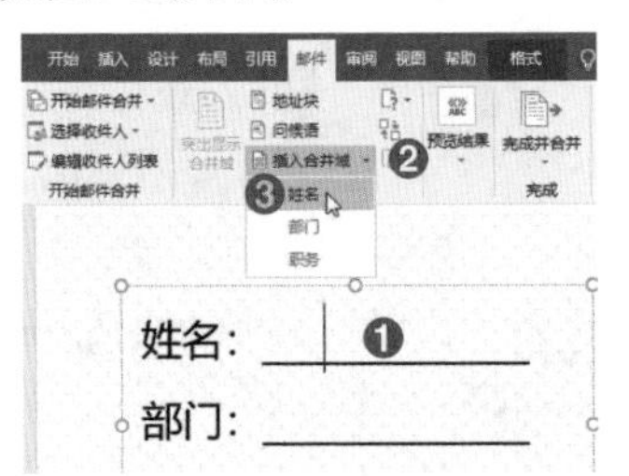

图5-35

步骤05：选择插入的“姓名”域❶，将“字体”设置为“宋体”❷，将“字号”设置为“小三”❸，如图5-36所示。

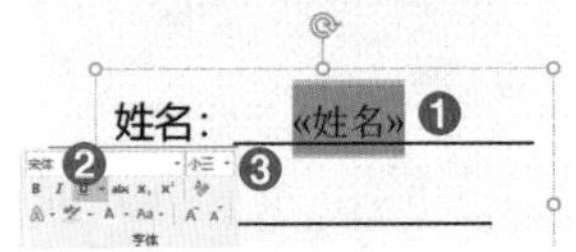

图5-36

步骤06：按照上述方法，插入“部门”和“职务”域，如图5-37所示。

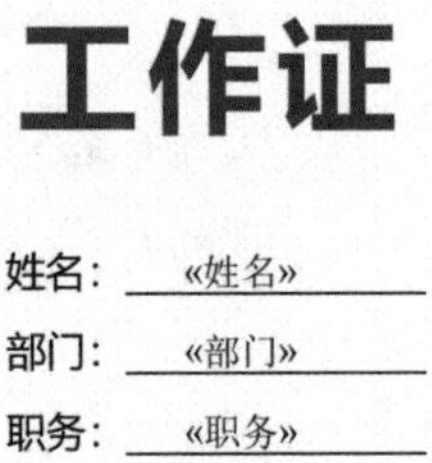

工作证

姓名：«姓名»

部门：«部门»

职务：«职务»

图5-37

步骤07：在“邮件”选项卡中单击“完成并合并”下拉按钮❶，从列表中选择“编辑单个文档”选项❷，如图5-38所示。

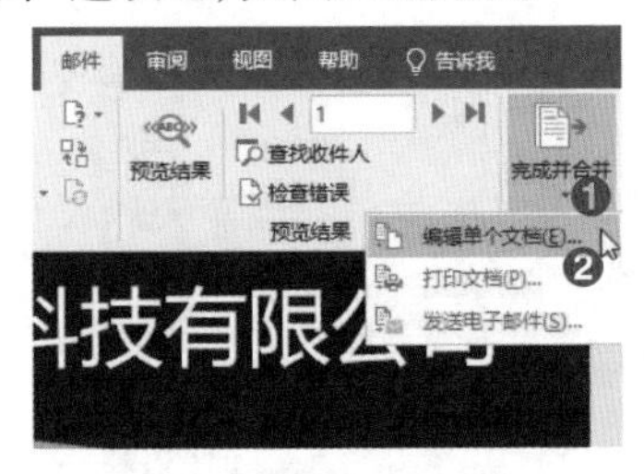

图5-38

步骤08：打开“合并到新文档”对话框，选择“全部”单选按钮❶，单击“确定”按钮❷，如图5-39所示。

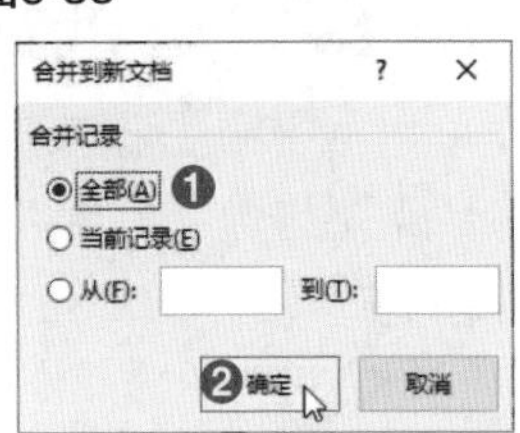

图5-39

步骤09：批量生成“工作证”，如图5-40所示。批量生成的工作证不会显示设置的填充图案背景，需要用户重新设计一下页面背景即可。

图5-40

知识拓展

Q：如何插入尾注？

A：选择需要插入尾注的内容，在“引用”选项卡中单击“插入尾注”按钮，如图5-41所示。光标自动插入文档结尾处，输入尾注内容即可，如图5-42所示。

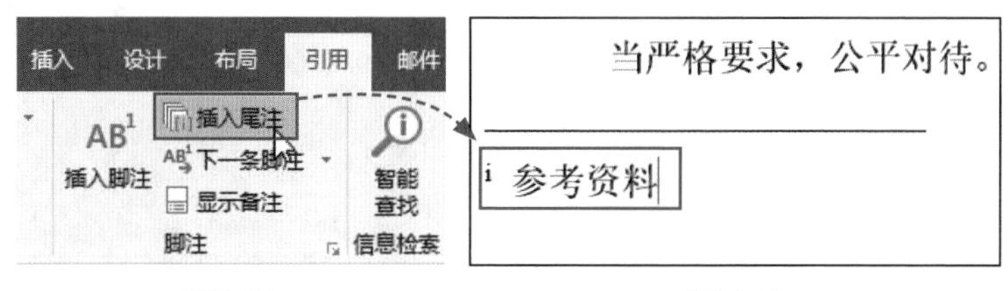

图5-41　　图5-42

Q：如何在页眉中插入Logo图片？

A：在页眉处双击鼠标，进入编辑状态，在“设计”选项卡中单击“图片”按钮，如图5-43所示。打开“插入图片”对话框，从中选择Logo图片，单击“插入”按钮，即可将图片插入页眉中，如图5-44所示。

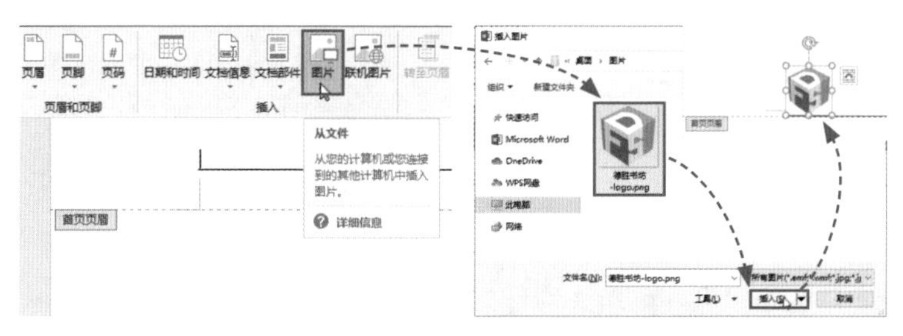

图5-43　　图5-44

Q：如何增大字符间距？

A：选择文本，在“开始”选项卡中单击“字体”选项组的对话框启动器按钮，如图5-45所示。打开“字体”对话框，在“高级”选项卡中，将“间距”设置为“加宽”，并设置合适的“磅值”即可，如图5-46所示。

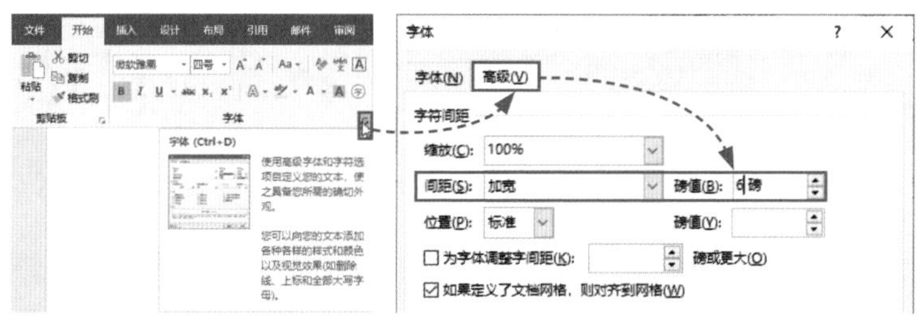

图5-45　　图5-46

Excel办公应用篇

第6章

Excel电子表格必学

Excel是一款常用的电子表格软件，使用Excel可以轻松输入大量数据，并且可以对数据进行整理和美化，使其形成便于阅读的表格。本章将对Excel电子表格的基础操作进行详细介绍。

6.1 工作表的基本操作

工作表用来管理和编辑数据，是工作簿的重要组成部分，下面将向用户介绍工作表的基本操作。

6.1.1 选择工作表

在Excel中，工作表的选择方法有多种，下面将分别进行介绍。

方法一：选择单个工作表

直接使用鼠标单击需要选择的工作表标签，即可选中该工作表，如图6-1所示。

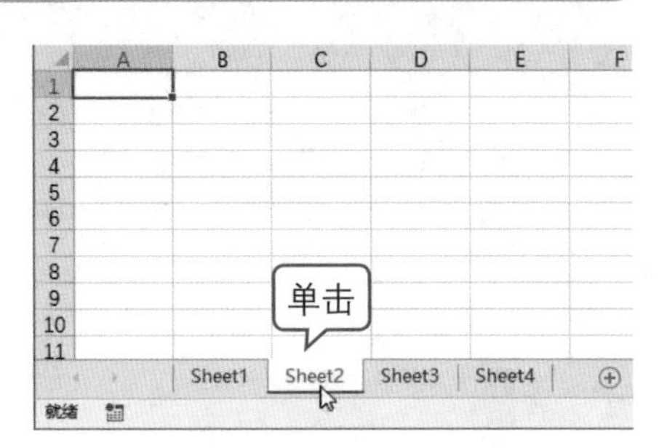

图6-1

方法二：选择全部工作表

在任意工作表标签上单击鼠标右键，在快捷菜单中选择“选定全部工作表”命令，如图6-2所示，即可选中工作簿中的所有工作表。

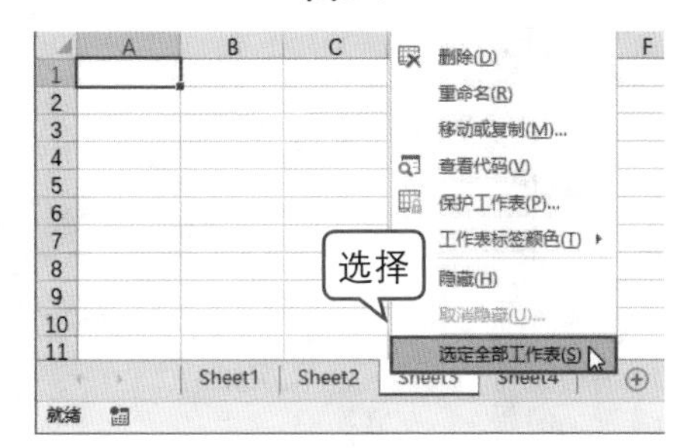

图6-2

方法三：选择多张连续的工作表

单击第一张工作表标签，按住【Shift】键的同时单击另一张工作表标签，即可选择这两张工作表之间的所有工作表，如图6-3所示。

方法四：选择多张不连续的工作表

按住【Ctrl】键不放，依次单击需要选择的工作表标签，即可选择多张不连续的工作表，如图6-4所示。

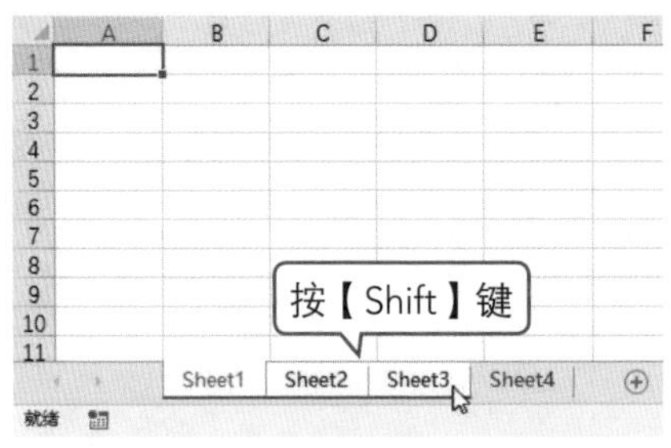

图6-3

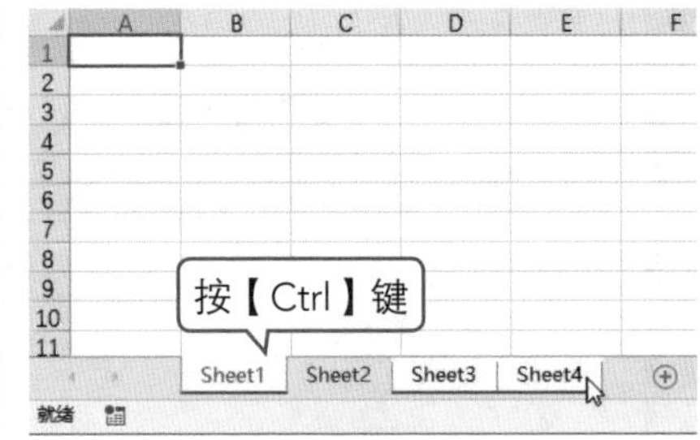

图6-4

6.1.2 重命名工作表

通常系统默认的工作表名称为“Sheet1、Sheet2、Sheet3…”，为了让工作簿中的工作表内容便于区分，用户可以对其进行重命名。选择工作表，单击鼠标右键，从弹出的快捷菜单中选择“重命名”命令，如图6-5所示。工作表标签处于可编辑状态，在其中输入新名称，按【Enter】键确认即可，如图6-6所示。

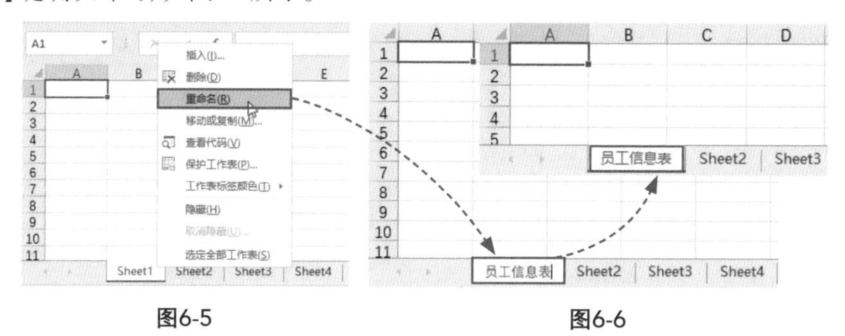

图6-5　　　　图6-6

此外，用户双击需要重命名的工作表标签，工作表标签处于可编辑状态，然后重命名即可。

6.1.3 保护工作表

为了防止他人随意更改工作表中的数据，用户可以对工作表进行保护。在“审阅”选项卡中单击“保护工作表”按钮，如图6-7所示。

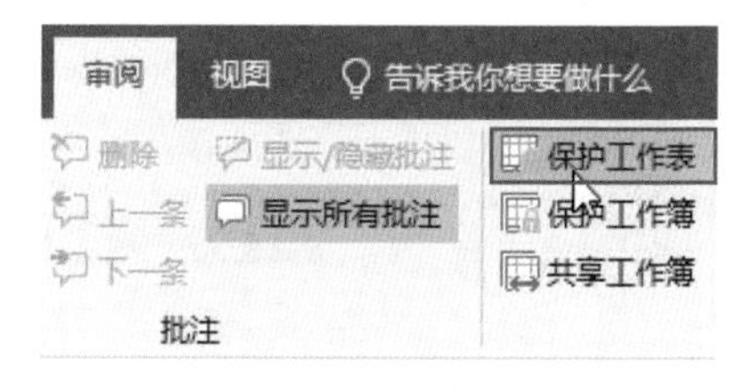

图6-7

打开“保护工作表”对话框，输入取消工作表保护时使用的密码，然后根据需要勾选或取消勾选相应的复选框，单击“确定”按钮，如图6-8所示。打开“确认密码”对话框，重新输入密码，单击“确定”按钮，此时，用户只能选择查看工作表中的数据，不能修改数据。如果修改数据，则会弹出一个提示对话框，提示若要进行更改，请取消工作表保护，如图6-9所示。

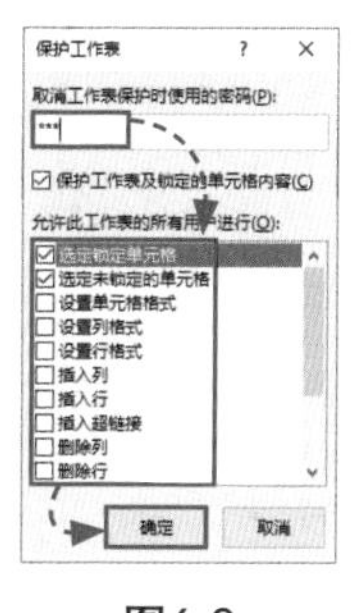

图6-8

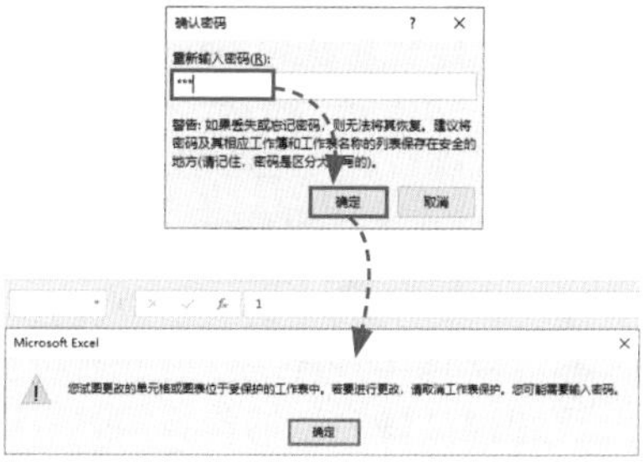

图6-9

技巧点拨：撤销工作表保护

在“审阅”选项卡中单击“撤销工作表保护”按钮，如图6-10所示。打开“撤销工作表保护”对话框，在“密码”文本框中输入设置的密码，单击“确定”按钮即可，如图6-11所示。

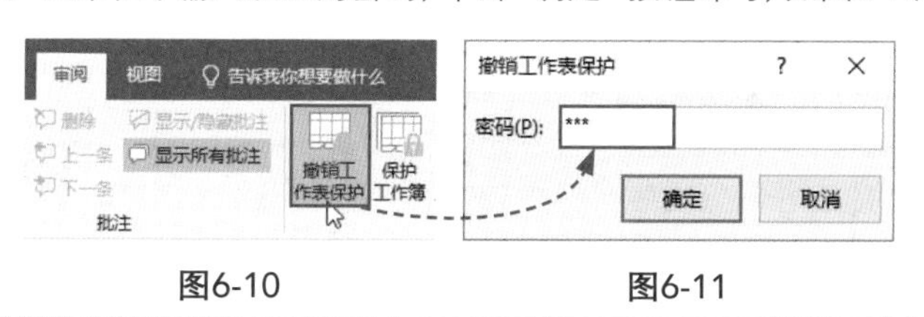

图6-10　　　　图6-11

6.1.4 移动与复制工作表

用户可以根据需要在同一工作簿中移动或复制工作表，也可以将工作表移动或复制到其他工作簿中。

（1）移动工作表

选择工作表，单击鼠标右键，从弹出的快捷菜单中选择“移动或复制”命令，如图6-12所示。打开“移动或复制工作表”对话框，在“工作簿”选项列表中默认显示当前工作簿名称，在“下列选定工作表之前”列表框中选择工作表移动到的位置，单击“确定”按钮，如图6-13所示，即可在当前工作簿中移动工作表。

此外，如果用户需要将工作表移动到新工作簿中，则需要在“移动或复制工作表”对话框中，单击“工作簿”下列按钮，从列表中选择“新工作簿”选项，如图6-14所示。

技巧点拨：快速移动工作表

用户选择需要移动的工作表，按住鼠标左键不放，将其拖至合适位置，可以快速移动工作表。

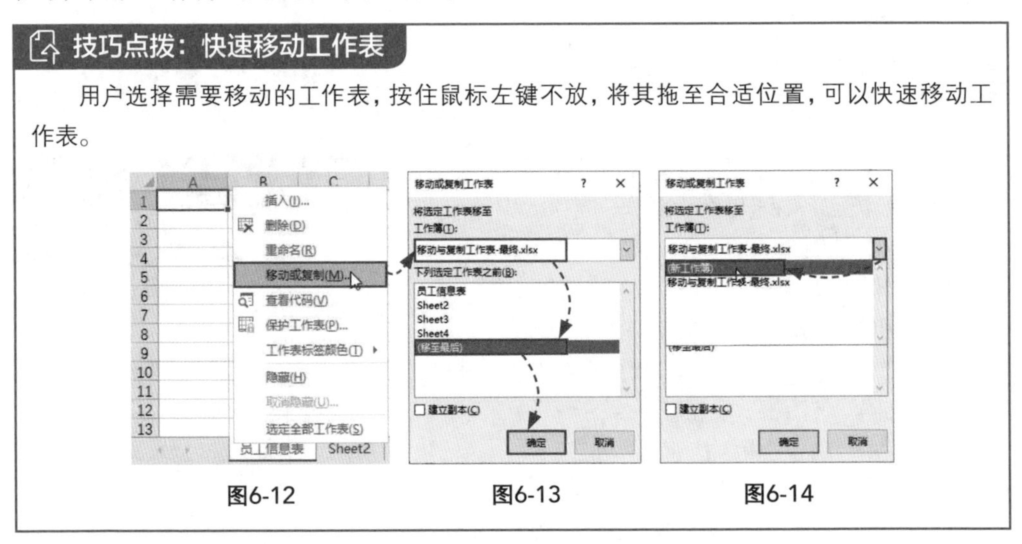

图6-12　　图6-13　　图6-14

（2）复制工作表

选择需要复制的工作表，打开“移动或复制工作表”对话框，在“下列选定工作表之前”列表框中选择需要复制到的位置，勾选“建立副本”复选框，如图6-15所示，即可复制工作表。

此外，在“工作簿”下拉列表中选择“新工作簿”选项，然后勾选“建立副本”复选框，即可将工作表复制到新工作簿中。

技巧点拨：快速复制工作表

选择需要复制的工作表，按住鼠标左键不放，然后再按住【Ctrl】键不放，拖动鼠标至合适位置，即可快速复制工作表。

图6-15

6.1.5 拆分与冻结工作表

当工作表中的数据过多时，为了方便查看数据，可以将工作表的窗格冻结。拆分工作表就是将现有窗口拆分为多个大小可调的工作表，用户可以同时查看工作表分隔较远的部分。

（1）拆分工作表

选择单元格，在“视图”选项卡中单击“拆分”按钮，即可从所选单元格的左上方开始拆分，将当前工作表窗口拆分成4个大小可调的窗口，如图6-16所示。用户可以同时查看相隔较远的数据。

若要取消窗口拆分，则再次单击“拆分”按钮，即可恢复到工作表的初始状态。

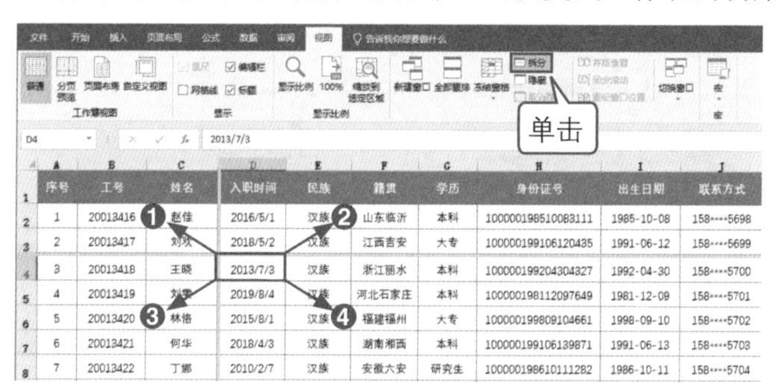

图6-16

（2）冻结工作表

选择工作表中任意单元格，在“视图”选项卡中，单击“冻结窗格”下拉按钮，从列表中根据需要进行选择，如图6-17所示。

如果选择“冻结首行”选项，则向下查看数据时，第一行固定不变，一直显示，如图6-18所示。

如果选择“冻结首列”选项，则向右查看数据时，A列固定不变，一直显示，如图6-19所示。

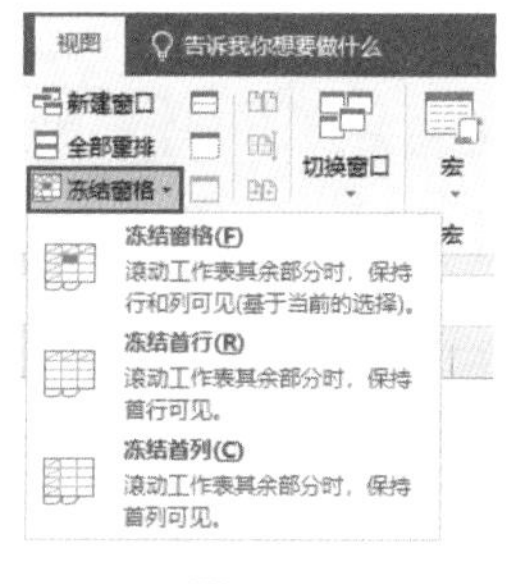

图6-17

冻结首行

	A	B	C	D	E	F	G	H	I
1	序号	工号	姓名	入职时间	民族	籍贯	学历	身份证号	出生日期
8	7	20013422	丁娜	2010/2/7	汉族	安徽六安	研究生	100000198610111282	1986-10-11
9	8	20013423	李香	2019/5/8	汉族	河北沧州	本科	100000198808041137	1988-08-04
10	9	20013424	王丽	2018/7/4	汉族	江苏南京	大专	100000199311095335	1993-11-09
11	10	20013425	周琦	2013/8/10	汉族	江苏苏州	本科	100000199008044353	1990-08-04
12	11	20013426	贾静	2020/5/11	汉族	山东烟台	研究生	100000197112055364	1971-12-05

图6-18

	A	D	E	F	G	H	I	J	K
1	序号	入职时间	民族	籍贯	学历	身份证号	出生日期	联系方式	备注
2	1	2016/5/1	汉族	山东临沂	本科	100000198510083111	1985-10-08	158****5698	
3	2	[illegible]	[illegible]	江西吉安	大专	100000199106120435	1991-06-12	158****5699	
4	3	[illegible]	[illegible]	浙江丽水	本科	100000199204304327	1992-04-30	158****5700	
5	4	2019/8/4	汉族	河北石家庄	本科	100000198112097649	1981-12-09	158****5701	
6	5	2015/8/1	汉族	福建福州	大专	100000199809104661	1998-09-10	158****5702	

冻结首列

图6-19

技能应用：为信息登记表添加访问密码

为了保护数据信息，用户可以为员工信息登记表设置一个打开密码，只有输入正确的密码，才能打开工作簿，下面将介绍具体的操作方法。

步骤01：单击“文件”按钮，选择“信息”选项，单击“保护工作簿”下拉按钮，从列表中选择“用密码进行加密”选项，如图6-20所示。

步骤02：打开“加密文档”对话框，在“密码”文本框中输入密码“123”，单击“确定”按钮，弹出“确认密码”对话框，重新输入密码，单击“确定”按钮，如图6-21所示。

步骤03：保存工作簿后，用户再次打开该工作簿，会弹出一个“密码”对话框，如图6-22所示。只有输入正确的密码，才能打开该工作簿。

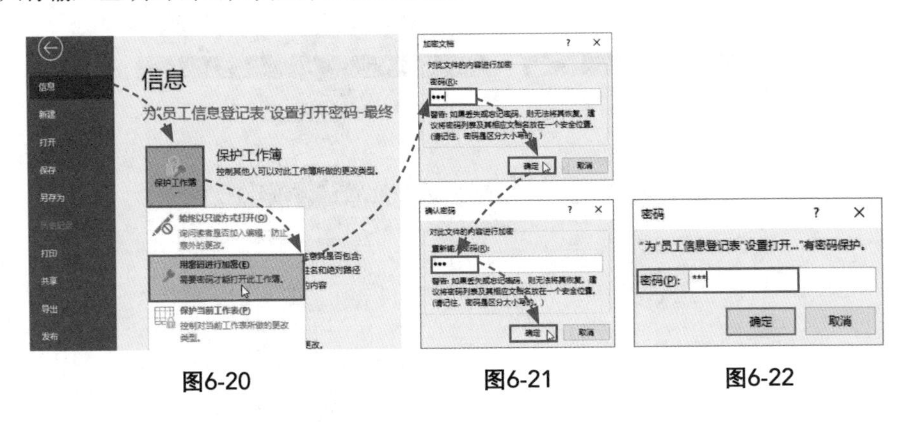

图6-20　　图6-21　　图6-22

6.2 快速录入表格数据

Excel数据的输入类型包括数字、日期与时间、文本以及一些特殊数据等，下面将进行详细介绍。

6.2.1 数字的输入

在工作表中输入数字后，用户可以根据需要设置数字的小数位数。选择数据，按【Ctrl+1】组合键，打开“设置单元格格式”对话框，在“数字”选项卡中选择“数值”分类，在“小数位数”数值框中输入需要保留的小数位数即可，如图6-23所示。

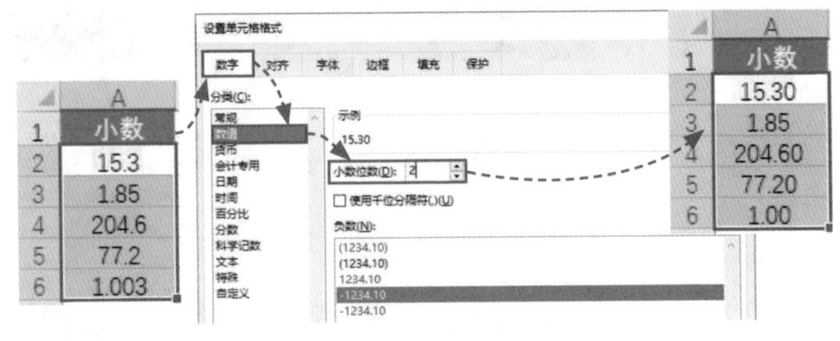

图6-23

此外，用户也可以设置自动添加小数点，提高数据的录入效率。单击“文件”按钮，选择

“选项”选项，打开“Excel选项”对话框，选择“高级”选项，在“编辑选项”区域中勾选“自动插入小数点”复选框，然后在“小位数”数值框中设置插入的小数位数，单击“确定”按钮，此时，在单元格中输入数字后，按【Enter】键确认，即可自动添加小数点，并保留设置的位数，如图6-24所示。

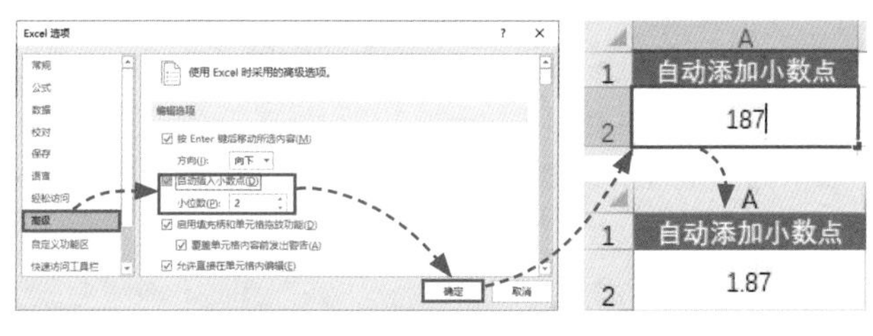

图6-24

6.2.2 数据序列的填充

数据序列就是像序号“1, 2, 3, 4, …”、日期“2021/7/1, 2021/7/2, 2021/7/3, …”、编号“DS0001, DS0002, DS0003, …”这样形式的有序数据，用户可以使用鼠标法或对话框法填充。

（1）鼠标法填充

选择单元格后，将鼠标移至单元格右下角，按住鼠标左键不放，向下拖动鼠标，单击弹出的“自动填充选项”按钮，选择“填充序列”单选按钮即可，如图6-25所示。或者选择单元格，将鼠标移至单元格右下角，按住【Ctrl】键不放，向下拖动鼠标，如图6-26所示。

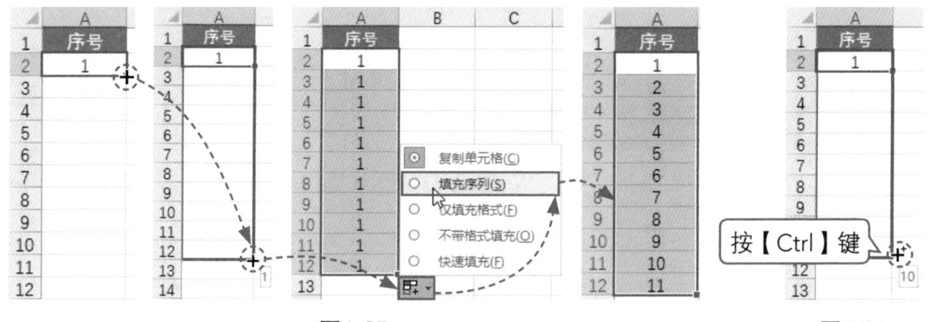

图6-25 图6-26

（2）对话框法填充

当要填充的数据较多，且对序列生成有明确的数量、间隔要求时，可以在“序列”对话框中操作。选择单元格，在“开始”选项卡中单击“填充”下拉按钮，从列表中选择“序列”选项，如图6-27所示。打开“序列”对话框，从中设置“序列产生在”“类型”“步长值”“终止值”等，单击“确定”按钮即可，如图6-28所示。

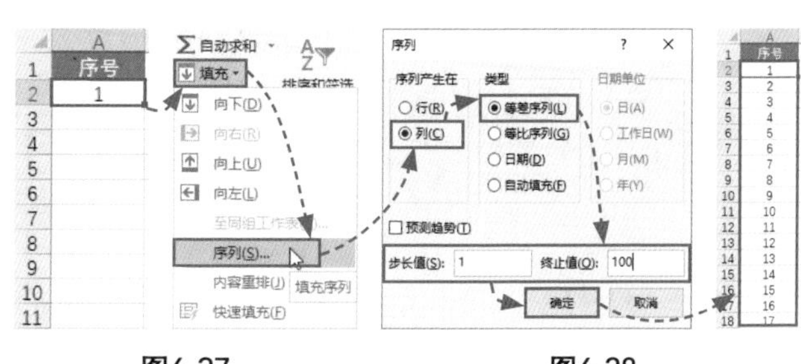

图6-27 图6-28

技巧点拨：等差序列和等比序列

等差序列就是后面数据减去前面数据等于一个固定的值。等比序列就是后面的数据除以前面的数据等于一个固定的值。这个固定值就是“步长值”。

6.2.3 日期与时间的输入

标准日期格式分为长日期和短日期两种类型。长日期以“2021年7月20日”的形式显示，短日期以“2021/7/20”的形式显示。当在单元格中输入“2021-7-20”这种日期形式时，按下【Enter】键后会自动以“2021/7/20”的形式显示，如图6-29所示。

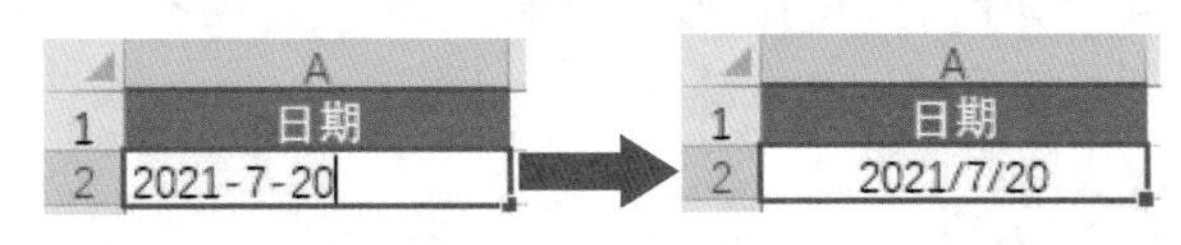

图6-29

如果用户想要将日期设置为其他显示类型，则可以选择日期所在单元格，按【Ctrl+1】组合键，打开“设置单元格格式”对话框，在“数字”选项卡中选择“日期”选项，在“类型”列表框可以选择设置日期的显示类型，如图6-30所示。

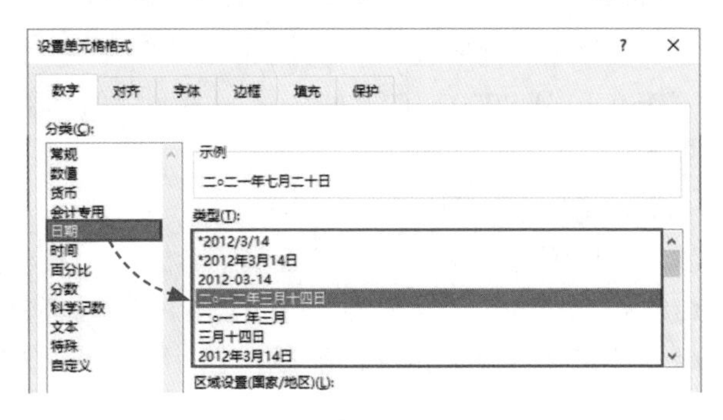

图6-30

技巧点拨：快速输入日期和时间

选择单元格，按【Ctrl+;】组合键，可以快速输入当前日期；按【Ctrl+Shift+;】组合键，可以快速输入当前时间。

6.2.4 文本内容的输入

文本内容是指Excel中的文字，输入方法非常简单。选择A1单元格，输入内容，按【Enter】键确认输入，此时光标向下移动到A2单元格，如图6-31所示。

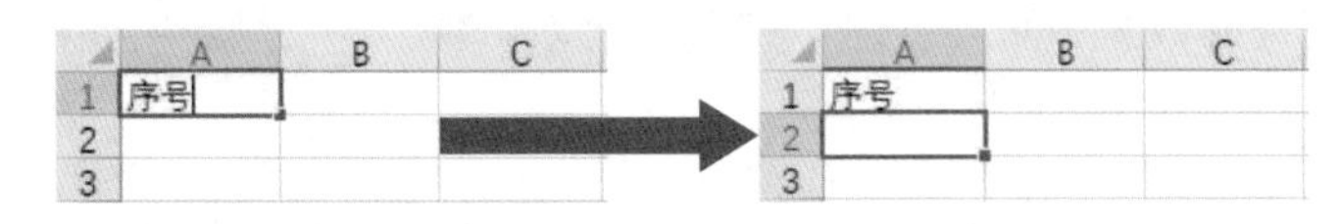

图6-31

如果用户希望按下【Enter】键时，光标向右移到B1单元格，则需要单击“文件”按钮，选择“选项”选项，打开“Excel选项”对话框，选择“高级”选项，在“编辑选项”区域单击“方向”下拉按钮，从列表中选择“向右”选项，单击“确定”按钮即可，如图6-32所示。

此时，在A1单元格中输入内容，按【Enter】键确认输入，光标自动向右移动至B1单元格，如图6-33所示。

此外，在单元格中输入内容后，通过按【→】【←】【↑】【↓】键，可以向右、向左、向上、向下输入内容。

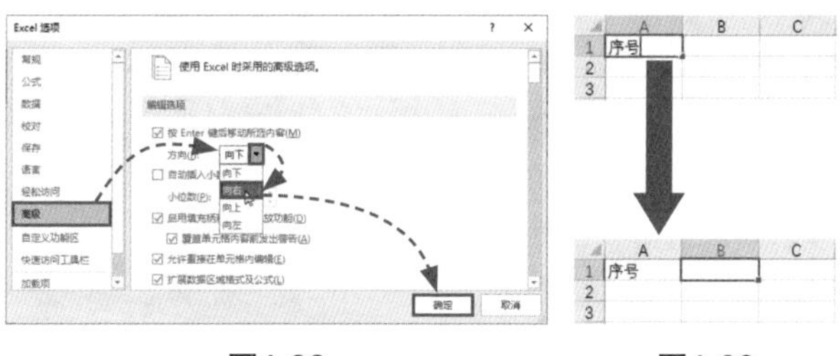

图6-32　图6-33

6.2.5 货币数据的输入

货币数据是指前面带货币符号的数值。用户输入“单价”“销售金额”之类的数据时，需要在数值前面添加货币符号。选择单元格，在“开始”选项卡中单击“数字格式”下拉按钮，从列表中选择“货币”选项，此时，在单元格中输入数值后，系统自动添加了货币符号，如图6-34所示。

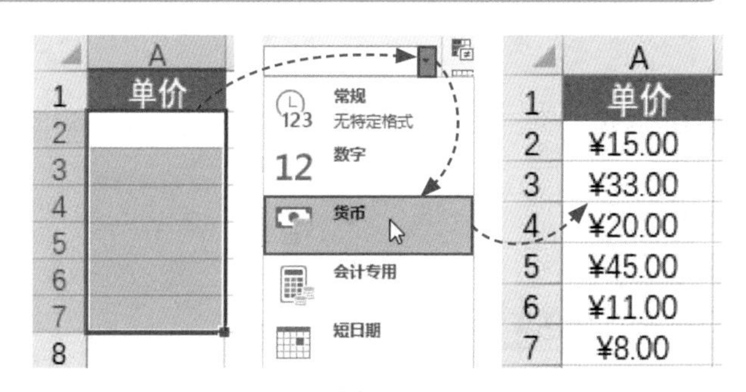

图6-34

技巧点拨：使用输入法输入“¥”符号

使用搜狗输入法输入拼音“人民币”，在弹出的工具栏中选择需要的选项，即可在单元格中输入“¥”符号，接着输入数值即可，如图6-35所示。

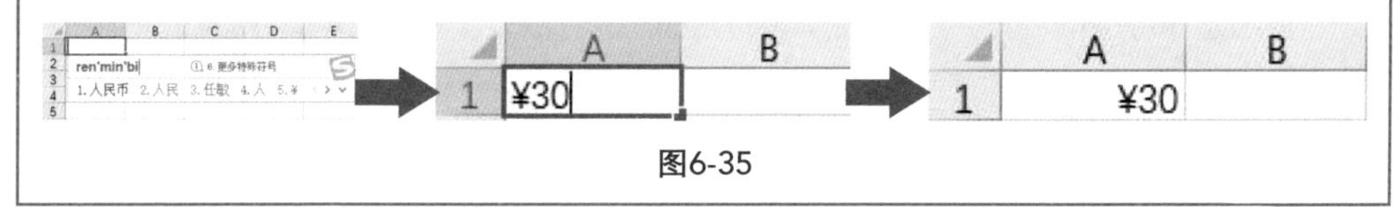

图6-35

此外，在单元格中输入数据后，用户可以统一为其添加货币符号。选择数据，按【Ctrl+1】组合键，打开“设置单元格格式”对话框，在“数字”选项卡中选择“货币”选项，并设置“小数位数”，在“货币符号”列表中可以选择货币符号类型，单击“确定”按钮即可，如图6-36所示。

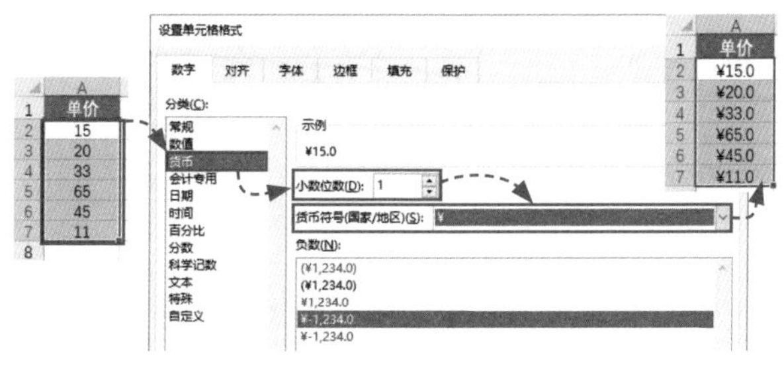

图6-36

技能应用：在信息登记表中输入身份证号

用户在单元格中输入18位的身份证号后，数字通常以科学计数法显示，要想输入超过11位的数字，则可以按照以下方法操作。

步骤01： 选择H2：H12单元格区域，在“开始”选项卡中单击“数字格式”下拉按钮，从列表中选择“文本”选项，如图6-37所示。

步骤02： 接着在单元格中输入“身份证号”即可，如图6-38所示。

	E	F	G	H
1	民族	籍贯	学历	身份证号
2	汉族	山东临沂	本科	
3	汉族	江西吉安	大专	
4	汉族	浙江丽水	本科	

文本 % , 数字

图6-37

	E	F	G	H
1	民族	籍贯	学历	身份证号
2	汉族	山东临沂	本科	100000199106120435
3	汉族	江西吉安	大专	100000199106120435
4	汉族	浙江丽水	本科	100000199204304327
5	汉族	河北石家庄	本科	100000198112097649
6	汉族	福建福州	大专	100000199809104661
7	汉族	湖南湘西	本科	100000199106139871
8	汉族	安徽六安	研究生	100000198610111282

图6-38

6.3 格式化工作表

在工作表中输入数据后，用户可以根据需要对表格进行美化，例如自动套用单元格样式、使用表格样式等，下面将进行详细介绍。

6.3.1 自动套用单元格样式

为了让工作表中的某些单元格更加醒目，用户可以为单元格套用Excel内置的单元格样式。选择单元格区域，在“开始”选项卡中单击“单元格样式”下拉按钮，从列表中选择内置的样式，即可将所选样式应用到单元格区域，如图6-39所示。

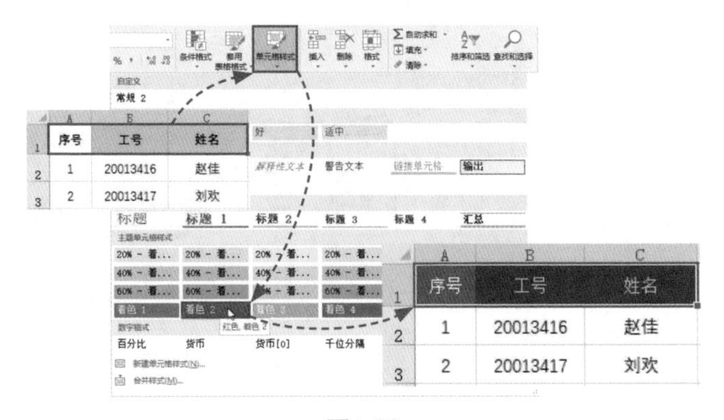

图6-39

此外，如果内置的单元格样式不能满足需要，用户可以创建新的单元格样式。在“单元格样式”列表中选择“新建单元格样式”选项，打开“样式”对话框，设置“样式名”，单击“格式”按钮，如图6-40所示。打开“设置单元格格式”对话框，从中设置字体格式、对齐方式、填充背景等，如图6-41所示。

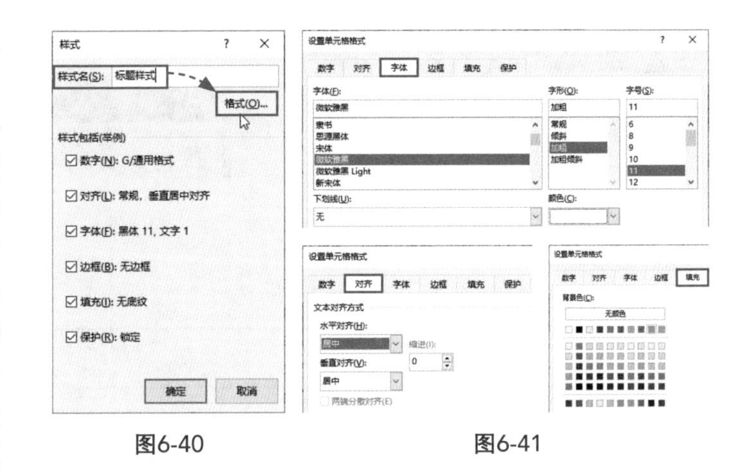

图6-40　　图6-41

设置好后，单击“单元格样式”下拉按钮，从列表中选择自定义的标题样式，即可将样式应用至所选单元格区域，如图6-42所示。

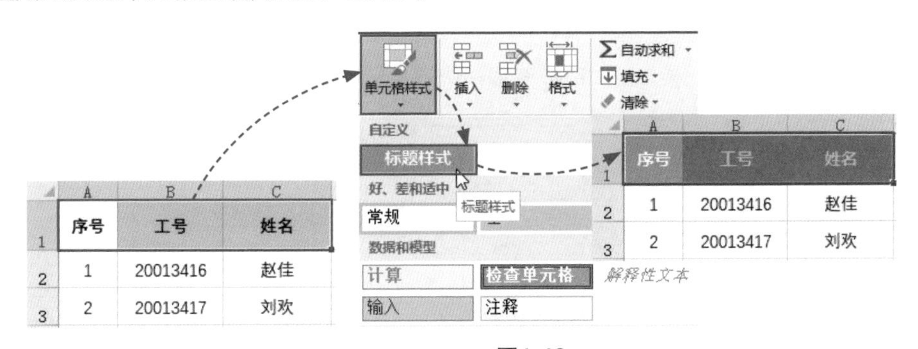

图6-42

6.3.2 使用表格样式

Excel内置了“浅色”“中等色”“深色”3种类型的表格样式，用户可以为表格直接套用样式。选择数据区域，在“开始”选项卡中单击“套用表格格式”下拉按钮，从列表中选择合适的样式，如图6-43所示。打开“套用表格式”对话框，单击“确定”按钮，即可为数据区域套用所选的表格样式，如图6-44所示。

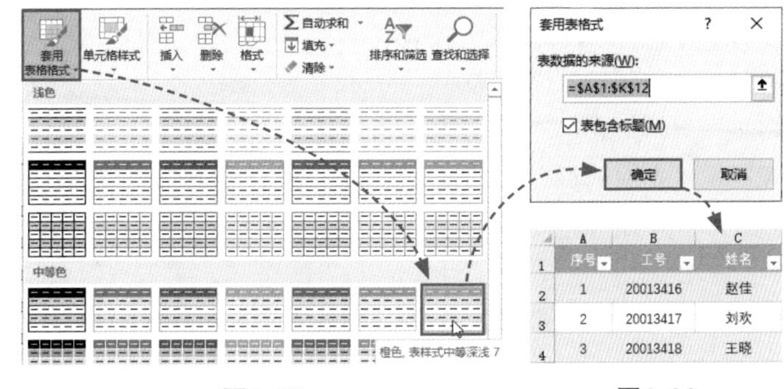

图6-43　　图6-44

技巧点拨：将表格转换为区域

套用表格样式后，系统自动将单元格区域转换为筛选表格的样式，如果用户想要将表格转换为区域，则在“表格工具-设计”选项卡中单击“转换为区域”按钮，如图6-45所示。在弹出的对话框中直接单击“是”按钮即可，如图6-46所示。

图6-45　　图6-46

技能应用：美化员工信息登记表

扫一扫　看视频

为了使表格看起来更加舒适、美观，用户可以对其进行美化，下面将介绍具体的操作方法。

步骤01： 选择A1:K12单元格区域，在“开始”选项卡中将“字体”设置为“等线”，将“字号”设置为“11”，将对齐方式设置为“垂直居中”和“居中”，如图6-47所示。

步骤02： 选择A1:K1单元格区域，将“字号”设置为“12”，并加粗显示，如图6-48所示。

步骤03： 选择A1:K12单元格区域，按【Ctrl+1】组合键，打开“设置单元格格式”对话框，在“边框”选项卡中，选择直线样式、颜色，并将其应用至表格的内部框线和外边框上，单击“确定”按钮，如图6-49所示。

步骤04： 选择A1:K1单元格区域，在“开始”选项卡中单击“填充颜色”下拉按钮，从列表中选择合适的颜色，并将字体颜色更改为白色，如图6-50所示。

步骤05： 最后适当调整表格的行高和列宽即可，如图6-51所示。

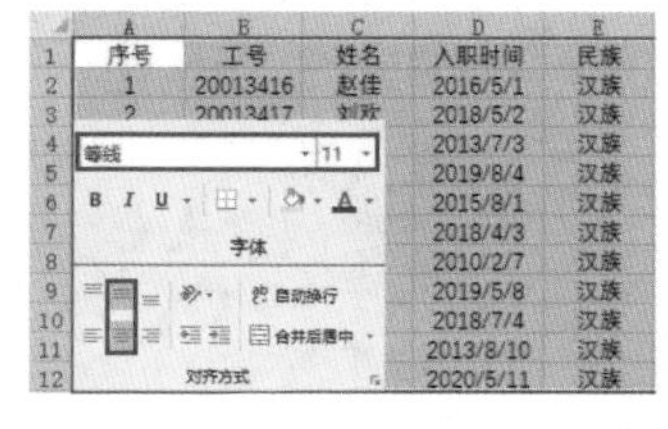

图6-47

图6-48

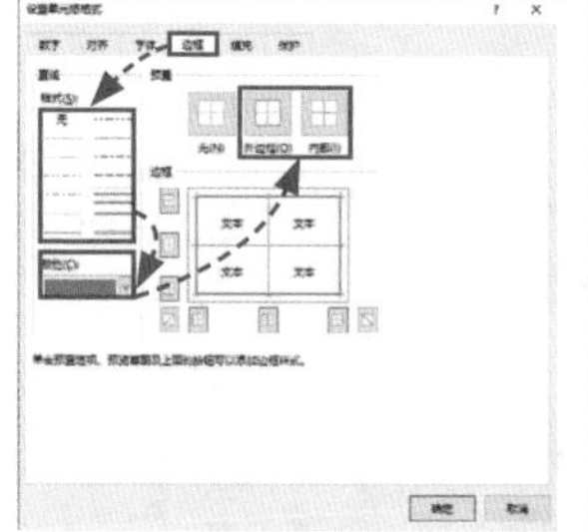

图6-49

图6-50

序号	工号	姓名	入职时间	民族	籍贯	学历	身份证号	出生日期	联系方式	备注
1	20013416	赵佳	2016/5/1	汉族	山东临沂	本科	100000198510083111	1985-10-08	158****5698	
2	20013417	刘欢	2018/5/2	汉族	江西吉安	大专	100000199106120435	1991-06-12	158****5699	
3	20013418	王晓	2013/7/3	汉族	浙江丽水	本科	100000199204304327	1992-04-30	158****5700	
4	20013419	刘雯	2019/8/4	汉族	河北石家庄	本科	100000198112097649	1981-12-09	158****5701	
5	20013420	林格	2015/8/1	汉族	福建福州	大专	100000199809104661	1998-09-10	158****5702	
6	20013421	何华	2018/4/3	汉族	湖南湘西	本科	100000199106139871	1991-06-13	158****5703	
7	20013422	丁娜	2010/2/7	汉族	安徽六安	研究生	100000198610111282	1986-10-11	158****5704	
8	20013423	李蓉	2019/5/8	汉族	河北沧州	本科	100000198808041137	1988-08-04	158****5705	
9	20013424	王丽	2018/7/4	汉族	江苏南京	大专	100000199311095335	1993-11-09	158****5706	
10	20013425	周琦	2013/8/10	汉族	江苏苏州	本科	100000199008044353	1990-08-04	158****5707	
11	20013426	贾静	2020/5/11	汉族	山东烟台	研究生	100000197112055364	1971-12-05	158****5708	

图6-51

实战演练：制作办公用品领用登记表

公司部门员工在领用办公用品时，需要进行登记，下面将介绍如何制作“办公用品领用登记表”。

步骤01：新建一个空白工作簿，在工作表中输入列标题，如图6-52所示。

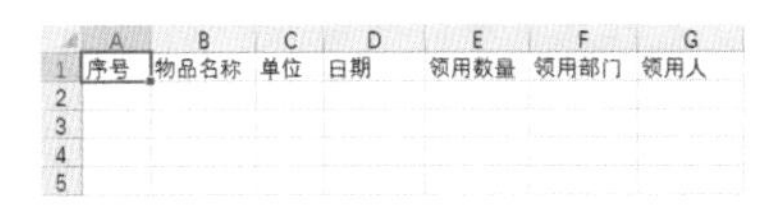

图6-52

步骤02：在A2单元格中输入“1”，在A3单元格中输入“2”，然后选择A2：A3单元格区域，将光标移至该区域右下角❶，向下拖动鼠标，进行填充❷，如图6-53所示。

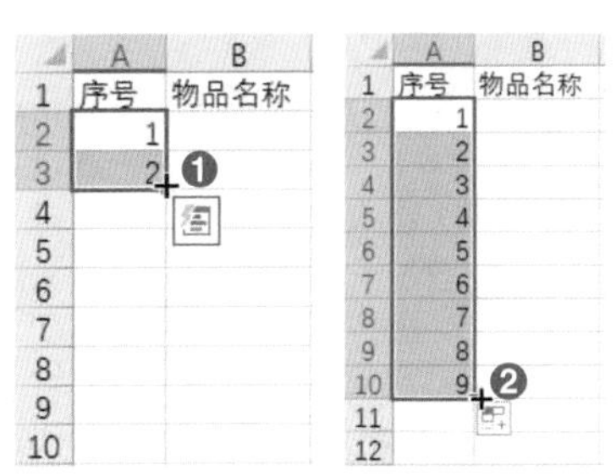

图6-53

步骤03：在B列中输入“物品名称”，在C列中输入“单位”，然后选择C5：C9单元格区域❶，在“编辑栏”中输入“个”❷，如图6-54所示。

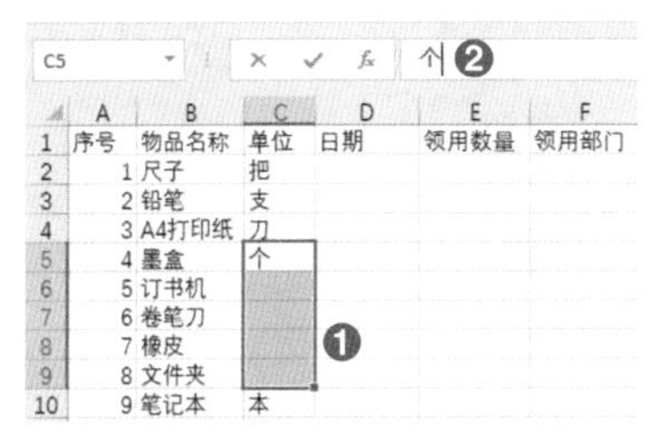

图6-54

步骤04：按【Ctrl+Enter】组合键，即可在单元格区域中输入相同内容“个”，如图6-55所示。

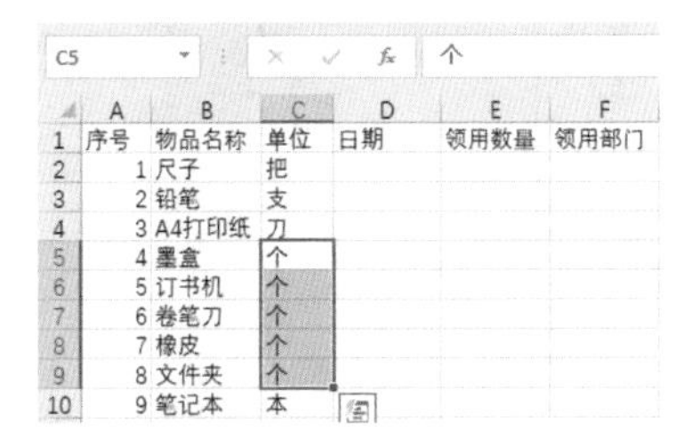

图6-55

步骤05：在D列中输入“日期”，选择D2：D10单元格区域❶，按【Ctrl+1】组合键，打开“设置单元格格式”对话框，在“数字”选项卡中选择“自定义”❷，在“类型”文本框中输入“yyyy-mm-dd”❸，单击“确定”按钮，如图6-56所示。

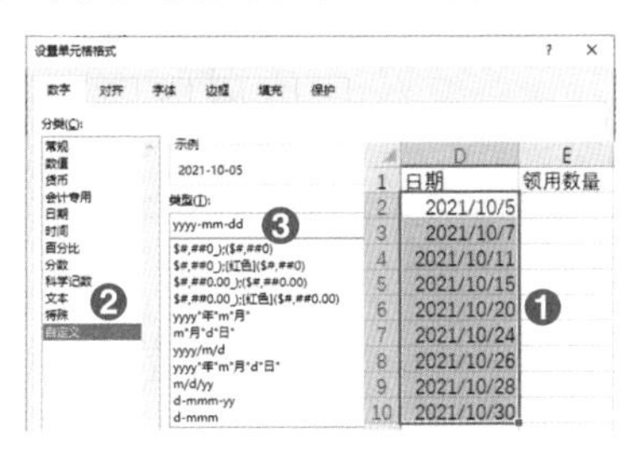

图6-56

步骤06：在E列、F列和G列输入“领用数量”“领用部门”和“领用人”，如图6-57所示。

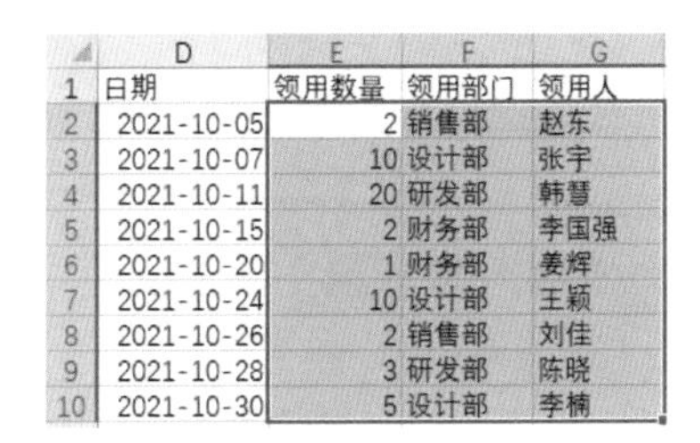

图6-57

步骤07：在H2单元格中输入“刘佳琪”，然后选择H2：H10单元格区域❶，按【Ctrl+D】组合键，填充内容❷，如图6-58所示。

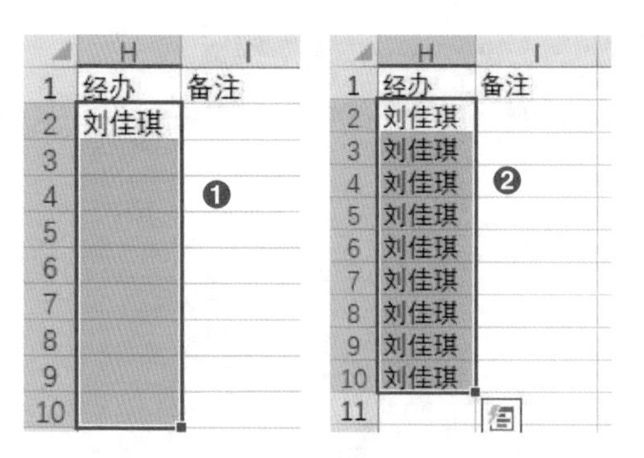

图6-58

步骤08：选择A1:I10单元格区域，在“开始”选项卡中，将对齐方式设置为“垂直居中”❶和“居中”❷对齐，如图6-59所示。

	A	B	C	D	E
1	序号	物品名称	单位	日期	领用数量
2	1	尺子	把	2021-10-05	2
3	2	铅笔	支	2021-10-07	10
4	3	A4打印纸	刀	2021-10-11	20
5	4	墨盒	个	2021-10-15	2
6				2021-10-20	1
7				2021-10-24	10
8				2021-10-26	2
9				2021-10-28	3
10		对齐方式		2021-10-30	5

图6-59

步骤09：在“开始”选项卡中单击“套用表格格式”下拉按钮❶，从列表中选择合适的样式❷，弹出“套用表格式”对话框，直接单击“确定”按钮❸，如图6-60所示。

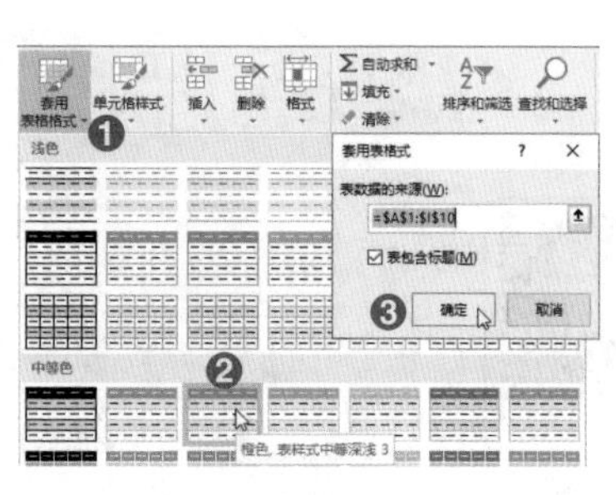

图6-60

步骤10：打开“表格工具-设计”选项卡，单击“转换为区域”按钮❶，在弹出的对话框中直接单击“是”按钮❷，如图6-61所示。

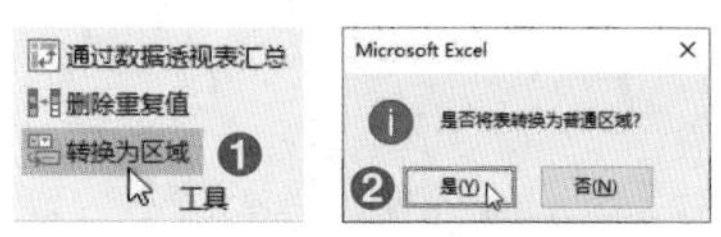

图6-61

步骤11：最后，在“视图”选项卡中取消对“网格线”复选框的勾选❶，并适当调整表格即可，如图6-62所示。

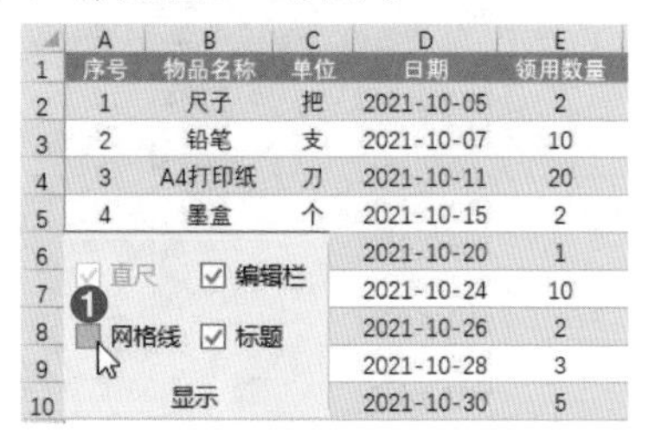

图6-62

知识拓展

Q：如何插入与删除工作表？

A：在工作簿中单击“新工作表”按钮，如图6-63所示，即可插入一个新工作表。在需要删除的工作表上单击鼠标右键，从弹出的快捷菜单中选择“删除”命令，如图6-64所示，即可将工作表删除。

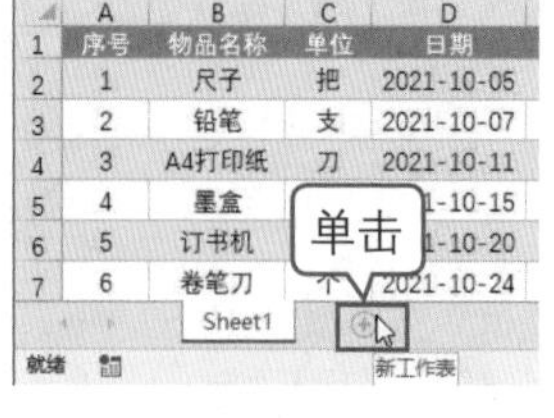

图6-63

图6-64

Q：如何隐藏与显示工作表？

A：在需要隐藏的工作表上单击鼠标右键，从弹出的快捷菜单中选择“隐藏”命令，如图6-65所示，即可将工作表隐藏起来。在工作簿中的任意一个工作表上单击鼠标右键，从弹出的快捷菜单中选择“取消隐藏”命令，弹出“取消隐藏”对话框，在“取消隐藏工作表”列表框中选择需要显示的工作表，单击“确定”按钮即可，如图6-66。

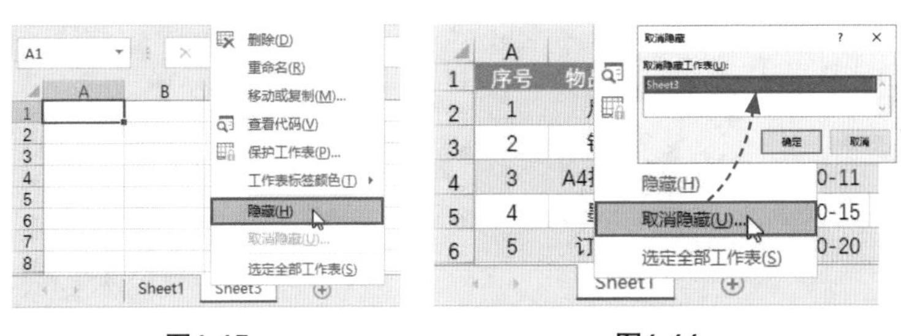

图6-65　　　　图6-66

Q：如何输入以0开头的数据？

A：选择单元格，将“数字格式”设置为“文本”，即可输入以0开头的数据，如图6-67所示。

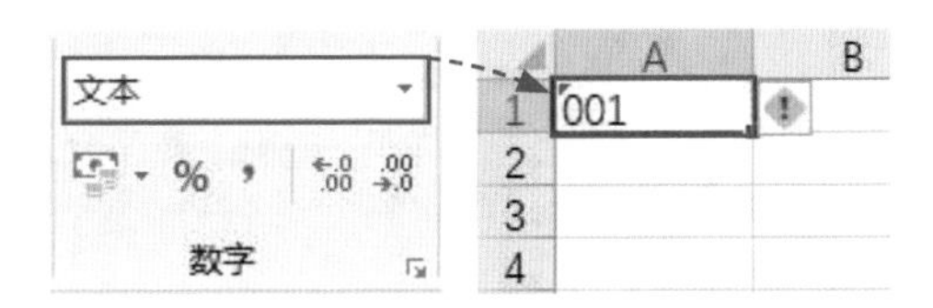

图6-67

第7章

公式与函数的应用

Excel之所以具有强大的计算功能，是因为系统中提供了众多的函数，合理使用公式与函数便可以轻松完成非常复杂的计算，大大简化手动计算工作流程。Excel函数有上百种，在此将对那些常用的且必须要掌握的函数进行介绍，对函数感兴趣的读者可以查看相关的函数与公式资料。

7.1 掌握Excel公式

公式就是Excel工作表中进行数值计算的等式。在学习如何使用公式计算之前，需要先了解运算符、运算顺序、单元格的引用等，下面将进行详细介绍。

7.1.1 常见运算符

运算符是公式中各个运算对象的纽带，同时对公式中的数据进行特定类型的运算。Excel运算符包含4类，分别为算术运算符、比较运算符、文本运算符和引用运算符。

（1）算术运算符

算术运算符能完成基本的数学运算，包括加、减、乘、除和百分比等，如表7-1所示。

表7-1

算术运算符	含义	示例
+（加号）	进行加法运算	=1+2
-（减号）	进行减法运算	=4-2
*（乘号）	进行乘法运算	=5*3
/（除号）	进行除法运算	=15/3
%（百分号）	将一个数缩小至原来的1/100	=100%
^（乘幂）	进行乘方和开方运算	=4^2

（2）比较运算符

比较运算符用于比较两个值，结果返回逻辑值TRUE或者FALSE。满足条件则返回逻辑值TRUE，末满足条件则返回逻辑值FALSE，如表7-2所示。

表7-2

比较运算符	含义	示例
=（等于号）	判断=左右两边的数据是否相等	=A1=A2
>（大于号）	判断>左边的数据是否大于右边的数据	=7>5
<（小于号）	判断<左边的数据是否小于右边的数据	=3<6
>=（大于等于号）	判断>=左边的数据是否大于或等于右边的数据	=A1>=2
<=（小于等于号）	判断<=左边的数据是否小于或等于右边的数据	=A1<=3
<>（不等于号）	判断<>左右两边的数据是否相等	=A1<>B1

（3）文本运算符

文本运算符表示使用&连接符号连接多个字符，生成一个文本，如表7-3所示。

表7-3

文本运算符	含义	示例
&（连接符号）	将两个文本连接在一起形成一个连续的文本	"Office" & "2019" 结果表示"Office2019"

（4）引用运算符

引用运算符主要用于在工作表中产生单元格引用。Excel公式中的引用运算符共有3个：冒号（:）、单个空格、逗号（,），如表7-4所示。

表7-4

引用运算符	含义	示例
:（冒号）	对两个引用之间、包括两个引用在内的所有单元格进行引用	=SUM(A1：A5)
,（逗号）	将多个引用合并为一个引用	=SUM(A1：C4，E2：G5)
（空格）	对两个引用相交叉的区域进行引用	=SUM(A1：C5 B2：D6)

7.1.2 基本运算顺序

公式输入完成后，在执行计算时，是遵循特定的先后顺序的。公式的运算顺序不同，得到的结果也不同，因此用户熟悉公式运算的次序以及更改次序是非常重要的。

公式的运算顺序是按照特定次序计算值的，通常情况下是从左向右进行运算，如果公式中包含多个运算符，则要按照规定的次序进行计算。

如果公式中包含相同优先级的运算符，例如包含乘和除、加和减等，则顺序为从左到右进行计算。

如果需要更改运算的顺序，则可以通过添加括号的方法来实现。

例如：5+5*4计算的结果是25，该公式运算的顺序为先乘法再加法，先计算5*4，再计算5+20。如果将公式添加括号，(5+5)*4则计算结果为40，该公式的运算顺序为先加法再乘法，先计算 5+5，再计算10*4。

技巧点拨：括号的使用

在公式中使用括号时，必须要成对出现，即有左括号就必须有右括号。其中括号内必须遵循运算的顺序。如果在公式中多组括号进行嵌套使用时，其运算的顺序为从最内侧的括号逐级向外进行运算。

7.1.3 单元格的引用

单元格的引用在使用公式时起到非常重要的作用，Excel中单元格的引用方式有三种，分别是相对引用、绝对引用和混合引用。

（1）相对引用

在公式中引用单元格参与计算时，如果公式的位置发生变动，那么所引用的单元格也将随之变动。例如，在B2单元格中输入公式“=A2*10”，如图7-1所示。将B2单元格中的公式向下复制到B5单元格，公式自动变成“=A5*10”，如图7-2所示。可见单元格的引用发生更改。像“A2”“A5”这种类型的单元格引用就是相对引用。

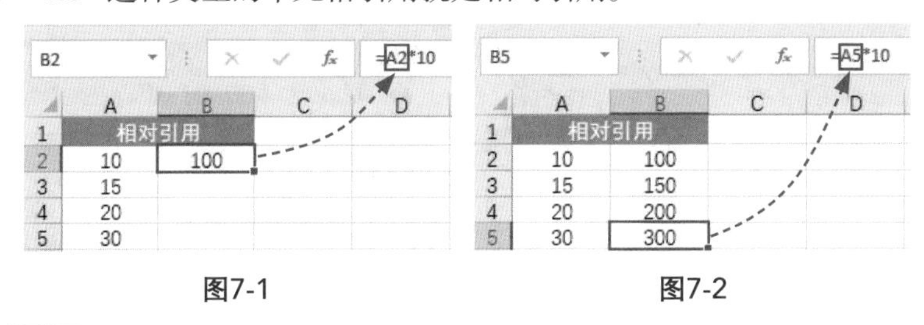

图7-1　　图7-2

（2）绝对引用

如果不想让公式中的单元格地址随着公式位置的变化而改变，就需要对单元格采用绝对引用。例如，在B2单元格中输入公式“=A2*$C$1”，如图7-3所示。将公式向下复制到B5单元格，公式变成“=A5*$C$1”，如图7-4所示。像“$C$1”这种形式的单元格引用就是绝对引用。

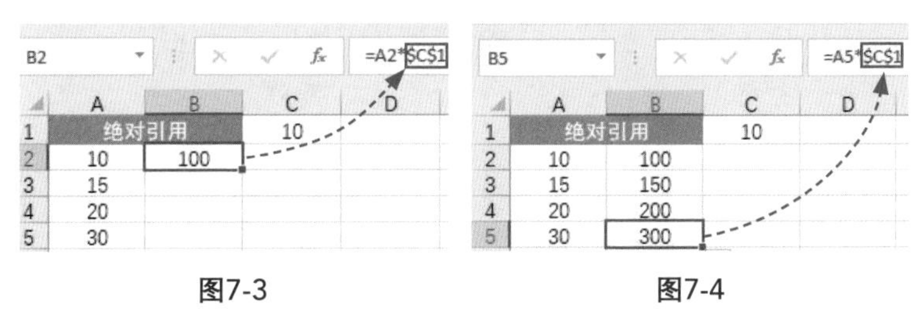

图7-3　　图7-4

（3）混合引用

混合引用就是既包含相对引用又包含绝对引用的单元格引用方式。混合引用有绝对列和相对行、绝对行和相对列两种。例如，在B2单元格中输入公式“=$A2*B$3”，如图7-5所示。将公式向右复制到E2单元格，公式变成“=$A2*E$3”，如图7-6所示。像“$A2”这种形式的单元格引用是绝对引用列，相对引用行；“E$3”这种形式的单元格引用是相对引用列，绝对引用行。

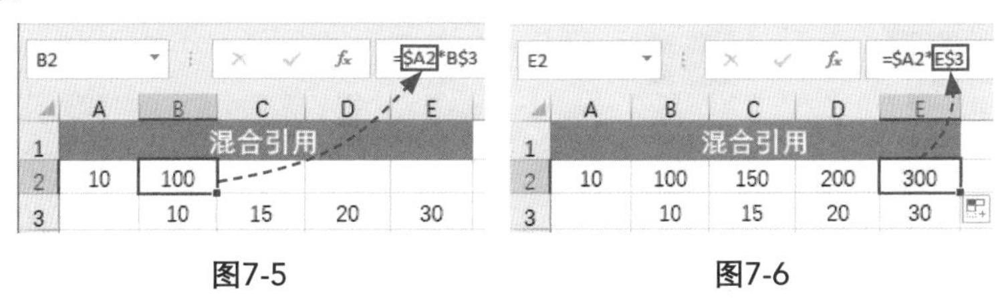

图7-5　　图7-6

7.1.4 公式的复制和填充

当用户在单元格中输入公式后，如果表格中多个单元格所需公式的计算规则相同，则可以使用复制和填充功能进行计算。

（1）复制公式

选择公式所在单元格，按【Ctrl+C】组合键进行复制，如图7-7所示。然后选择目标单元格区域，按【Ctrl+V】组合键，粘贴公式，公式被粘贴到目标单元格中，自动修改其中的单元格引用，并完成计算，如图7-8所示。

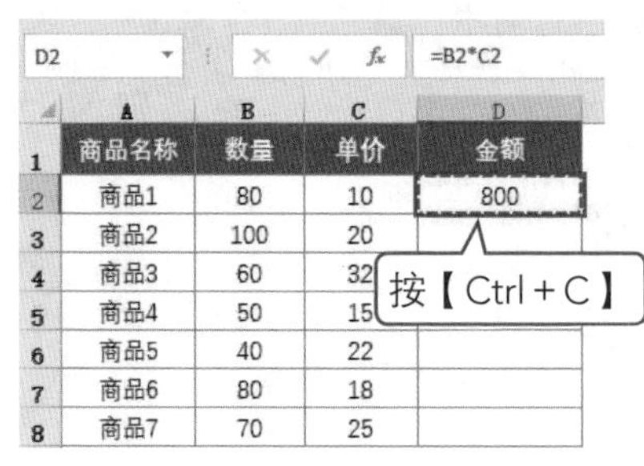

图7-7

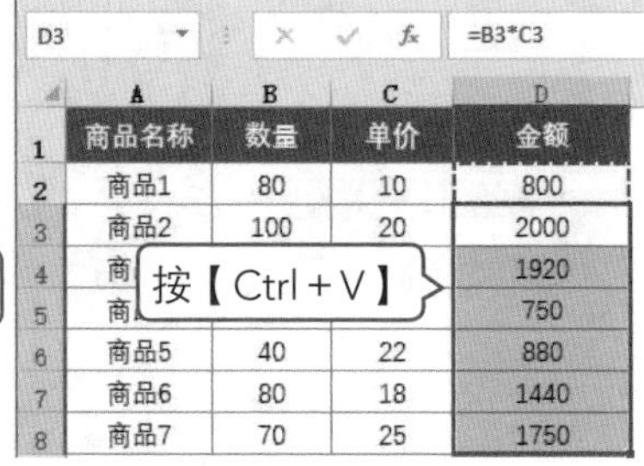

图7-8

（2）填充公式

- **方法一：** 选择公式所在单元格，将鼠标光标移至该单元格右下角，向下拖动鼠标填充公式，如图7-9所示。
- **方法二：** 选择公式所在单元格，将鼠标光标移至该单元格右下角，如图7-10所示。双击鼠标，公式将向下填充到其他单元格中。

图7-9

图7-10

7.2 熟悉Excel函数

函数与公式是两种不同的计算方式，两者之间有着密切的联系。函数是预先定义好的公式，下面将进行详细介绍。

7.2.1 什么是函数

Excel中的函数是预先编好的公式，可以对一个或多个值或引用的单元格内容进行运算，并且返回一个或多个值。

无论是什么函数，都由函数名称和函数参数组成，如图7-11示。参数是参与函数进行操作或计算的值，参数的类型与函数有关。函数中的参数类型包括数字、文本、单元格的引用和名称。

无论函数有几个参数，都应写在函数名称后面的括号中，当有多个参数时，各个参数间用英文逗号（,）隔开。

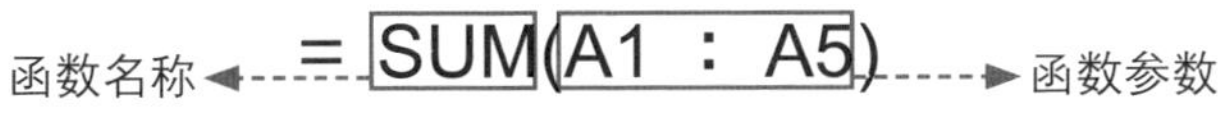

函数名称 ◄- - - = SUM(A1 : A5) - - - ► 函数参数

图7-11

这里需要注意：函数不能单独使用，需要在公式中才能发挥其真正的作用。

7.2.2 函数的类型

Excel提供大量的函数，包括逻辑函数、文本函数、日期和时间函数、查找与引用函数、数学和三角函数、统计函数、信息函数、财务函数等。

用户在“公式”选项卡中的“函数库”选项组中可以对函数的种类进行查看，如图7-12所示。

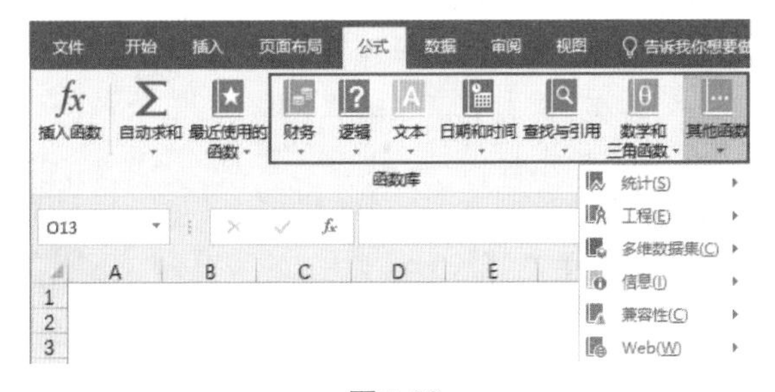

图7-12

- **逻辑函数。**使用逻辑函数可以进行真假值的判断。例如AND、FALSE、IF、OR函数等。其中较常用的逻辑函数为IF。
- **文本函数。**使用文本函数在公式中处理文字串。例如FIND、LEFT、LEN、RIGHT函数等。
- **日期和时间函数。**通过使用日期与时间函数，可以在公式中分析处理日期值和时间值。例如YEAR、TODAY、DATE、DAYS360函数等。
- **查找与引用函数。**使用查找与引用函数查找数据清单或表格中特定数值，或者查找某一单元格的引用。例如CHOOSE、INDEX、LOOKUP、MATCH、OFFSET函数等。
- **统计函数。**统计函数用于对数据区域进行统计分析。统计函数比较多，必须掌握常用的几个，例如AVERAGE、COUNTIF、COUNT、MAX、MIN函数等。
- **信息函数。**使用信息函数确定存储在单元格中的数据的类型。例如CELL、TYPE函数等。
- **财务函数。**财务函数可以满足一般的财务计算。例如FV、PMT、PV以及DB函数等。

7.2.3 函数的应用

了解函数的定义和类型后，用户需要掌握函数的应用，例如函数的输入、函数的修改等。

（1）函数的输入

方法一：通过"函数库"输入函数

在"公式"选项卡中的"函数库"选项组中单击选择需要的函数，如图7-13所示。打开"函数参数"对话框，设置各参数，单击"确定"按钮，即可在单元格中输入函数公式"=SUM(D2：D8)"，如图7-14所示。

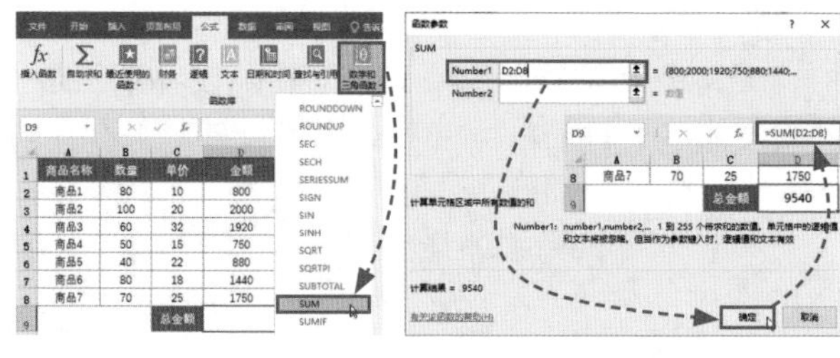

图7-13　　图7-14

方法二：通过"插入函数"向导输入函数

在"公式"选项卡中单击"插入函数"按钮，或者单击"编辑栏"左侧的"插入函数"按钮，如图7-15所示。打开"插入函数"对话框，在"或选择类别"列表中选择需要的函数类型，在"选择函数"列表框中选择函数，单击"确定"按钮，如图7-16所示。在打开的"函数参数"对话框中设置参数即可。

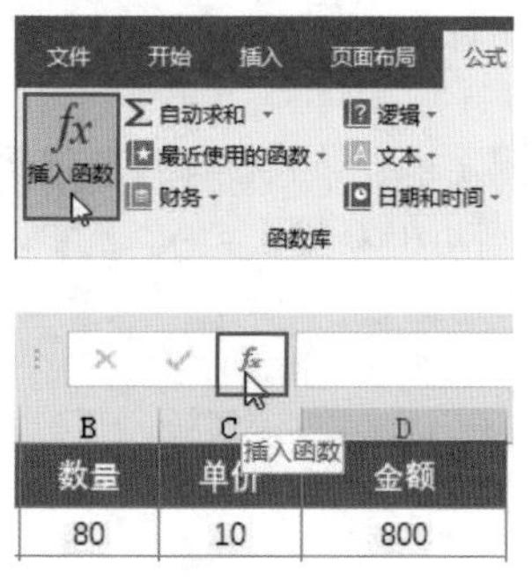

图7-15

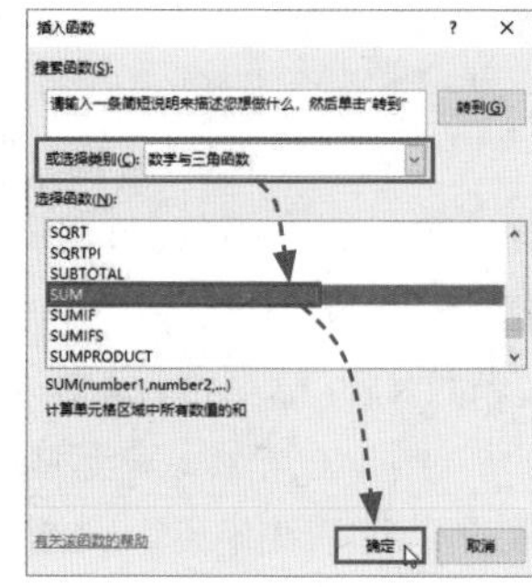

图7-16

方法三：通过公式记忆手动输入函数

如果知道所需函数的全部或开头部分字母正确的拼写，则可以直接在单元格中手动输入函数。例如，在单元格中输入"=SU"后，Excel将自动在下拉菜单中显示所有以"SU"开头的函数，如图7-17所示。在菜单中双击选择需要的函数，即可将该函数输入到单元格中，接着输入相关参数，如图7-18所示。按【Enter】键确认输入即可。

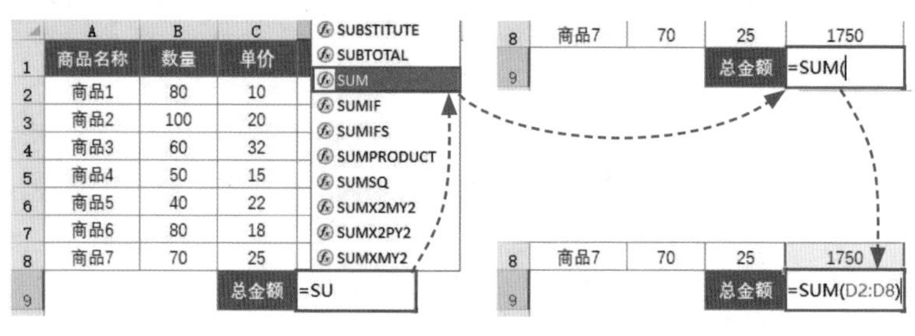

图7-17　　图7-18

（2）函数的修改

方法一：双击修改法

双击公式所在单元格，该单元格进入可编辑状态，直接修改函数公式即可。

方法二：F2功能键法

选择公式所在单元格，按【F2】功能键，该单元格即可进入编辑状态，修改公式即可，如图7-19所示。

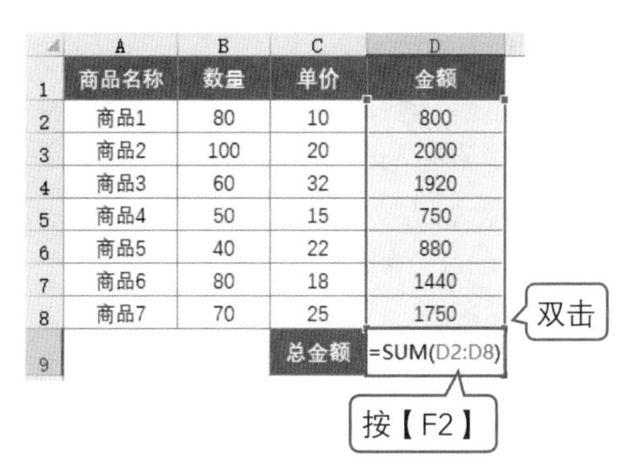

	A	B	C	D
1	商品名称	数量	单价	金额
2	商品1	80	10	800
3	商品2	100	20	2000
4	商品3	60	32	1920
5	商品4	50	15	750
6	商品5	40	22	880
7	商品6	80	18	1440
8	商品7	70	25	1750
9			总金额	=SUM(D2:D8)

图7-19

技巧点拨：通过“编辑栏”修改公式

选择公式所在单元格，将光标插入到“编辑栏”中，编辑修改公式即可，如图7-20所示。

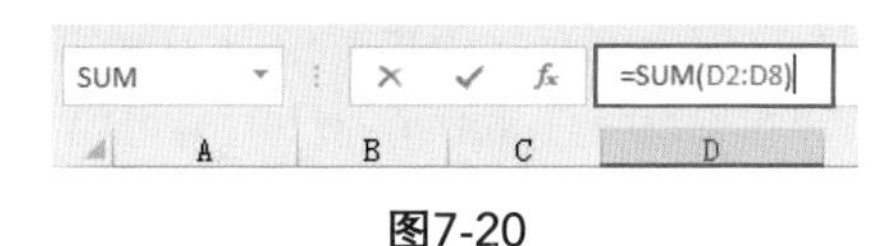

图7-20

7.3 数学与三角函数

用户可以使用数学与三角函数进行简单的计算，例如对数据进行求和、对数值进行取舍等，下面将进行详细介绍。

7.3.1 求和类函数

在Excel中求和类的函数有很多，常用的有SUM函数、SUMIF函数、SUMPRODUCT函数等。

（1）SUM函数

SUM函数用来计算单元格区域中所有数值的和。

语法格式：=SUM(number1, [number2], ...)

参数说明：

- number1：必需参数。表示要求和的第1个数字，可以是直接输入的数字、单元格引用或数组。
- number2：可选参数。表示要求和的第2~255个数字，可以是直接输入的数字、单元格引用或数组。

SUM函数说明示例如图7-21所示。

	A	B	C	D
1	3	TRUE	4	2021/7/1
2	公式	结果	说明	
3	=SUM(A1,C1)	7	参数可以是数字或单元格的引用	
4	=SUM(A1:C1)	7	逻辑值参数被忽略计算	
5	=SUM(A1,D1)	2021/7/4	日期被转换为数字计算	

图7-21

（2）SUMIF函数

SUMIF函数用于根据指定条件对若干单元格求和。

语法格式：=SUMIF(range, criteria, [sum_range])

参数说明：

- range：为条件区域，用于条件判断的单元格区域。
- criteria：求和条件，由数字、逻辑表达式等组成的判定条件。
- sum_range：实际求和区域，需要求和的单元格、区域或引用。

SUMIF函数说明示例如图7-22所示。

E11　=SUMIF(C2:C10,"=生产部",E2:E10)

	A	B	C	D	E
1	工号	姓名	部门	职务	基本工资
2	DS001	苏超	销售部	经理	¥5,000.00
3	DS002	李梅	生产部	员工	¥3,000.00
4	DS003	张星	采购部	经理	¥5,000.00
5	DS004	王晓	生产部	经理	¥5,000.00
6	DS005	李明	销售部	员工	¥3,000.00
7	DS006	张雨	销售部	员工	¥3,000.00
8	DS007	齐征	采购部	员工	¥3,000.00
9	DS008	张吉	生产部	员工	¥3,000.00
10	DS009	王珂	采购部	员工	¥3,000.00
11			生产部工资总和		11000

图7-22

（3）SUMPRODUCT函数

SUMPRODUCT函数用于将数组间对应的元素相乘，并返回乘积之和。

语法格式：=SUMPRODUCT(array1, [array2], [array3], ...)

参数说明：

- array1：必需参数。其相应元素需要进行相乘并求和的第一个数组参数。
- array2, array3, ...：可选参数。2~255个数组参数，其相应元素需要进行相乘并求和。

SUMPRODUCT函数说明示例如图7-23所示。

	A	B	C	D
1	6	7	3	5
2	4	7	2	1
3	2	6	5	3
4	公式	结果	说明	
5	=SUMPRODUCT(A1:A3,B1:B3)	82	将两组数组中相对应的数字相乘，然后求和	
6	=SUMPRODUCT(A1:B3,C1:D3)	96	将两组数组中相对应的数字相乘，然后求和	

图7-23

7.3.2 数值取舍函数

在对数值的处理中，用户经常会遇到将数值进位或舍去的情况。为了便于处理此类问题，Excel为用户提供了几种常用取舍函数，例如INT函数、TRUNC函数、ROUNDUP和ROUNDDOWN函数等。

（1）INT函数

INT函数用于将数值向下取整为最接近的整数。

语法格式：=INT（number）

参数说明：

- number为要取整的实数。如果指定数值以外的文本，则会返回错误值“#VALUE!”。

INT函数说明示例如图7-24所示。

	A	B	C
1	公式	结果	说明
2	=INT(7.6)	7	将7.6数值向下取整
3	=INT(-7.6)	-8	将-7.6数值向下取整
4	=INT(A5)	-8	参数为单元格的引用
5	-7.6		

图7-24

（2）TRUNC函数

TRUNC函数用于将数字截为整数或保留指定位数的小数。

语法格式：=TRUNC(number, [num_digits])

参数说明：

- number：必需参数。要进行截尾操作的数字。
- num_digits：可选参数。用于指定截尾精度的数字。如果忽略，为0。

TRUNC函数说明示例如图7-25所示。

	A	B	C
1	公式	结果	说明
2	=TRUNC(6.9)	6	将 6.9 截尾取整
3	=TRUNC(-6.9)	-6	将负数截尾取整并返回整数部分
4	=TRUNC(0.55)	0	将 0 和 1 之间的数字截尾取整，并返回整数部分

图7-25

（3）ROUNDUP函数

ROUNDUP函数用于按指定的位数向上舍入数值。

语法格式：=ROUNDUP(number, num_digits)

参数说明：

- number：需要向上舍入的任意实数。
- num_digits：舍入后的数字的小数位数。

ROUNDUP函数说明示例如图7-26所示。

	A	B	C
1	公式	结果	说明
2	=ROUNDUP(2.2,0)	3	将 2.2 向上舍入,小数位为 0
3	=ROUNDUP(86.9,0)	87	将 86.9 向上舍入,小数位为 0
4	=ROUNDUP(3.14159, 3)	3.142	将 3.14159 向上舍入,保留三位小数
5	=ROUNDUP(-3.14159, 1)	-3.2	将 -3.14159 向上舍入,保留一位小数

图7-26

（4）ROUNDDOWN函数

ROUNDDOWN函数用于按照指定的位数向下舍入数值。

语法格式：=ROUNDDOWN(number, num_digits)

参数说明：

- number：需要向下舍入的任意实数。
- num_digits：舍入后的数字的位数。

ROUNDDOWN函数说明示例如图7-27所示。

	A	B	C
1	公式	结果	说明
2	=ROUNDDOWN(5.2, 0)	5	将 5.2 向下舍入到零个小数位数
3	=ROUNDDOWN(56.9,0)	56	将 56.9 向下舍入到零个小数位数
4	=ROUNDDOWN(3.14159, 3)	3.141	将 3.14159 向下舍入到三个小数位数
5	=ROUNDDOWN(-3.14159, 1)	-3.1	将 -3.14159 向下舍入到一个小数位数

图7-27

技能应用：统计所有姓“李”员工的工资总和

扫一扫 看视频

用户可以使用SUMIF函数按模糊条件对数据求和，下面将介绍如何计算姓“李”的工资总和。

步骤01：选择H2单元格，输入公式“=SUMIF(B2:B10, "李*", E2:E10)”，如图7-28所示。

步骤02：按【Enter】键确认，即可计算出姓“李”的工资总和，如图7-29所示。

	A	B	C	D	E	F	G	H	I
1	工号	姓名	部门	职务	基本工资		姓名	工资总和	
2	DS001	苏超	销售部	经理	¥5,000.00		=SUMIF(B2:B10,"李*",E2:E10)		
3	DS002	李梅	生产部	员工	¥3,000.00				
4	DS003	张星	采购部	经理	¥5,000.00				
5	DS004	王晓	生产部	经理	¥5,000.00				
6	DS005	李明	销售部	员工	¥3,000.00				
7	DS006	张雨	销售部	员工	¥3,000.00				
8	DS007	齐征	采购部	员工	¥3,000.00				
9	DS008	李佳琪	生产部	员工	¥3,000.00				
10	DS009	王珂	采购部	员工	¥3,000.00				

图7-28

H2 =SUMIF(B2:B10,"李*",E2:E10)

	A	B	C	D	E	F	G	H
1	工号	姓名	部门	职务	基本工资		姓名	工资总和
2	DS001	苏超	销售部	经理	¥5,000.00		李	9000
3	DS002	李梅	生产部	员工	¥3,000.00			
4	DS003	张星	采购部	经理	¥5,000.00			
5	DS004	王晓	生产部	经理	¥5,000.00			
6	DS005	李明	销售部	员工	¥3,000.00			
7	DS006	张雨	销售部	员工	¥3,000.00			
8	DS007	齐征	采购部	员工	¥3,000.00			
9	DS008	李佳琪	生产部	员工	¥3,000.00			
10	DS009	王珂	采购部	员工	¥3,000.00			

图7-29

技巧点拨：通配符的含义

上述公式中使用了星号“*”，它和“？”都是通配符，都可以代替任意的数字、字母、汉字或其他字符，区别在于可以代替的字符数量。一个“？”只能代替一个任意的字符，而一个“*”可以代替任意个数的任意字符。

7.4 统计函数

统计函数主要用于对数据区域进行统计分析，在复杂的数据中完成统计计算，下面将进行详细介绍。

7.4.1 统计最大值和最小值

用户可以使用MAX函数、MIN函数来统计数据中的最大值和最小值。

（1）MAX函数

MAX函数用于返回一组值中的最大值。

语法格式：=MAX(number1, [number2], ...)

参数说明：

● number1, number2, ... 为指定需求最大值的数值或者数值所在的单元格。如果参数为错误值或不能转换成数字的文本，将产生错误。如果参数为数组或引用，则只有数组或引用中的数字将被计算。数组或引用中的空白单元格、逻辑值或文本将被忽略。

MAX函数说明示例如图7-30所示。

	A	B	C
1	100	452	300
2	198	258	210
3	452	630	360
4	公式	结果	说明
5	=MAX(A1:C3)	630	查找A1:C3单元格区域中最大值
6	=MAX(A1:C3,700)	700	查找A1:C3单元格区域和700中的最大值

图7-30

（2）MIN函数

MIN函数用于返回一组值中的最小值。

语法格式：=MIN(number1, [number2], ...)

参数说明：

● number1, number2, ... 是要从中找出最小值的1~255个数字参数。参数可以是数字、空白单元格、逻辑值或表示数值的文字串。如果参数中有错误值或无法转换成数值的文字时，将引起错误。如果参数是数组或引用，则函数MIN仅使用其中的数字、数组或引用中的空白单元格，逻辑值、文字或错误值将忽略。

MIN函数说明示例如图7-31所示。

	A	B	C	D
1	5	4	2	TRUE
2	7	3	6	FALSE
3	公式	结果	说明	
4	=MIN(A1:D2)	2	计算A1:D2单元格区域中最小值	
5	=MIN(A1:D2,1)	1	计算A1:D2单元格区域和数值1的最小值	

图7-31

7.4.2 统计单元格数量

COUNT函数、COUNTBLANK函数、COUNTIF函数等都可以用来按条件统计单元格数量。

（1）COUNT函数

COUNT函数用于求数值数据的个数。

语法格式：=COUNT(value1, [value2], ...)

参数说明：

- value1, value2, ... 是包含或引用各种类型数据的参数(1~255个)，但只有数字类型的数据才被计数。如果参数是一个数组或引用，那么只统计数组或引用中的数字；数组中或引用的空单元格、逻辑值、文字或错误值都将忽略。

COUNT函数说明示例如图7-32所示。

	A	B	C	D	E	F	G
1	7	123		0	2021/7/1	Excel	文本
2							
3	公式	结果	说明				
4	=COUNT(A1:G1)	4	计算A1:G1单元格区域数字的个数，空单元格和文本型数据被忽略				
5	=COUNT(A1:D1)	3	计算A1:D1单元格区域的数字个数				
6	=COUNT(A1:D1,3)	4	计算A1:D1单元格区域的数字和数值3的个数				

图7-32

（2）COUNTBLANK函数

COUNTBLANK函数用于计算空白单元格的个数。

语法格式：=COUNTBLANK(range)

参数说明：

- range指要计算空单元格数目的区域。只能给COUNTBLANK函数设置一个参数，且参数必须是单元格引用。因为计算空白单元格，所以空格“ ”也会被计算在内。

COUNTBLANK函数说明示例如图7-33所示。

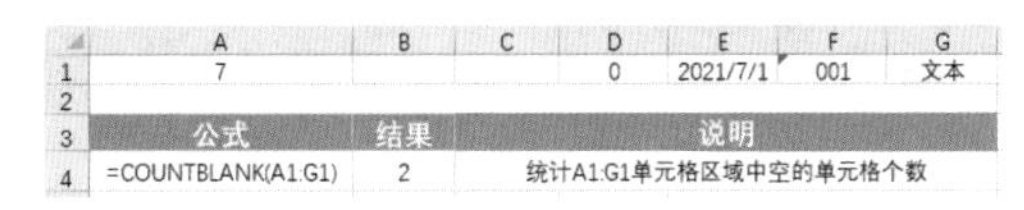

	A	B	C	D	E	F	G
1	7			0	2021/7/1	001	文本
2							
3	公式	结果	说明				
4	=COUNTBLANK(A1:G1)	2	统计A1:G1单元格区域中空的单元格个数				

图7-33

（3）COUNTIF函数

COUNTIF函数用于求满足给定条件的数据个数。

语法格式：=COUNTIF(range, criteria)

参数说明：

- range：需要计算其中满足条件的单元格数目的单元格区域。
- criteria：确定哪些单元格将被计算在内的条件，其形式可以为数字、表达式或文本。

COUNTIF函数说明示例如图7-34所示。

F2 =COUNTIF(C2:C10,"销售部")

	A	B	C	D	E	F
1	工号	姓名	部门	基本工资		销售部的人数
2	DS001	苏超	销售部	¥5,000.00		4
3	DS002	李梅	生产部	¥3,000.00		
4	DS003	张星	采购部	¥5,000.00		
5	DS004	王晓	生产部	¥5,000.00		
6	DS005	李明	销售部	¥3,000.00		
7	DS006	张雨	销售部	¥3,000.00		
8	DS007	齐征	采购部	¥3,000.00		
9	DS008	李佳琪	生产部	¥3,000.00		
10	DS009	王珂	销售部	¥3,000.00		

图7-34

技能应用：统计基本工资大于3000的人数

用户使用COUNTIF函数，可以统计基本工资大于3000的人数，下面将介绍具体的操作方法。

步骤01：选择F2单元格，输入公式“=COUNTIF(D2:D10, "> 3000")”，如图7-35所示。

步骤02：按【Enter】键确认，即可统计出基本工资大于3000的人数，如图7-36所示。

	A	B	C	D	E	F
1	工号	姓名	部门	基本工资		基本工资大于3000的人数
2	DS001	苏超	销售部	¥2,500.00		=COUNTIF(D2:D10,">3000")
3	DS002	李梅	生产部	¥3,500.00		
4	DS003	张星	采购部	¥3,200.00		
5	DS004	王晓	生产部	¥3,800.00		
6	DS005	李明	销售部	¥2,800.00		
7	DS006	张雨	销售部	¥3,000.00		
8	DS007	齐征	采购部	¥3,000.00		
9	DS008	李佳琪	生产部	¥3,200.00		
10	DS009	王珂	采购部	¥2,900.00		

图7-35

F2 =COUNTIF(D2:D10,">3000")

	A	B	C	D	E	F
1	工号	姓名	部门	基本工资		基本工资大于3000的人数
2	DS001	苏超	销售部	¥2,500.00		4
3	DS002	李梅	生产部	¥3,500.00		
4	DS003	张星	采购部	¥3,200.00		
5	DS004	王晓	生产部	¥3,800.00		
6	DS005	李明	销售部	¥2,800.00		
7	DS006	张雨	销售部	¥3,000.00		
8	DS007	齐征	采购部	¥3,000.00		
9	DS008	李佳琪	生产部	¥3,200.00		
10	DS009	王珂	采购部	¥2,900.00		

图7-36

7.5 文本函数

通过使用文本函数，可以在公式中处理文字串。例如，提取字符、替换文本的字符等，下面将进行详细介绍。

7.5.1 文本的合并

在Excel中如果用户想要将多个文本合并为一个文本，可以使用CONCAT函数。CONCAT函数用于连接列表或文本字符串区域。

语法格式：=CONCAT(text1, [text2], …)

参数说明：

- text1, [text2], …是要与单个文本字符串连接的1~254个文本字符串或区域。

CONCAT函数说明示例如图7-37所示。

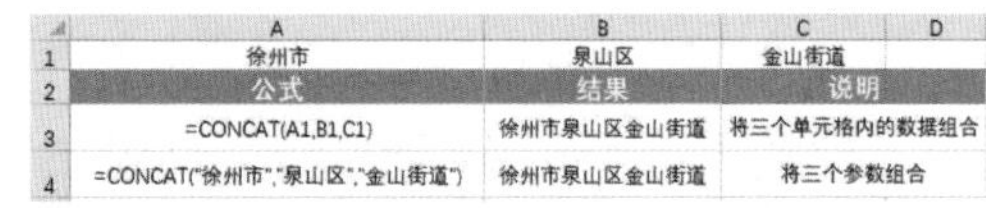

	A	B	C	D
1	徐州市	泉山区	金山街道	
2	公式	结果	说明	
3	=CONCAT(A1,B1,C1)	徐州市泉山区金山街道	将三个单元格内的数据组合	
4	=CONCAT("徐州市","泉山区","金山街道")	徐州市泉山区金山街道	将三个参数组合	

图7-37

7.5.2 提取字符

用户通过LEFT函数、RIGHT函数和MID函数，可以从字符串中的指定位置提取需要的字符。

（1）LEFT函数

LEFT函数用于从字符串的左侧开始提取指定个数的字符。

语法格式：=LEFT(text, [num_chars])

参数说明：

- text：要提取字符的字符串。
- num_chars：LEFT提取的字符数。如果忽略，为1。

LEFT函数说明示例如图7-38所示。

	A	B	C	D
1	学习Excel函数			
2	公式	结果	说明	
3	=LEFT(A1,2)	学习	从左面返回2个字符	
4	=LEFT(A1,0)		从左面返回0个字符	
5	=LEFT(A1,7)	学习Excel	从左面返回7个字符	
6	=LEFT(A1,9)	学习Excel函数	返回所有文本字符	

图7-38

（2）RIGHT函数

RIGHT函数用于从字符串的右侧开始提取指定个数的字符。

语法格式：=RIGHT(text, [num_chars])

参数说明：

- text：要提取字符的字符串。
- num_chars：要提取的字符数，如果忽略，为1。

RIGHT函数说明示例如图7-39所示。

	A	B	C	D
1	学习Excel函数			
2	公式	结果	说明	
3	=RIGHT(A1,2)	函数	从右面返回2个字符	
4	=RIGHT(A1,0)		从右面返回0个字符	
5	=RIGHT(A1,9)	学习Excel函数	返回所有文本字符	
6	=RIGHT(A1)	数	从右面返回1个字符	

图7-39

（3）MID函数

MID函数用于从任意位置提取指定数量的字符。

语法格式：=MID(text, start_num, num_chars)

参数说明：

- text：准备从中提取字符串的文本字符串。
- start_num：准备提取的第一个字符的位置。
- num_chars：指定所要提取的字符串长度。

MID函数说明示例如图7-40所示。

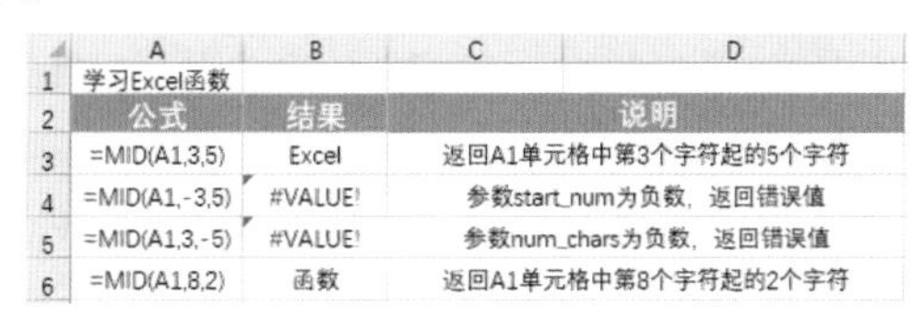

	A	B	C	D
1	学习Excel函数			
2	公式	结果	说明	
3	=MID(A1,3,5)	Excel	返回A1单元格中第3个字符起的5个字符	
4	=MID(A1,-3,5)	#VALUE!	参数start_num为负数，返回错误值	
5	=MID(A1,3,-5)	#VALUE!	参数num_chars为负数，返回错误值	
6	=MID(A1,8,2)	函数	返回A1单元格中第8个字符起的2个字符	

图7-40

7.5.3 替换文本的字符

用户使用REPLACE函数、SUBSTITUTE函数等，可以替换文本的字符。

（1）REPLACE函数

REPLACE函数用于将一个字符串中的部分字符用另一个字符串替换。

语法格式：=REPLACE(old_text, start_num, num_chars, new_text)

参数说明：

- old_text：要进行字符替换的文本。
- start_num：要替换为new_text的字符在old_text中的位置。
- num_chars：要从old_text中替换的字符个数。
- new_text：用来对old_text中指定字符串进行替换的字符串。

REPLACE函数说明示例如图7-41所示。

	A	B	C	D
1	学习Excel函数			
2	公式	结果	说明	
3	=REPLACE(A1,8,0,"2019")	学习Excel2019函数	在A1单元格中文本的第8个字符处插入新字符	
4	=REPLACE(A1,8,2,"2019")	学习Excel2019	在A1单元格中文本的第8个字符起2个字符被替换为新字符	
5	=REPLACE(A1,1,2," ")	Excel函数	在A1单元格中文本的第1个字符起2个字符被删除	

图7-41

（2）SUBSTITUTE函数

SUBSTITUTE函数用于用新字符替换字符串中的部分字符。

语法格式：=SUBSTITUTE(text, old_text, new_text, [instance_num])

参数说明：

- text：必需参数。需要替换其中字符的文本，或对含有文本的单元格的引用。
- old_text：必需参数。需要替换的文本。
- new_text：必需参数。用于替换old_text的文本。
- instance_num：可选参数。为一数值，用来指定以new_text替换第几次出现的old_text。如果指定了instance_num，则只有满足要求的old_text被替换；如果省略，则将用new_text替换text中出现的所有old_text。

SUBSTITUTE函数说明示例如图7-42所示。

	A	B	C
1	SUBSTITUTE函数用新文本替换文本串中的部分文本		
2	公式	结果	说明
3	=SUBSTITUTE(A1,"文本","字符")	SUBSTITUTE函数用新字符替换字符串中的部分字符	将A1单元格内数据中的所有"文本"替换为"字符"
4	=SUBSTITUTE(A1,"文本","字符",2)	SUBSTITUTE函数用新文本替换字符串中的部分文本	将A1单元格内数据中第2次出现的"文本"替换为"字符"

图7-42

技能应用：从身份证号码中提取出生日期

用户可以使用MID函数和其他函数嵌套，将出生日期从身份证号码中提取出来，下面将介绍具体的操作方法。

步骤01：选择E2单元格，输入公式“=TEXT(MID(D2, 7, 8), "0000-00-00")”，如图7-43所示。

步骤02：按【Enter】键确认，即可从身份证号码中提取出生日期，然后将公式向下填充，如图7-44所示。

	A	B	C	D	E
1	工号	姓名	部门	身份证号	出生日期
2	DS001	苏超	销售部	100000198510=TEXT(MID(D2,7,8),"0000-00-00")	
3	DS002	李梅	生产部	100000199106120435	
4	DS003	张星	采购部	100000199204304327	
5	DS004	王晓	生产部	100000198112097649	
6	DS005	李明	销售部	100000199809104661	
7	DS006	张雨	销售部	100000199106139871	
8	DS007	齐征	采购部	100000198610111282	
9	DS008	李佳琪	生产部	100000198808041137	
10	DS009	王珂	采购部	100000199311095335	

图7-43

E2 =TEXT(MID(D2,7,8),"0000-00-00")

	A	B	C	D	E
1	工号	姓名	部门	身份证号	出生日期
2	DS001	苏超	销售部	100000198510083111	1985-10-08
3	DS002	李梅	生产部	100000199106120435	1991-06-12
4	DS003	张星	采购部	100000199204304327	1992-04-30
5	DS004	王晓	生产部	100000198112097649	1981-12-09
6	DS005	李明	销售部	100000199809104661	1998-09-10
7	DS006	张雨	销售部	100000199106139871	1991-06-13
8	DS007	齐征	采购部	100000198610111282	1986-10-11
9	DS008	李佳琪	生产部	100000198808041137	1988-08-04
10	DS009	王珂	采购部	100000199311095335	1993-11-09

图7-44

技巧点拨：公式含义

身份证号码的第7~14位数字是出生日期。上述公式使用MID函数从身份证号码中提取出代表生日的数字，然后用TEXT函数将提取出的数字以指定的文本格式返回。

7.6 查找与引用函数

如果需要在计算过程中进行查找，或者引用某些符合要求的目标数据，则可以借助查找与引用函数，下面将进行详细介绍。

7.6.1 查找函数

用户通过VLOOKUP、CHOOSE等函数，可以轻松地在数据表中查找指定的数据信息。

（1）VLOOKUP函数

VLOOKUP函数用于查找指定的数值，并返回当前行中指定列处的数值。

语法格式：

=VLOOKUP(lookup_value, table_array, col_index_num, range_lookup)

参数说明：

- lookup_value：需要在数据表第一列中进行查找的数值。lookup_value可以为数值、引用或文本字符串。当VLOOKUP函数第一参数省略查找值时，表示用0查找。
- table_array：需要在其中查找数据的数据表。使用对区域或区域名称的引用。
- col_index_num： table_array中查找数据的数据列序号。col_index_num为1时，返回table_array第一列的数值；col_index_num为2时，返回table_array第二列的数值，以此类推。
- range_lookup：一逻辑值，指明函数VLOOKUP查找时是精确匹配还是近似匹配。如果为FALSE或0，则返回精确匹配。如果range_lookup为TRUE或1，函数VLOOKUP将查找近似匹配值，如果找不到精确匹配值，则返回小于lookup_value的最大数值。

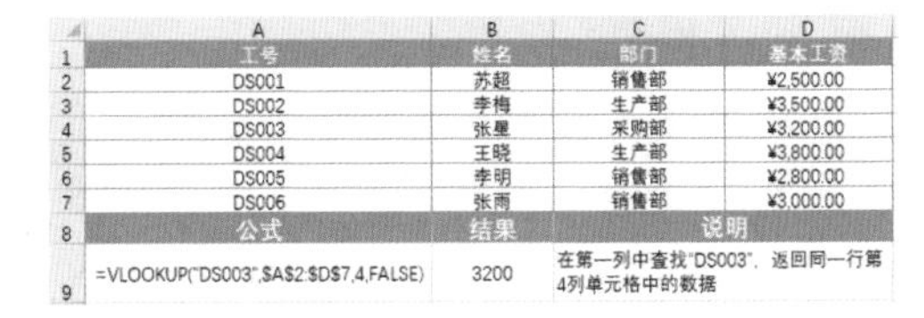

	A	B	C	D
1	工号	姓名	部门	基本工资
2	DS001	苏超	销售部	¥2,500.00
3	DS002	李梅	生产部	¥3,500.00
4	DS003	张星	采购部	¥3,200.00
5	DS004	王晓	生产部	¥3,800.00
6	DS005	李明	销售部	¥2,800.00
7	DS006	张雨	销售部	¥3,000.00
8	公式	结果	说明	
9	=VLOOKUP("DS003",$A$2:$D$7,4,FALSE)	3200	在第一列中查找"DS003"，返回同一行第4列单元格中的数据	

图7-45

VLOOKUP函数说明示例如图7-45所示。

（2）CHOOSE函数

CHOOSE函数用于根据给定的索引值，返回数值参数清单中的数值。

语法格式：=CHOOSE(index_num, value1, [value2], ...)

参数说明：

- index_num：指定所选定的值参数。必须为1~254之间的数据，或者为公式或对1~254之间某个数字的单元格的引用。如果index_num为1，函数CHOOSE返回value1；如果为2，函数CHOOSE返回value2，以此类推。如果index_num小于1或大于列表中最后一个值的序号，函数CHOOSE返回错误值#VALUE!。如果index_num为小数，则在使用前将被截尾取整。
- value1, value2, ...：value1是必需的，后续值是可选的。参数可以为数字、单元格引用、已定义名称、公式、函数或文本。

CHOOSE函数说明示例如图7-46所示。

	A	B	C
1	数值	数值	
2	2	18	
3	7	20	
4	公式	结果	说明
5	=CHOOSE(2,A2,A3,B2,B3)	7	返回数值列表中第2个单元格中数值
6	=CHOOSE(2.8,A2,A3,B2,B3)	7	返回数值列表中第2.8个单元格中数值，当数值为小数时，系统默认为取整

图7-46

7.6.2 引用函数

用户通过ROW函数、INDIRECT函数等，可以对单元格进行引用。

（1）ROW函数

ROW函数用于返回引用的行号。

语法格式：=ROW(reference)

参数说明：

● Reference：需要得到其行号的单元格或单元格区域。如果省略reference，则假定是对函数ROW所在单元格的引用。如果reference为一个单元格区域，并且函数ROW作为垂直数组输入，则函数ROW将reference的行号以垂直数组的形式返回。

ROW函数说明示例如图7-47所示。

	A	B	C
1	公式	结果	说明
2	=ROW()	2	返回公式所在单元格的行号
3	=ROW(A5)	5	返回A5单元格所在的行号

图7-47

（2）INDIRECT函数

INDIRECT函数用于返回由文本字符串指定的引用。

语法格式：=INDIRECT(ref_text, [a1])

参数说明：

● ref_text：对单元格的引用，此单元格可以包含A1-样式的引用、R1C1-样式的引用、定义为引用的名称或对文本字符串单元格的引用。如果ref_text不是合法的单元格的引用，函数INDIRECT返回错误值#REF!或#NAME?。

● a1：一逻辑值，指明包含在单元格ref_text中的引用的类型。如果a1为TRUE或省略，ref_text被解释为A1-样式的引用；如果a1为FALSE，ref_text被解释为R1C1-样式的引用。

> **新手误区：ref_text参数**
>
> 如果ref_text是对另一个工作簿的引用（外部引用），则工作簿必须被打开。如果源工作簿没有打开，函数INDIRECT返回错误值#REF!。

INDIRECT函数说明示例如图7-48所示。

	A	B	C	D
1	B3	2	1	
2	C1	6	5	
3	B2	3	7	
4	公式	结果	说明	
5	=INDIRECT(A2)	1	返回A2单元格的引用值	
6	=INDIRECT(A1)	3	返回A1单元格的引用值	
7	=INDIRECT(A3)	6	返回A3单元格的引用值	

图7-48

技能应用：快速输入“序号”

扫一扫　看视频

用户可以使用ROW函数，在表格中输入序号，下面将介绍具体的操作方法。

步骤01：选择A2单元格，输入公式“=ROW()-1”，如图7-49所示。

步骤02：按【Enter】键，即可计算出结果，如图7-50所示。

步骤03：将公式向下填充，即可输入“序号”，如图7-51所示。

	A	B	C	D	E
1	序号	工号	姓名	部门	基本工资
2	=ROW()	DS001	苏超	销售部	¥2,500.00
3	-1	DS002	李梅	生产部	¥3,500.00
4		DS003	张星	采购部	¥3,200.00
5		DS004	王晓	生产部	¥3,800.00
6		DS005	李明	销售部	¥2,800.00
7		DS006	张雨	销售部	¥3,000.00
8		DS007	齐征	采购部	¥3,000.00
9		DS008	李佳琪	生产部	¥3,200.00
10		DS009	王珂	采购部	¥2,900.00

图7-49

A2 =ROW()-1

	A	B	C	D	E
1	序号	工号	姓名	部门	基本工资
2	1	DS001	苏超	销售部	¥2,500.00
3		DS002	李梅	生产部	¥3,500.00
4		DS003	张星	采购部	¥3,200.00
5		DS004	王晓	生产部	¥3,800.00
6		DS005	李明	销售部	¥2,800.00
7		DS006	张雨	销售部	¥3,000.00
8		DS007	齐征	采购部	¥3,000.00
9		DS008	李佳琪	生产部	¥3,200.00
10		DS009	王珂	采购部	¥2,900.00

图7-50

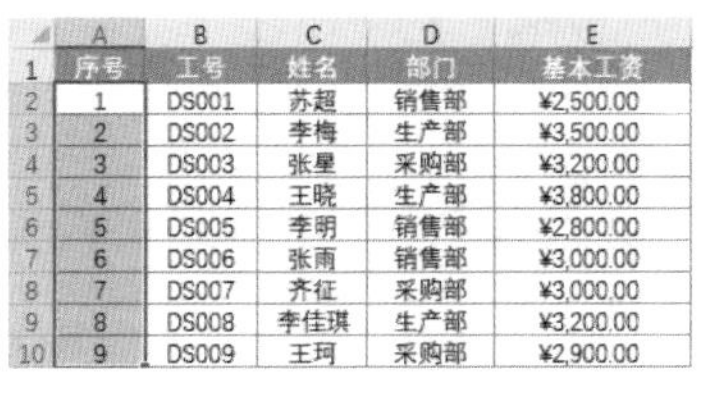

	A	B	C	D	E
1	序号	工号	姓名	部门	基本工资
2	1	DS001	苏超	销售部	¥2,500.00
3	2	DS002	李梅	生产部	¥3,500.00
4	3	DS003	张星	采购部	¥3,200.00
5	4	DS004	王晓	生产部	¥3,800.00
6	5	DS005	李明	销售部	¥2,800.00
7	6	DS006	张雨	销售部	¥3,000.00
8	7	DS007	齐征	采购部	¥3,000.00
9	8	DS008	李佳琪	生产部	¥3,200.00
10	9	DS009	王珂	采购部	¥2,900.00

图7-51

实战演练：制作员工档案信息表

员工档案信息表中记录了员工的姓名、身份证号码、性别、年龄、出生日期等，下面将介绍如何制作“员工档案信息表”。

步骤01：打开“员工档案信息表”，选择E2单元格，输入公式“=IF(MOD(MID(D2, 17, 1), 2), "男", "女")”，如图7-52所示。

	A	B	C	D	E	F
1	工号	姓名	部门	身份证号码	性别	年龄
2	DS001	张超	销售部	100000198510(=IF(MOD(MID(D2,17,1),2),"男","女")		
3	DS002	李梅	生产部	1000001991061		
4	DS003	张星	采购部	100000199204304327		
5	DS004	王晓	生产部	100000198112097649		
6	DS005	李明	销售部	100000199809104671		
7	DS006	张雨	销售部	100000199106139871		
8	DS007	齐征	采购部	100000198610111282		
9	DS008	李佳琪	生产部	100000198808041137		
10	DS009	王珂	采购部	100000199311095335		

图7-52

技巧点拨：公式含义

上述公式，首先用MID函数提取第17位的数字；然后用MOD函数求余数；最后用IF函数判断余数的结果，如果为奇数，返回“男”，如果为偶数，返回“女”。

步骤02：按【Enter】键确认，即可从“身份证号码”中提取“性别”，并将公式向下填充，如图7-53所示。

E2 =IF(MOD(MID(D2,17,1),2),"男","女")

	A	B	C	D	E	F
1	工号	姓名	部门	身份证号码	性别	年龄
2	DS001	张超	销售部	100000198510083111	男	
3	DS002	李梅	生产部	100000199106120442	女	
4	DS003	张星	采购部	100000199204304327	女	
5	DS004	王晓	生产部	100000198112097649	女	
6	DS005	李明	销售部	100000199809104671	男	
7	DS006	张雨	销售部	100000199106139871	男	
8	DS007	齐征	采购部	100000198610111282	女	
9	DS008	李佳琪	生产部	100000198808041137	男	
10	DS009	王珂	采购部	100000199311095335	男	

图7-53

步骤03：选择F2单元格，输入公式“=YEAR(TODAY())-MID(D2, 7, 4)”，如图7-54所示。

	B	C	D	E	F
1	姓名	部门	身份证号码	性别	年龄
2	张超	销售部	100000198510083111	=YEAR(TODAY()-MID(D2,7,4)	
3	李梅	生产部	100000199106120442		
4	张星	采购部	100000199204304327	女	
5	王晓	生产部	100000198112097649	女	
6	李明	销售部	100000199809104671	男	
7	张雨	销售部	100000199106139871	男	
8	齐征	采购部	100000198610111282	女	
9	李佳琪	生产部	100000198808041137	男	
10	王珂	采购部	100000199311095335	男	

图7-54

技巧点拨：公式含义

上述公式，首先使用MID函数提取身份证号码中的年份，然后使用TODAY函数计算当前日期，用当前日期减去年份，最后使用YEAR函数提取年数。

步骤04：按【Enter】键确认，即可从“身份证号码”中提取“年龄”，并将公式向下填充，如图7-55所示。

F2 =YEAR(TODAY())-MID(D2,7,4)

	B	C	D	E	F	G
1	姓名	部门	身份证号码	性别	年龄	出生日期
2	张超	销售部	100000198510083111	男	36	
3	李梅	生产部	100000199106120442	女	30	
4	张星	采购部	100000199204304327	女	29	
5	王晓	生产部	100000198112097649	女	40	
6	李明	销售部	100000199809104671	男	23	
7	张雨	销售部	100000199106139871	男	30	
8	齐征	采购部	100000198610111282	女	35	
9	李佳琪	生产部	100000198808041137	男	33	
10	王珂	采购部	100000199311095335	男	28	

图7-55

步骤05：选择G2单元格，输入公式“=TEXT(MID(D2, 7, 8), "0000-00-00")”，如图7-56所示。

	C	D	E	F	G
1	部门	身份证号码	性别	年龄	出生日期
2	销售部	100000198510083111	男	36	=TEXT(MID(D2,7,8),"0000-00-00")
3	生产部	100000199106120442	女	30	
4	采购部	100000199204304327	女	29	
5	生产部	100000198112097649	女	40	
6	销售部	100000199809104671	男	23	
7	销售部	100000199106139871	男	30	
8	采购部	100000198610111282	女	35	
9	生产部	100000198808041137	男	33	
10	采购部	100000199311095335	男	28	

图7-56

步骤06：按【Enter】键确认，即可从“身份证号码”中提取“出生日期”，并将公式向下填充，如图7-57所示。

G2 =TEXT(MID(D2,7,8),"0000-00-00")

	C	D	E	F	G
1	部门	身份证号码	性别	年龄	出生日期
2	销售部	100000198510083111	男	36	1985-10-08
3	生产部	100000199106120442	女	30	1991-06-12
4	采购部	100000199204304327	女	29	1992-04-30
5	生产部	100000198112097649	女	40	1981-12-09
6	销售部	100000199809104671	男	23	1998-09-10
7	销售部	100000199106139871	男	30	1991-06-13
8	采购部	100000198610111282	女	35	1986-10-11
9	生产部	100000198808041137	男	33	1988-08-04
10	采购部	100000199311095335	男	2	1993-11-09

图7-57

步骤07：选择H2单元格，输入公式“=EDATE(G2, MOD(MID(D2, 17, 1), 2)*120+600)”，如图7-58所示。

	D	E	F	G	H
1	身份证号码	性别	年龄	出生日期	退休时间
2	100000198510083111	男	36	1985-10-08	=EDATE(G2,MOD(MID(D2,17,1),2)*120+600)
3	100000199106120442	女	30	1991-06-12	
4	100000199204304327	女	29	1992-04-30	
5	100000198112097649	女	40	1981-12-09	
6	100000199809104671	男	23	1998-09-10	
7	100000199106139871	男	30	1991-06-13	
8	100000198610111282	女	35	1986-10-11	
9	100000198808041137	男	33	1988-08-04	
10	100000199311095335	男	28	1993-11-09	

图7-58

技巧点拨：公式含义

上述公式，首先用MOD函数判断性别，如果为“男”，则在出生日期的基础上加上1*120+600=720个月，也就是60年；如果为“女”，则在出生日期的基础上加上0*120+600=600个月，也就是50年。

步骤08：按【Enter】键确认，即可计算出“退休时间”，并将公式向下填充，如图7-59所示。

至此，完成“员工档案信息表”的制作。

H2 =EDATE(G2,MOD(MID(D2,17,1),2)*120+600)

	D	E	F	G	H
1	身份证号码	性别	年龄	出生日期	退休时间
2	100000198510083111	男	36	1985-10-08	2045/10/8
3	100000199106120442	女	30	1991-06-12	2041/6/12
4	100000199204304327	女	29	1992-04-30	2042/4/30
5	100000198112097649	女	40	1981-12-09	2031/12/9
6	100000199809104671	男	23	1998-09-10	2058/9/10
7	100000199106139871	男	30	1991-06-13	2051/6/13
8	100000198610111282	女	35	1986-10-11	2036/10/11
9	100000198808041137	男	33	1988-08-04	2048/8/4
10	100000199311095335	男	28	1993-11-09	2053/11/9

图7-59

知识拓展

Q：如何显示公式?

A： 在“公式”选项卡中单击“显示公式”按钮，即可将表格中的公式显示出来，如图7-60所示。

	E	F	G	H	I
1	性别	年龄	出生日期	退休时间	联系电话
2	=IF(MOD(MID(D2,17,1),2),"男","女")	=YEAR(TODAY())-	=TEXT(MID(D2,7,8),"0000-00-00")	=EDATE(G2,MOD(MID(D2,17,	158****5698
3	=IF(MOD(MID(D3,17,1),2),"男","女")	=YEAR(TODAY())-	=TEXT(MID(D3,7,8),"0000-00-00")	=EDATE(G3,MOD(MID(D3,17,	158****5699
4	=IF(MOD(MID(D4,17,1),2),"男","女")	=YEAR(TODAY())-	=TEXT(MID(D4,7,8),"0000-00-00")	=EDATE(G4,MOD(MID(D4,17,	158****5700
5	=IF(MOD(MID(D5,17,1),2),"男","女")	=YEAR(TODAY())-	=TEXT(MID(D5,7,8),"0000-00-00")	=EDATE(G5,MOD(MID(D5,17,	158****5701
6	=IF(MOD(MID(D6,17,1),2),"男","女")	=YEAR(TODAY())-	=TEXT(MID(D6,7,8),"0000-00-00")	=EDATE(G6,MOD(MID(D6,17,	158****5702

图7-60

Q：如何检查错误公式?

A： 在“公式”选项卡中单击“错误检查”按钮，如图7-61所示。打开“错误检查”对话框，在该对话框中显示出错的单元格以及出错原因，用户在对话框的右侧可以进行“有关此错误的帮助”“忽略错误”“在编辑栏中编辑”等操作，如图7-62所示。

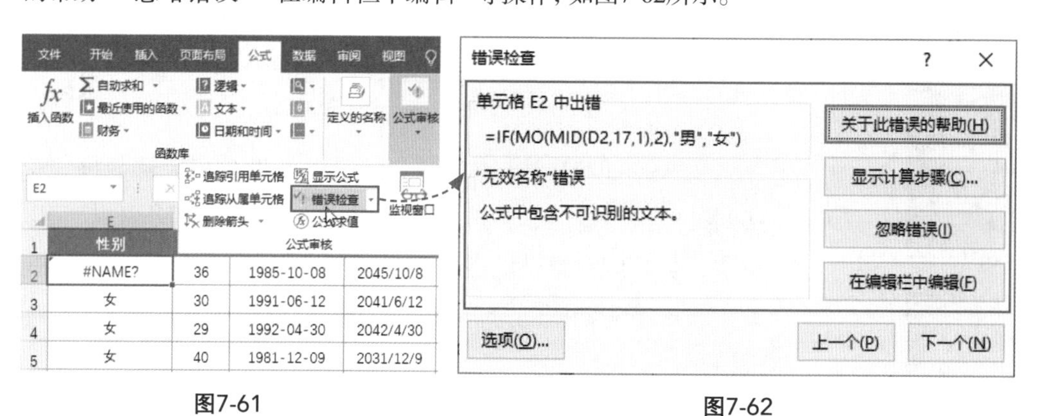

图7-61　　图7-62

Q：如何查看函数用途?

A： 如果用户不太清楚一些函数的用途，可以在“公式”选项卡中单击“插入函数”按钮，打开“插入函数”对话框，在“选择函数”列表框中选择一个函数，在下方就会出现对这个函数的作用进行说明的一段描述。

第8章

数据的分析与处理

Excel不仅可以计算数据，还可以处理分析大量数据，例如对数据进行排序、筛选、分类汇总等，掌握这些操作，可以更快、更好地在繁杂的数据中迅速获取有用信息，从而辅助决策。本章将对数据的分析与处理的常见操作方法与技巧进行详细讲解。

8.1 排序

使用Excel的排序功能，可以将表格中的数据按照指定的规律进行排序，从而可以更直观地查看和理解数据，下面将进行详细介绍。

8.1.1 简单排序

简单排序多指对表格中的某一列进行排序。只需要选中某一列中的任意单元格，在“数据”选项卡中，单击“升序”或“降序”按钮，如图8-1所示，即可对该列数据进行升序或降序排序。

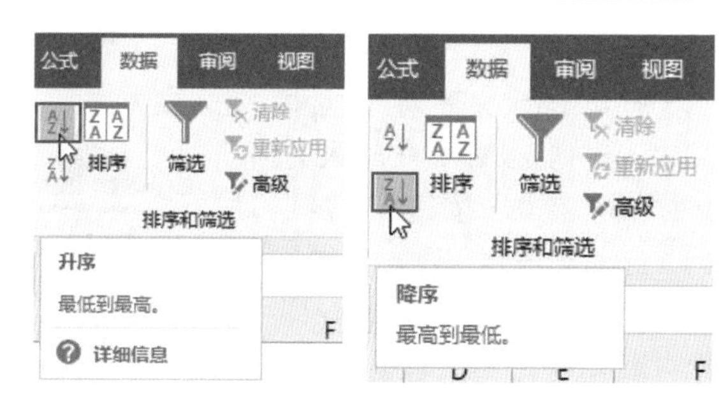

图8-1

升序排序： 数据按照从小到大进行排序。

降序排序： 数据按照从大到小进行排序。

8.1.2 复杂排序

复杂排序是指对多个关键字进行排序，即指工作表中的数据按照两个或两个以上的关键字进行排序。选择表格中任意单元格，在“数据”选项卡中单击“排序”按钮，打开“排序”对话框，设置“主要关键字”，如图8-2所示。单击“添加条件”按钮，然后设置“次要关键字”，如图8-3所示。单击“确定”按钮，数据表中的“产品名称”列数据按照“升序”进行排序，而“合格品”列中的数据按照降序排序。

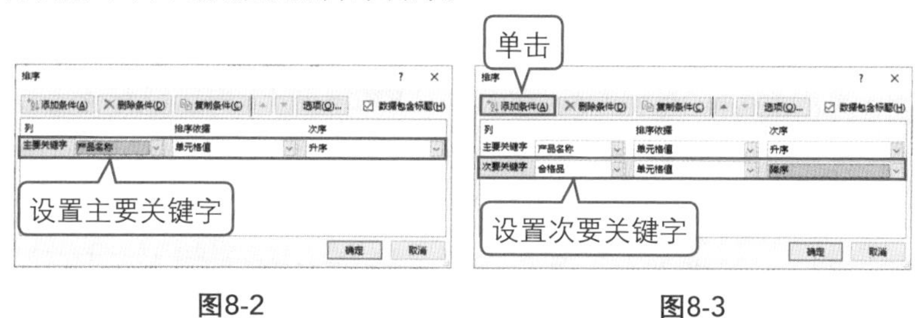

图8-2　　图8-3

8.1.3 自定义排序

如果需要按照特定的类别顺序进行排序，例如，按照手机、电脑、充电器、洗衣机、电冰箱、消毒柜这类顺序进行排序，则可以创建自定义序列。

打开“排序”对话框，设置“主要关键字”，单击“次序”下拉按钮，从列表中选择“自定义序列”选项，如图8-4所示。

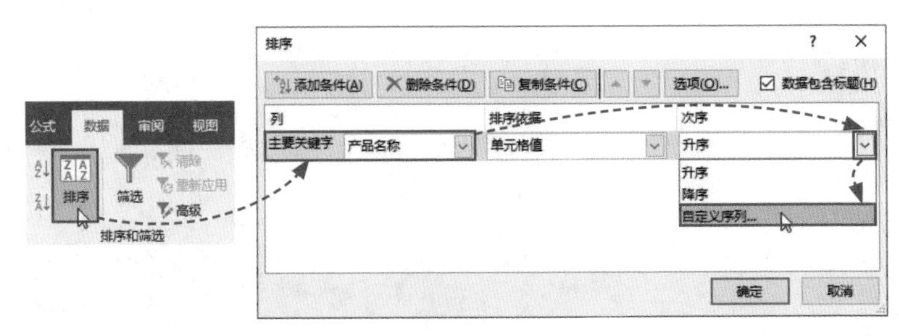

图8-4

打开“自定义序列”对话框，在“输入序列”文本框中输入类别顺序，单击“添加”按钮，将序列添加到“自定义序列”列表框中，单击“确定”按钮，如图8-5所示，即可按照自定义的序列进行排序，如图8-6所示。

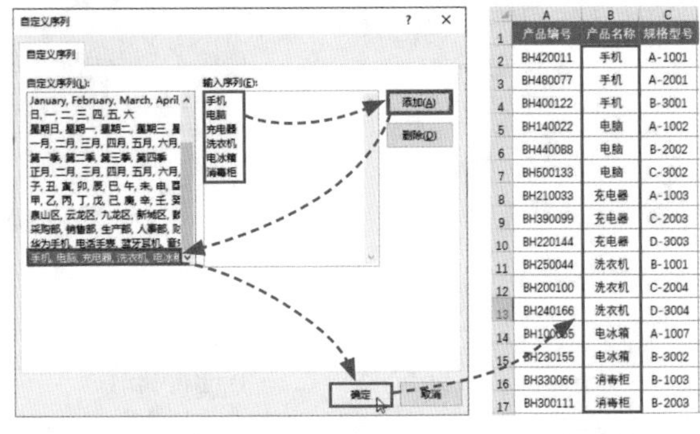

图8-5

	A	B	C
1	产品编号	产品名称	规格型号
2	BH420011	手机	A-1001
3	BH480077	手机	A-2001
4	BH400122	手机	B-3001
5	BH140022	电脑	A-1002
6	BH440088	电脑	B-2002
7	BH500133	电脑	C-3002
8	BH210033	充电器	A-1003
9	BH390099	充电器	C-2003
10	BH220144	充电器	D-3003
11	BH250044	洗衣机	B-1001
12	BH200100	洗衣机	C-2004
13	BH240166	洗衣机	D-3004
14	BH100055	电冰箱	A-1007
15	BH230155	电冰箱	B-3002
16	BH330066	消毒柜	B-1003
17	BH300111	消毒柜	B-2003

图8-6

技能应用：将产品名称按照笔划排序

扫一扫　看视频

对文本类型的数据进行排序时，默认情况下是按照字母排序，用户也可以按照笔划进行排序，下面将介绍具体的操作方法。

步骤01：选择表格中任意单元格，在“数据”选项卡中单击“排序”按钮，打开“排序”对话框，将“主要关键字”设置为“产品名称”，将“次序”设置为“升序”，单击“选项”按钮，如图8-7所示。

步骤02：打开“排序选项”对话框，选择“笔划排序”单选按钮，单击“确定”按钮，如图8-8所示。

步骤03：返回“排序”对话框，直接单击“确定”按钮，即可对“产品名称”按照笔划升序排序，如图8-9所示。

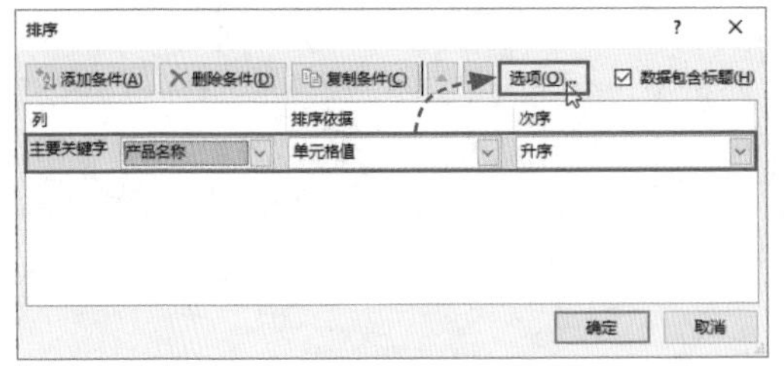

图8-7

排序选项
区分大小写(C)
方向
按列排序(T)
按行排序(L)
方法
字母排序(S)
笔划排序(R)
确定
取消

图8-8

	A	B	C	D	E	F
1	产品编号	产品名称	规格型号	车间	负责人	开始日期
2	BH420011	手机	A-1001	车间1	彭克	2021-02-05
3	BH480077	手机	A-2001	车间2	周先夕	2021-02-11
4	BH400122	手机	B-3001	车间3	于文	2021-02-16
5	BH100055	电冰箱	A-1007	车间1	彭克	2021-02-09
6	BH230155	电冰箱	B-3002	车间3	于文	2021-02-19
7	BH140022	电脑	A-1002	车间1	彭克	2021-02-06
8	BH440088	电脑	B-2002	车间2	周先夕	2021-02-12
9	BH500133	电脑	C-3002	车间3	于文	2021-02-17
10	BH210033	充电器	A-1003	车间1	彭克	2021-02-07
11	BH390099	充电器	C-2003	车间2	周先夕	2021-02-13

图8-9

技巧点拨：笔划排序

笔划排序的规则：按照首字的笔划数来排序，如果首字的笔划数相同，则依次按第二字、第三字的笔划数来排序。

8.2 筛选

筛选就是从复杂的数据中将符合条件的数据快速查找并显示出来，下面将进行详细介绍。

8.2.1 自动筛选

对于筛选条件比较简单的数据，使用自动筛选功能可以非常方便地查找和显示所需内容。例如，将“产品名称”为“洗衣机”的生产数据筛选出来。

选择表格中任意单元格，在“数据”选项卡中单击“筛选”按钮，如图8-10所示，进入筛选状态。

用户单击“产品名称”筛选按钮，从列表中取消对“全选”复选框的勾选，并勾选“洗衣机”复选框，单击“确定”按钮，即可将“产品名称”为“洗衣机”的生产数据筛选出来，如图8-11所示。

此外，在“搜索框”中输入“洗衣机”，如图8-12所示。按【Enter】键确认，也可以将相关数据筛选出来。

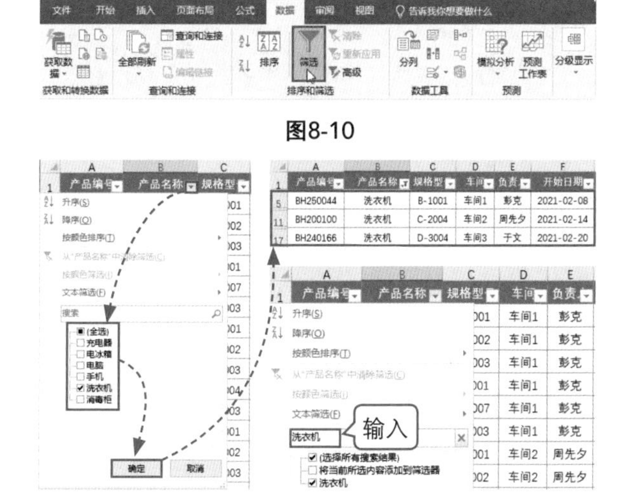

图8-10

图8-11

图8-12

8.2.2 高级筛选

如果需要进行条件更复杂的筛选，则可以使用Excel的高级筛选功能。例如，将“产品名称”为手机，并且“完成率”大于100%，或者“合格率”大于90%的生产数据筛选出来。

首先需要在表格的下方创建筛选条件，如图8-13所示。当条件都在同一行时，表示“与”关系，当条件不在同一行时，表示“或”关系。

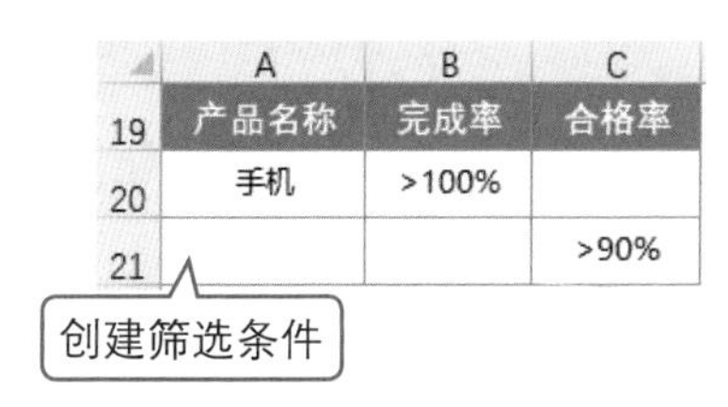

图8-13

选择表格任意单元格，在“数据”选项卡中单击“高级”按钮，打开“高级筛选”对话框，在“方式”选项中，可以设置筛选结果存放的位置，然后设置“列表区域”和“条件区域”，单击“确定”按钮，如图8-14所示，即可将符合条件的数据筛选出来，如图8-15所示。其中“列表区域”表示要进行筛选的单元格区域，也就是整个数据表。“条件区域”表示包含指定筛选数据条件的单元格区域，也就是创建的筛选条件区域。

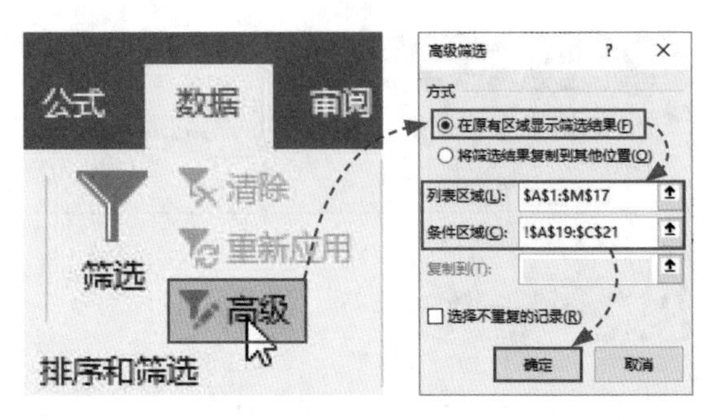

图8-14

	A	B	C	D	E	F	G	H	I	J	K	L	M
1	产品编号	产品名称	规格型号	车间	负责人	开始日期	结束日期	计划	实际	完成率	合格品	不合格品	合格率
2	BH420011	手机	A-1001	车间1	彭克	2021-02-05	2021-02-09	16	27	168.75%	10	17	37.04%
5	BH250044	洗衣机	B-1001	车间1	彭克	2021-02-08	2021-02-11	71	84	118.31%	80	4	95.24%
8	BH480077	手机	A-2001	车间2	周先夕	2021-02-11	2021-02-15	11	63	572.73%	60	3	95.24%
12	BH300111	消毒柜	B-2003	车间2	周先夕	2021-02-15	2021-02-18	15	55	366.67%	54	1	98.18%
13	BH400122	手机	B-3001	车间3	于文	2021-02-16	2021-02-17	33	18	54.55%	17	1	94.44%
14	BH500133	电脑	C-3002	车间3	于文	2021-02-17	2021-02-19	10	22	220.00%	20	2	90.91%
17	BH240166	洗衣机	D-3004	车间3	于文	2021-02-20	2021-02-26	14	25	178.57%	24	1	96.00%

	A	B	C
19	产品名称	完成率	合格率
20	手机	>100%	
21			>90%

图8-15

新手误区：创建筛选条件

创建筛选条件时，其列标题必须与需要筛选的表格数据的列标题一致，否则无法筛选出正确的结果。

8.2.3 模糊筛选

当筛选条件不能明确指定某项内容而是某类内容的时候，用户可以使用通配符进行模糊筛选。例如，将“规格型号”以B开头的数据筛选出来。

选择表格任意单元格，按【Ctrl+Shift+L】组合键，进入筛选状态，单击“规格型号”筛选按钮，从列表中选择“文本筛选”选项，并从其级联菜单中选择“自定义筛选”选项，如图8-16所示。打开“自定义自动筛选方式”对话框，在“等于”后面的文本框中输入“B-*”，单击“确定”按钮，即可将“规格型号”以B开头的数据筛选出来，如图8-17所示。

其中通配符“？”代表单个字符，“*”代表任意多个字符。

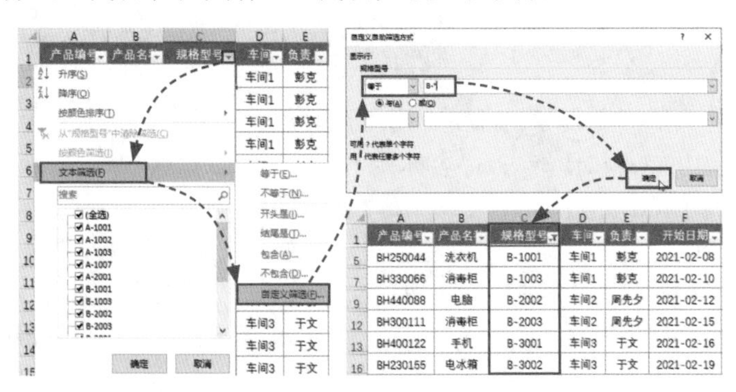

图8-16　　图8-17

技能应用：将合格率大于95%的数据筛选出来

用户可以对数值进行筛选，例如将合格率大于95%的数据筛选出来，下面将介绍具体的操作方法。

步骤01： 选择表格任意单元格，按【Ctrl+Shift+L】组合键，进入筛选状态，单击“合格率”筛选按钮，从列表中选择“数字筛选”选项，并从其级联菜单中选择“大于”选项，如图8-18所示。

步骤02： 打开“自定义自动筛选方式”对话框，在“大于”后面的文本框中输入“95%”，单击“确定”按钮，即可将“合格率”大于95%的数据筛选出来，如图8-19所示。

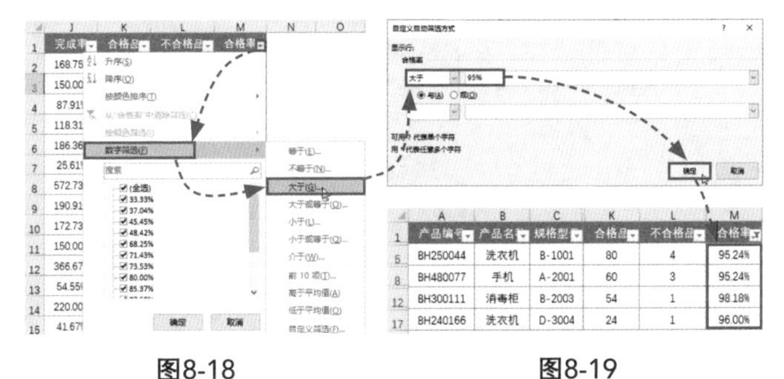

图8-18　　图8-19

技巧点拨：清除筛选结果

如果用户想要清除筛选结果，则在“数据”选项卡中单击“清除”按钮即可，如图8-20所示。

图8-20

8.3 分类汇总

使用Excel的分类汇总功能可以非常方便地对数据进行汇总分析，下面将进行详细介绍。

8.3.1 单项分类汇总

单项分类汇总，就是按照一个字段进行分类汇总。首先对需要分类的字段进行“升序”或“降序”排序，如图8-21所示。

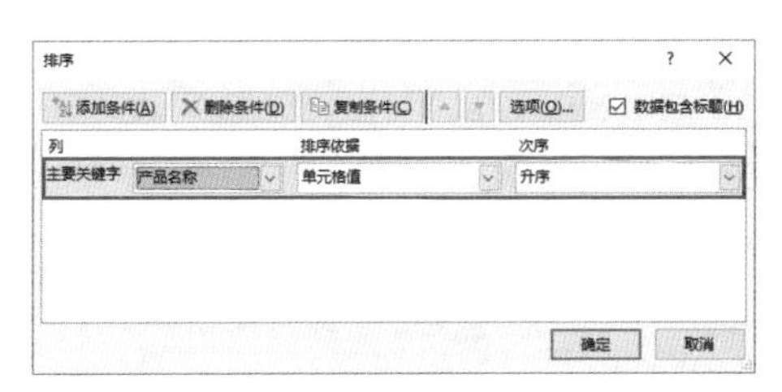

图8-21

选择表格任意单元格，在“数据”选项卡中单击“分类汇总”按钮，如图8-22所示。打开“分类汇总”对话框，设置“分类字段”“汇总方式”和“选定汇总项”，单击“确定”按钮，如图8-23所示。即可按照“产品名称”字段，对“不合格品”进行求和汇总。

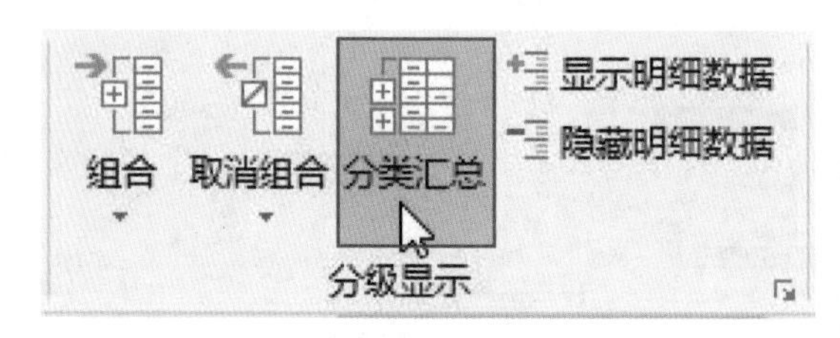

图8-22

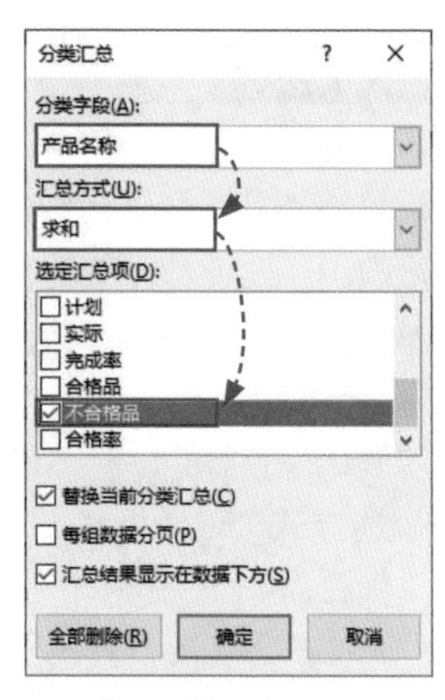

图8-23

8.3.2 嵌套分类汇总

嵌套分类汇总是在一个分类汇总的基础上，对其他字段进行再次分类汇总。首先对需要分类的字段进行排序，如图8-24所示。

打开“分类汇总”对话框，从中设置第一个分类字段，如图8-25所示。设置好后再次打开“分类汇总”对话框，从中设置第二个字段，如图8-26所示。即可按照“产品名称”和“车间”分类，对“合格品”进行求和汇总。

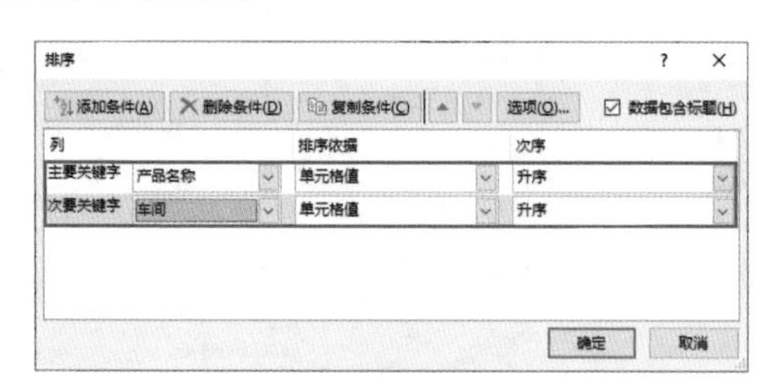

图8-24

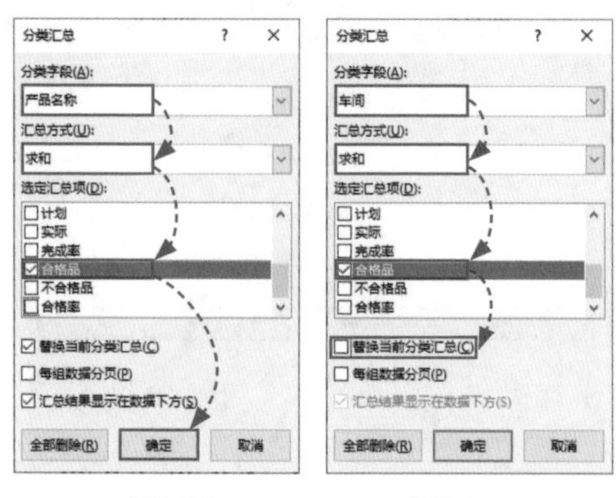

图8-25　　图8-26

⊗ 新手误区：取消勾选“替换当前分类汇总”

在设置第二个字段时，需要取消勾选“替换当前分类汇总”复选框，否则该字段的分类汇总会覆盖上一次的分类汇总结果。

8.3.3 取消分级显示

创建分类汇总后，表格中的数据会分级显示，如图8-27所示。如果用户想要取消分级显示，则可以在“数据”选项卡中单击“取消组合”下拉按钮，从列表中选择“清除分级显示”选项即可，如图8-28所示。

	A	B	C
1	产品编号	产品名称	规格型号
2	BH210033	充电器	A-1003
3	BH390099	充电器	C-2003
4	BH220144	充电器	D-3003
5		充电器 汇总	
6	BH100055	电冰箱	A-1007
7	BH230155	电冰箱	B-3002
8		电冰箱 汇总	
9	BH140022	电脑	A-1002
10	BH440088	电脑	B-2002
11	BH500133	电脑	C-3002

图8-27

	A	B	C
1	产品编号	产品名称	规格型号
2	BH210033	充电器	A-1003
3	BH390099	充电器	C-2003
4	BH220144	充电器	D-3003
5		充电器 汇总	
6	BH100055	电冰箱	A-1007
7	BH230155	电冰箱	B-3002

图8-28

技能应用：多张明细表生成汇总表

在工作中，经常需要将不同的明细数据合并在一起生成汇总表格，应用合并计算功能可以轻松完成，下面将介绍具体的操作方法。

步骤01：首先创建3个工作表：“车间1”“车间 2”和“车间3”，如图8-29所示。

车间1

	A	B	C
1	产品编号	完成率	合格率
2	BH420011	168.75%	37.04%
3	BH140022	150.00%	45.45%
4	BH210033	87.91%	87.50%
5	BH250044	118.31%	95.24%
6	BH100055	186.36%	85.37%
7	BH330066	25.61%	71.43%

车间2

	A	B	C
1	产品编号	完成率	合格率
2	BH480077	572.73%	95.24%
3	BH440088	190.91%	68.25%
4	BH390099	172.73%	48.42%
5	BH200100	150.00%	33.33%
6	BH300111	366.67%	98.18%
7			

车间3

	A	B	C
1	产品编号	完成率	合格率
2	BH400122	54.55%	94.44%
3	BH500133	220.00%	90.91%
4	BH220144	41.67%	80.00%
5	BH230155	188.89%	73.53%
6	BH240166	178.57%	96.00%
7			

图8-29

步骤02：打开“汇总”工作表，选择A1单元格，在“数据”选项卡中单击“合并计算”按钮，如图8-30所示。

步骤03：打开“合并计算”对话框，单击“引用位置”右侧的折叠按钮，如图8-31所示。

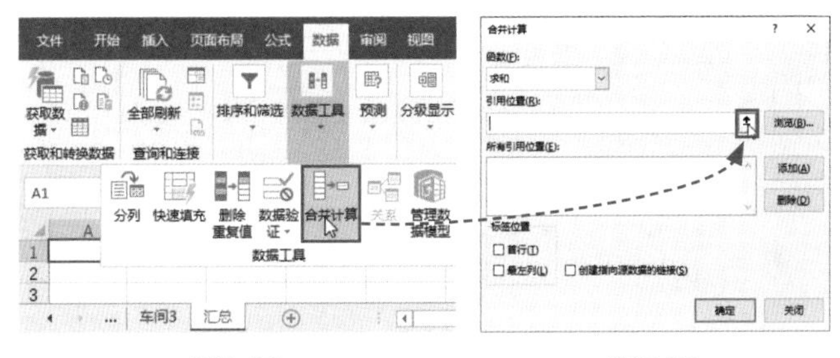

图8-30　　图8-31

步骤04：切换至“车间1”工作表，选中A1：C7单元格区域后，再次单击折叠按钮，如图8-32所示。

步骤05：返回“合并计算”对话框，单击“添加”按钮，将其添加到“所有引用位置”列表框中，如图8-33所示。

步骤06：按照上述方法，添加“车间2”和“车间3”数据区域，勾选“首行”和“最左列”复选框，单击“确定”按钮，即可将3个工作表中的数据汇总到一个工作表中，如图8-34所示。

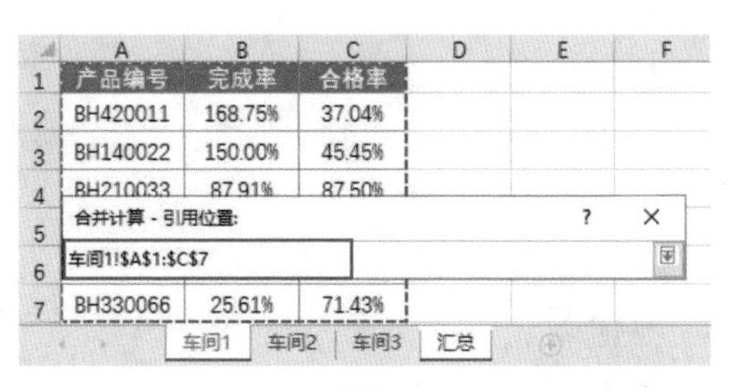

图8-32

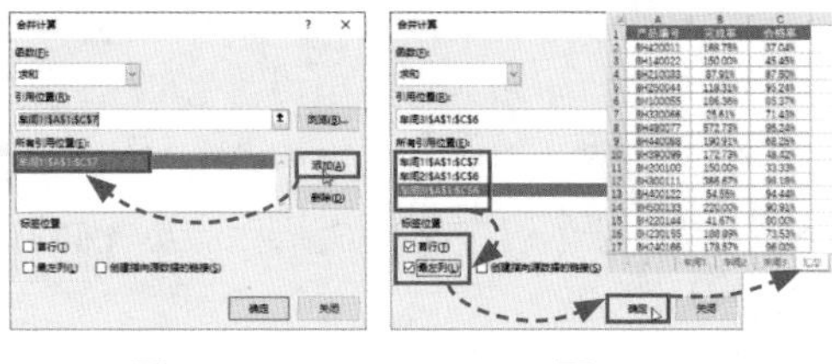

图8-33　　图8-34

8.4 数据验证功能应用

为了防止输入不符合要求的数据，提高数据的录入速度，用户可以使用“数据验证”功能，限制数据的输入，下面将进行详细介绍。

8.4.1 限制内容

当需要输入的内容有一个固定的范围时，用户可以为其设置下拉列表，这样只能在列表中选择数据进行输入。例如，限制输入“车间”。

选择单元格区域，在“数据”选项卡中单击“数据验证”下拉按钮，从列表中选择“数据验证”选项，打开“数据验证”对话框，在“设置”选项卡中，将“允许”设置为“序列”，在“来源”文本框中输入“车间1，车间2，车间3”，其中每个内容之间用英文逗号隔开，单击“确定”按钮。此时，选中单元格后单元格右侧会出现一个下拉按钮，单击该按钮，从下拉列表中选择要输入到单元格中的内容即可，如图8-35所示。

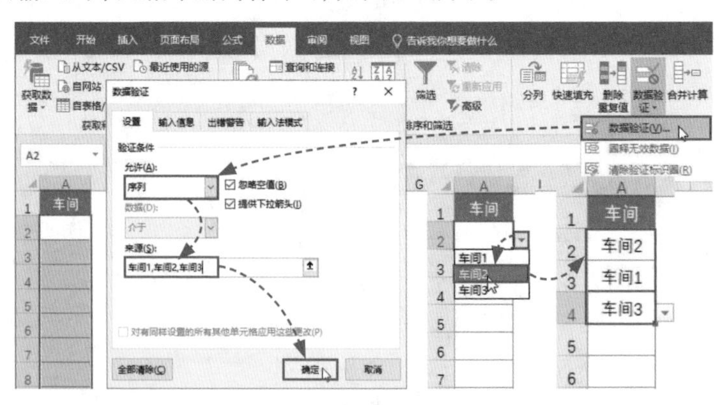

图8-35

8.4.2 限制长度

当输入多位数据时，有时会少输入一位或多输入一位，为了防止这种情况的发生，可以限制输入数据的长度。例如，限制只能输入8位的“产品编号”。

选择单元格区域，打开“数据验证”对话框，在“设置”选项卡中，将“允许”设置为“文本长度”，将“数据”设置为“等于”，在“长度”文本框中输入“8”，如图8-36所示。

如果用户想要设置出错警告来提示错误原因，则可以在“出错警告”选项卡中，设置“样式”“标题”和“错误信息”，单击“确定”按钮，如图8-37所示。

此时，当在单元格中输入的“产品编号”不是8位时，系统会弹出错误提示，如图8-38所示。

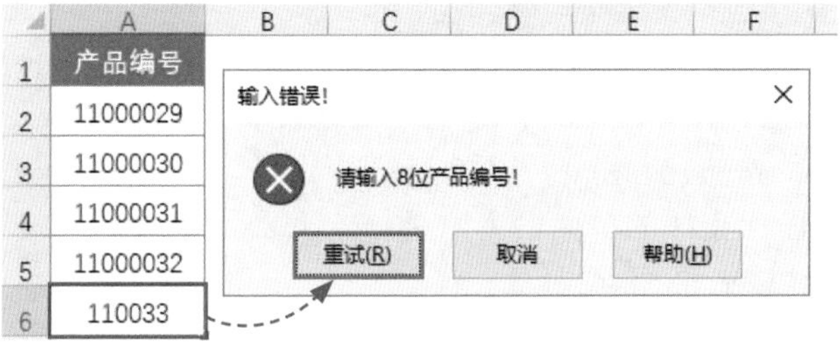

图8-36

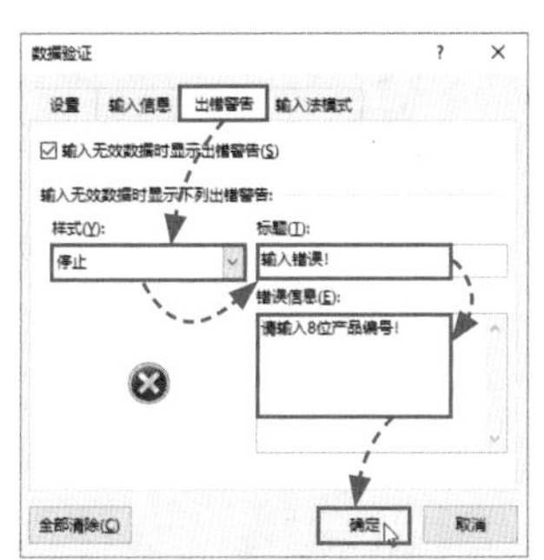

图8-37

图8-38

8.4.3 圈释无效数据

如果在数据输入完成后才设置数据验证，则不符合规范的数据不会弹出提示。此时可以选择将无效的数据圈释出来。

选择已经设置数据验证的区域，如图8-39所示。在“数据”选项卡中单击“数据验证”下拉按钮，从列表中选择“圈释无效数据”选项，如图8-40所示。此时，不符合数据验证条件的数据被红色圈标记出来，如图8-41所示。

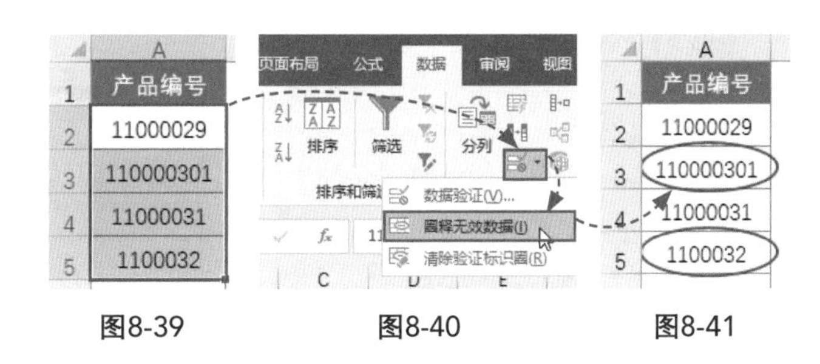

图8-39　图8-40　图8-41

如果不再需要标记，则在“数据验证”列表中选择“清除验证标识圈”选项即可。

技巧点拨：清除数据验证

如果用户想要清除设置的数据验证，则再次打开“数据验证”对话框，直接单击“全部清除”按钮即可。

8.5 条件格式的应用

条件格式就是根据条件使用数据条、色阶和图标集等，以更直观的方式显示单元格中的相关数据信息，下面将进行详细介绍。

8.5.1 突出显示指定条件的单元格

通过条件格式中的“突出显示单元格规则”命令，可以突出显示指定条件的单元格。例如，将“不合格品”大于10的单元格突出显示出来。

选择单元格区域，在“开始”选项卡中单击“条件格式”下拉按钮，从列表中选择“突出显示单元格规则”选项，并从其级联菜单中选择“大于”选项，如图8-42所示。打开“大于”对话框，在“为大于以下值的单元格设置格式”文本框中输入“10”，然后在“设置为”列表中选择“浅红填充色深红色文本”选项，单击“确定”按钮，此时，将“不合格品”大于10的单元格突出显示出来，如图8-43所示。

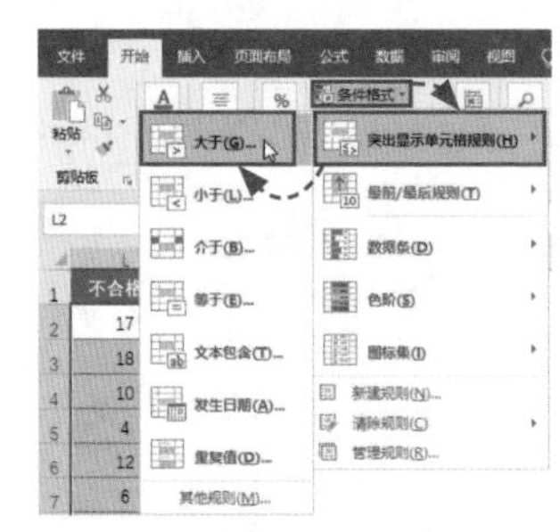

图8-42

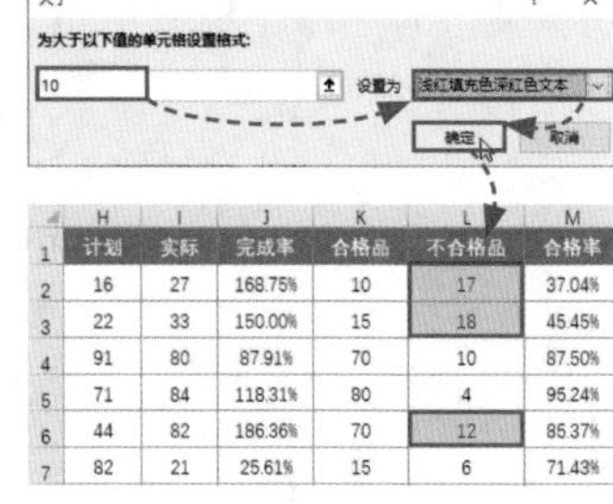

	H	I	J	K	L	M
1	计划	实际	完成率	合格品	不合格品	合格率
2	16	27	168.75%	10	17	37.04%
3	22	33	150.00%	15	18	45.45%
4	91	80	87.91%	70	10	87.50%
5	71	84	118.31%	80	4	95.24%
6	44	82	186.36%	70	12	85.37%
7	82	21	25.61%	15	6	71.43%

图8-43

8.5.2 数据条

使用数据条，可以快速为一组数据设置底纹颜色，并根据数值的大小，自动调整长度。数值越大，数据条越长；数值越小，数据条越短。

选择单元格区域，在“开始”选项卡中单击“条件格式”下拉按钮，从列表中选择“数据条”选项，并从其级联菜单中选择合适的选项，如图8-44所示，即可为所选单元格区域添加数据条，如图8-45所示。

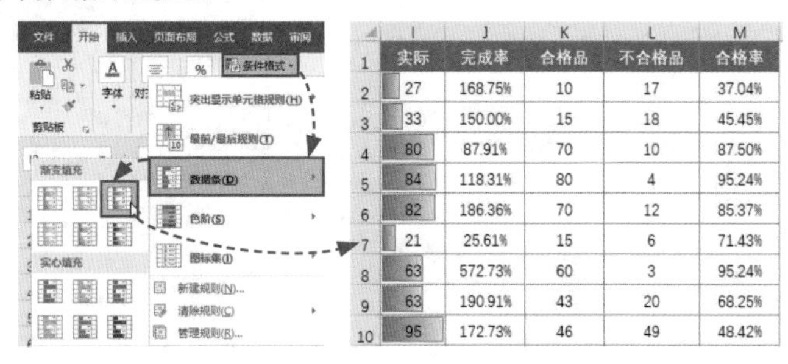

图8-44

	I	J	K	L	M
1	实际	完成率	合格品	不合格品	合格率
2	27	168.75%	10	17	37.04%
3	33	150.00%	15	18	45.45%
4	80	87.91%	70	10	87.50%
5	84	118.31%	80	4	95.24%
6	82	186.36%	70	12	85.37%
7	21	25.61%	15	6	71.43%
8	63	572.73%	60	3	95.24%
9	63	190.91%	43	20	68.25%
10	95	172.73%	46	49	48.42%

图8-45

8.5.3 色阶

在对数据进行查看比较时，为了能够更直观地了解整体效果，用户可以使用“色阶”功能来展示数据的整体分布情况。

选择单元格区域，在“开始”选项卡中单击“条件格式”下拉按钮，从列表中选择“色阶”选项，并从其级联菜单中选择合适的色阶样式即可，如图8-46所示。

其中，绿色代表最大值，白色代表中间值，红色代表最小值。

	J	K	L	M
1	完成率	合格品	不合格品	合格率
2	168.75%	10	17	37.04%
3	150.00%	15	18	45.45%
4	87.91%	70	10	87.50%
5	118.31%	80	4	95.24%
6	186.36%	70	12	85.37%
7	25.61%	15	6	71.43%
8	572.73%	60	3	95.24%
9	190.91%	43	20	68.25%
10	172.73%	46	49	48.42%
11	150.00%	10	20	33.33%

图8-46

8.5.4 图标集

在进行数据展示时，用户可以使用条件格式中的“图标集”对数据进行等级划分。选择单元格区域，在“开始”选项卡中单击“条件格式”下拉按钮，从列表中选择“图标集”选项，并从其级联菜单中选择合适的图标集样式即可，如图8-47所示。

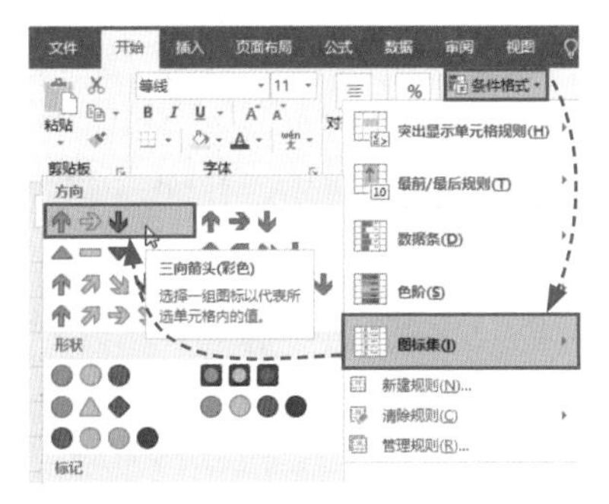

	K	L	M
1	合格品	不合格品	合格率
2	10	17	37.04%
3	15	18	45.45%
4	70	10	87.50%
5	80	4	95.24%
6	70	12	85.37%
7	15	6	71.43%
8	60	3	95.24%
9	43	20	68.25%
10	46	49	48.42%
11	10	20	33.33%

图8-47

技能应用：将合格率低于90%的数据标记为“不合格”

如果合格率低于90%，就在单元格中显示不合格，下面将介绍具体的操作方法。

步骤01： 选择单元格区域，在“开始”选项卡中单击“条件格式”下拉按钮，从列表中选择“新建规则”选项，如图8-48所示。

步骤02： 打开“新建格式规则”对话框，选择“使用公式确定要设置格式的单元格”选项，并在下方的文本框中输入公式“=M2<90%”，单击“格式”按钮，如图8-49所示。

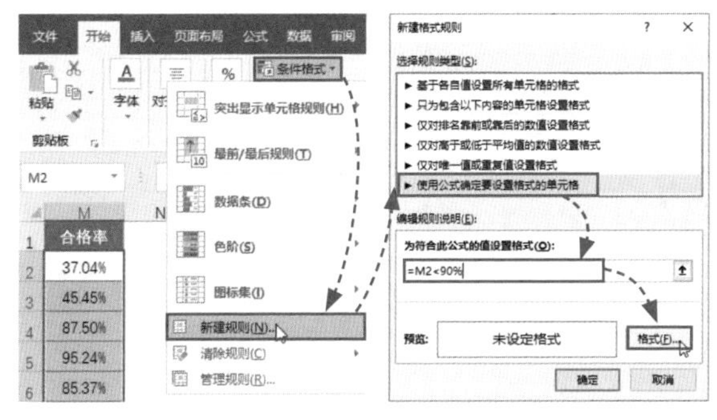

图8-48　　图8-49

步骤03： 打开“设置单元格格式”对话框，在“数字”选项卡中选择“自定义”分类，然后在“类型”文本框中输入“"不合格"”，如图8-50所示。单击“确定”按钮。

步骤04： 可以看到，“合格率”低于90%的数据被标记为“不合格”，如图8-51所示。

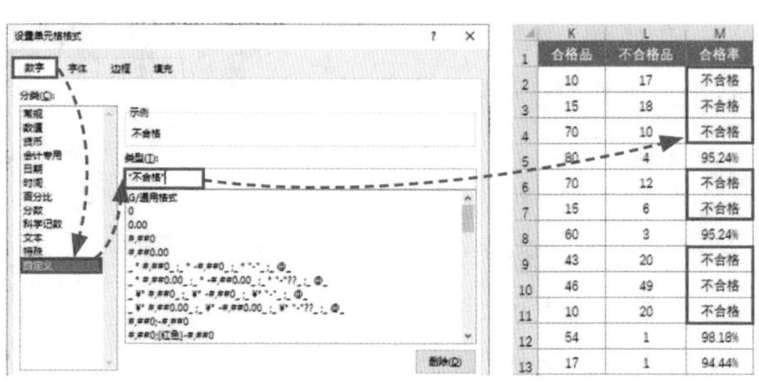

图8-50　　图8-51

实战演练：分析员工薪资表

薪资表用来统计员工实际应该发放的工资，下面将介绍如何从薪资表中获取想要的数据信息，如查看谁的工资最高、各部门工资的情况等。

步骤01： 选择“实发工资”列任意单元格❶，在“数据”选项卡中单击“升序”按钮❷，如图8-52所示。

	L	M	N	O
1	住房公积金	代扣个税	缺勤扣款	实发工资
2	¥1,080	¥290	¥100	¥6,540
3	¥540	¥0	¥0	¥3,465
4	¥1,080	¥390	¥0	¥6,540
5			¥0	¥3,080
6			¥200	¥6,340
7			¥0	¥3,465
8			¥0	¥5,720
9			¥0	¥2,695
10			¥200	¥5,955

图8-52

步骤02： 即可将“实发工资”列的数据进行“升序”排序，如图8-53所示。

	L	M	N	O
1	住房公积金	代扣个税	缺勤扣款	实发工资
2	¥420	¥0	¥100	¥2,595
3	¥420	¥0	¥0	¥2,695
4	¥420	¥0	¥0	¥2,695
5	¥420	¥0	¥0	¥2,695
6	¥420	¥0	¥0	¥2,695
7	¥420	¥0	¥0	¥2,695
8	¥480	¥0	¥0	¥3,080
9	¥540	¥0	¥0	¥3,465
10	¥540	¥0	¥0	¥3,465

图8-53

步骤03： 选择表格任意单元格，按【Ctrl+Shift+L】组合键，进入筛选状态，单击“部门”筛选按钮❶，从列表中选择“文本筛选”选项❷，并从其级联菜单中选择“等于”选项❸，如图8-54所示。

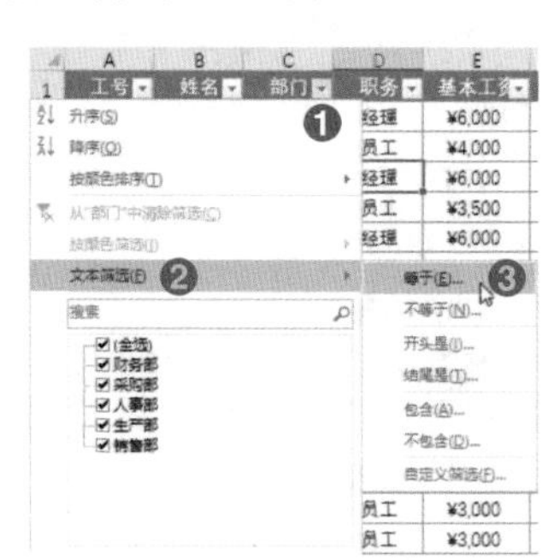

图8-54

步骤04： 打开“自定义自动筛选方式”对话框，在“等于”文本后面输入“销售部”❶，单击“确定”按钮❷，如图8-55所示。

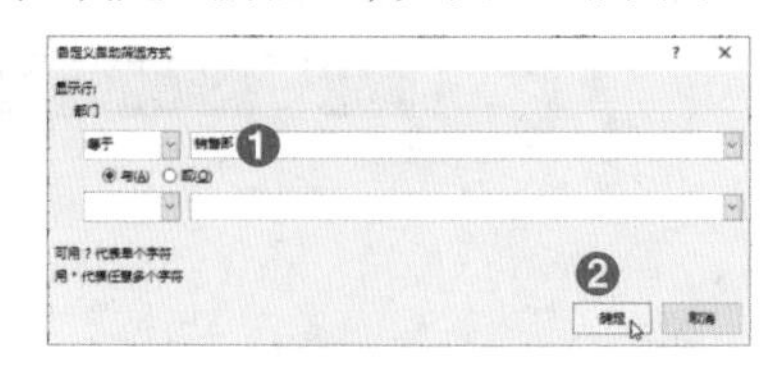

图8-55

步骤05： 即可将“销售部”的工资信息筛选出来，如图8-56所示。

	B	C	E	H	O
1	姓名	部门	基本工资	应发工资	实发工资
2	赵佳	销售部	¥6,000	¥9,000	¥6,540
9	李琦	销售部	¥3,000	¥3,500	¥2,695
11	马毅	销售部	¥3,000	¥3,500	¥2,695
16	刘雯	销售部	¥3,000	¥3,500	¥2,595

图8-56

步骤06： 选择“部门”列任意单元格，对其进行“升序”排序，在“数据”选项卡中单击“分类汇总”按钮❶，如图8-57所示。

文件 开始 插入 页面布局 公式 数据 审阅 视图

获取数据 全部刷新 排序和筛选 数据工具 预测 分级显示

获取和转换数据 查询和连接

C5

组合 取消组合 分类汇总 ❶ 显示明细数据 隐藏明细数据

分级显示

	A	B			
1	工号	姓名			
2	ST003	刘勇	财务部	经理	¥6,000
3	ST006	赵信	财务部	员工	¥4,000
4	ST013	吴乐	财务部	员工	¥4,000
5	ST005	张宇	采购部	经理	¥6,000
6	ST011	李楠	采购部	员工	¥3,000

图8-57

步骤07： 打开“分类汇总”对话框，将“分类字段”设置为“部门”❶，将“汇总方式”设置为“求和”❷，在“选定汇总项”列表框中勾选“实发工资”❸，单击“确定”按钮，如图8-58所示。

分类汇总 ? ×

分类字段(A): 部门 ❶

汇总方式(U): 求和 ❷

选定汇总项(D):

☐ 失业保险
☐ 医疗保险
☐ 住房公积金
☐ 代扣个税
☐ 缺勤扣款
☑ 实发工资 ❸

☑ 替换当前分类汇总(C)
☐ 每组数据分页(P)
☑ 汇总结果显示在数据下方(S)

全部删除(R) 确定 取消

图8-58

步骤08： 即可按照“部门”分类，对“实发工资”进行求和汇总，如图8-59所示。

	A	B	C	D	O
1	工号	姓名	部门	职务	实发工资
2	ST003	刘勇	财务部	经理	¥6,540
3	ST006	赵信	财务部	员工	¥3,465
4	ST013	吴乐	财务部	员工	¥3,465
5			财务部 汇总		¥13,470
6	ST005	张宇	采购部	经理	¥6,340
7	ST011	李楠	采购部	员工	¥2,695
8	ST014	王维	采购部	员工	¥2,695
9			采购部 汇总		¥11,730
10	ST004	孙杨	人事部	员工	¥3,080
11	ST009	吴克	人事部	经理	¥5,955
12			人事部 汇总		¥9,035
13	ST002	李欢	生产部	员工	¥3,465
14	ST007	王晓	生产部	经理	¥5,720
15	ST012	徐媛	生产部	员工	¥2,695
16			生产部 汇总		¥11,880

图8-59

步骤09： 选择“实发工资”单元格区域，在“开始”选项卡中单击“条件格式”下拉按钮❶，从列表中选择“最前/最后规则”选项❷，并从其级联菜单中选择“前10项”选项❸，如图8-60所示。

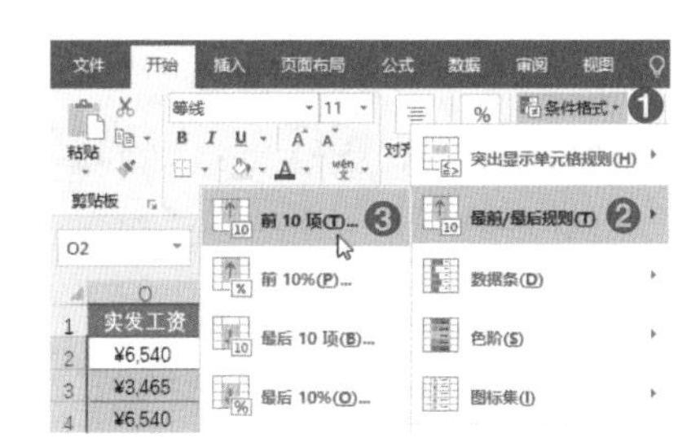

图8-60

步骤10： 打开“前10项”对话框，在数值框中输入“3”❶，在“设置为”列表中选择“浅红填充色深红色文本”❷，单击“确定”按钮即可，如图8-61所示。

	L	M	N	O
1	住房公积金	代扣个税	缺勤扣款	实发工资
2	¥1,080	¥290	¥100	¥6,540
				¥3,465
				¥6,540
				¥3,080
				¥6,340
				¥3,465
				¥5,720

前 10 项 ? ×

为值最大的那些单元格设置格式:

3 ❶ 设置为 浅红填充色深红色文本 ❷

确定 取消

图8-61

知识拓展

Q：如何管理已经创建的条件格式?

A：选中应用条件格式的单元格，单击“条件格式”下拉按钮，在列表中选择“管理规则”选项，如图8-62所示。打开“条件格式规则管理器”对话框，可以对当前条件格式进行新建、编辑或删除操作，如图8-63所示。

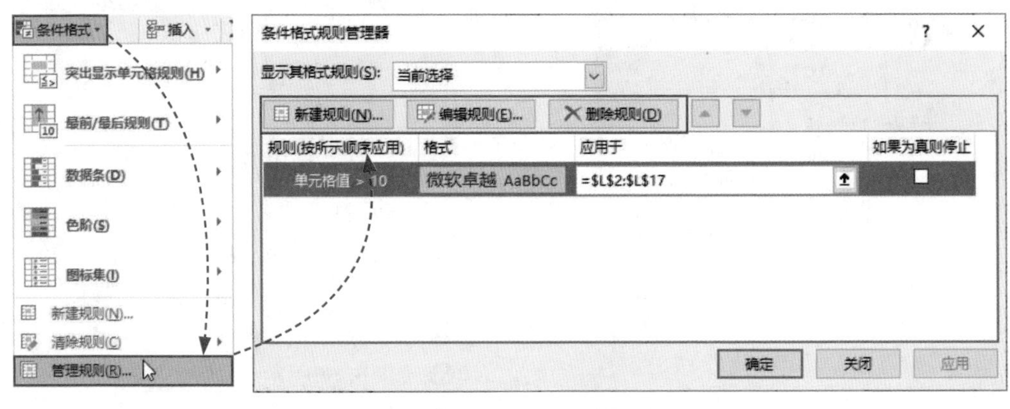

图8-62　　图8-63

Q：如何将分类汇总结果复制到新工作表中?

A：单击分类汇总左上角的“2”按钮，只显示汇总数据，在“开始”选项卡中单击“查找和选择”下拉按钮，从列表中选择“定位条件”选项，打开“定位条件”对话框，选择“可见单元格”单选按钮，单击“确定”按钮，如图8-64所示。定位汇总表中的可见单元格，接着复制粘贴汇总数据即可，如图8-65。

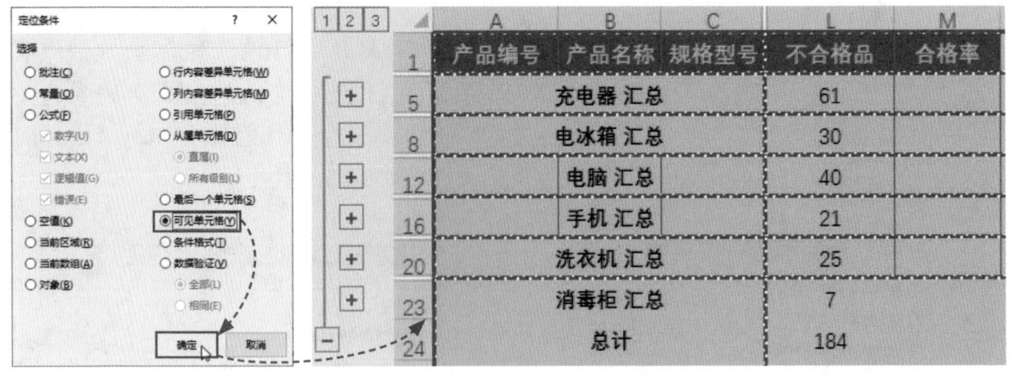

图8-64　　图8-65

Q：如何取消分类汇总?

A：打开“分类汇总”对话框，从中单击“全部删除”按钮即可。

第9章

数据透视表的应用

数据透视表是一种对大量数据快速汇总和建立交叉关系的交互式动态表格，可以帮助用户分析和组织数据。因此，数据透视表在数据分析中占有举足轻重的地位。本章将对数据透视表的应用进行详细介绍。

9.1 创建数据透视表

使用数据透视表可以实现全方位的分析，并且创建一张数据透视表也很简单，下面将进行详细介绍。

9.1.1 根据数据源创建空白数据透视表

创建数据透视表需要选中源表格中任意单元格，在“插入”选项卡中，单击“数据透视表”按钮，如图9-1所示。打开“创建数据透视表”对话框，保持对话框内默认的设置不变，单击“确定”按钮，如图9-2所示。此时，在新的工作表中创建一个空白数据透视表，并弹出一个“数据透视表字段”窗格，如图9-3所示。

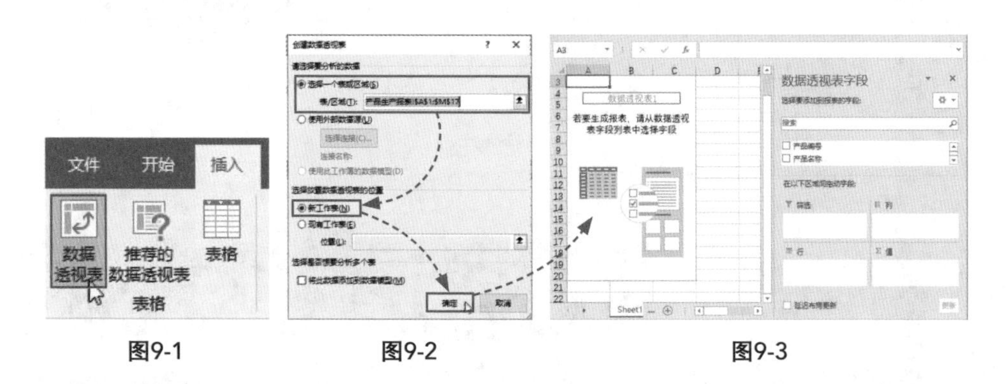

图9-1　图9-2　图9-3

9.1.2 根据数据源创建系统推荐的数据透视表

用户可以使用Excel推荐的数据透视表功能快速创建数据透视表。选择表格中任意单元格，在“插入”选项卡中单击“推荐的数据透视表”按钮，如图9-4所示。打开“推荐的数据透视表”对话框，从中选择需要的数据透视表样式，单击“确定”按钮，即可创建一个数据透视表，如图9-5所示。

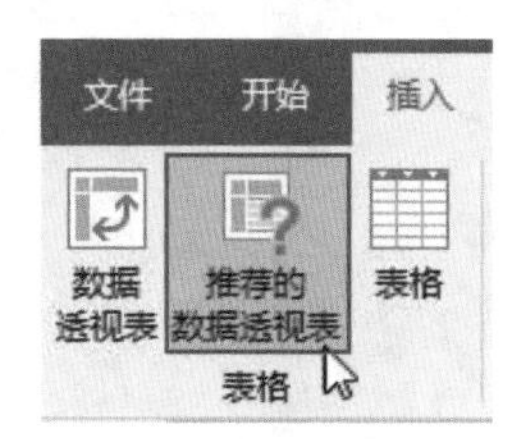

图9-4

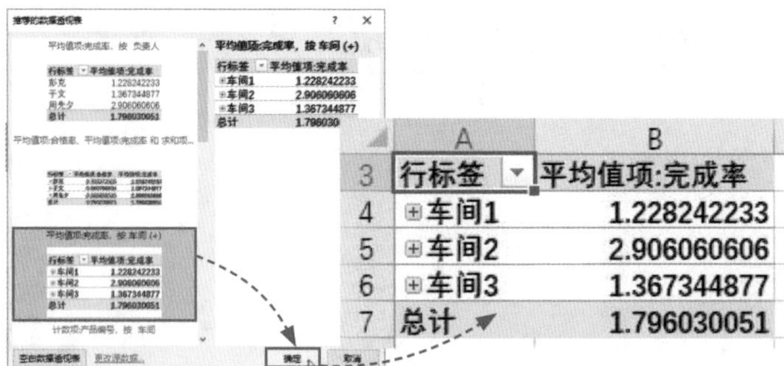

图9-5

9.2 管理数据透视表字段

创建数据透视表后，用户可以根据需要对数据透视表字段进行相应的编辑，下面将进行详细介绍。

9.2.1 添加和移动字段

创建一个空白数据透视表后，用户需要为其添加字段，并根据实际需要对字段进行移动。

（1）添加字段

在“数据透视表字段”窗格中勾选需要的字段，例如勾选“产品名称”“规格型号”“计划”“实际”字段，被勾选的字段自动出现在“数据透视表字段”的“行”区域和“值”区域，同时，相应的字段也被添加到数据透视表中，如图9-6所示。

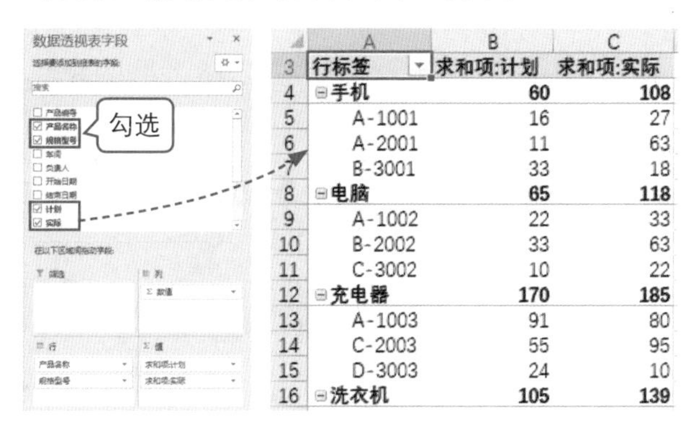

图9-6

（2）移动字段

在“行”区域中，单击选择“规格型号”字段，如图9-7所示。然后按住鼠标左键不放，向上拖动鼠标，如图9-8所示。可以将“规格型号”字段移至“产品名称”字段上方，如图9-9所示。

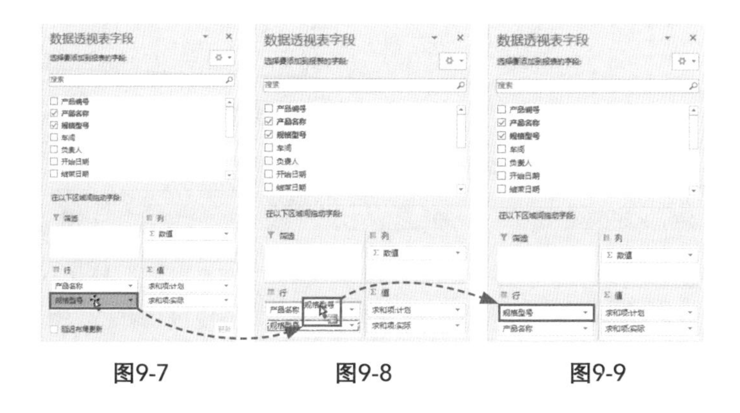

图9-7　　图9-8　　图9-9

技巧点拨：手动添加字段

在“数据透视表字段”窗格中，单击“产品名称”字段，并按住鼠标左键不放，如图9-10所示。将其拖拽至“行”区域，如图9-11所示。“产品名称”字段将出现在数据透视表中，如图9-12所示。

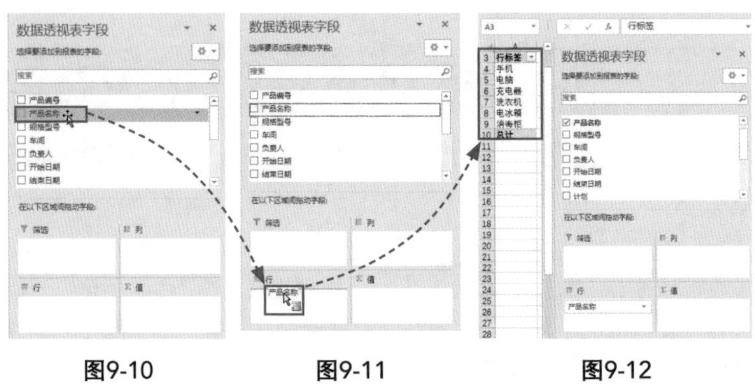

图9-10　　图9-11　　图9-12

9.2.2 重命名字段名称

当用户向“值”区域添加字段后，字段被重命名，例如，“计划”变成了“求和项：计划”，如图9-13所示。用户可以根据需要修改字段名称。

选择数据透视表中的标题字段，例如，“求和项：计划”，在“编辑栏”中输入新标题“计划生产”，如图9-14所示。按【Enter】键确认即可。

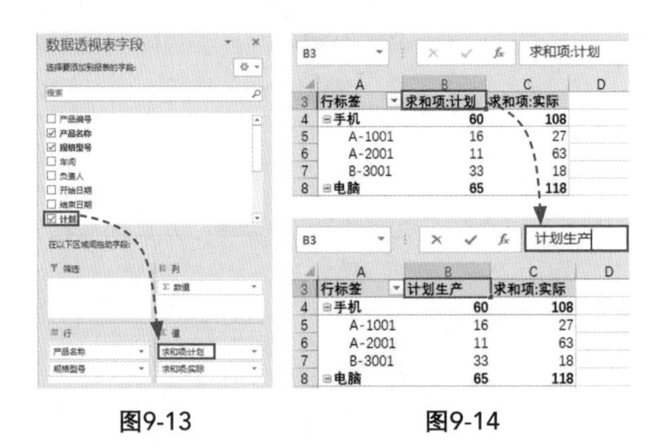

图9-13　　图9-14

9.2.3 值字段设置

创建数据透视表后，用户可以对值字段进行设置，例如更改值汇总方式。

当需要将“求和项：实际”的求和汇总方式更改为最大值汇总方式，则可以选择“求和项：实际”字段标题，在“分析”选项卡中单击“字段设置”按钮，如图9-15所示。打开“值字段设置”对话框，在“值汇总方式”选项卡中选择“最大值”计算类型，单击“确定”按钮即可，如图9-16所示。

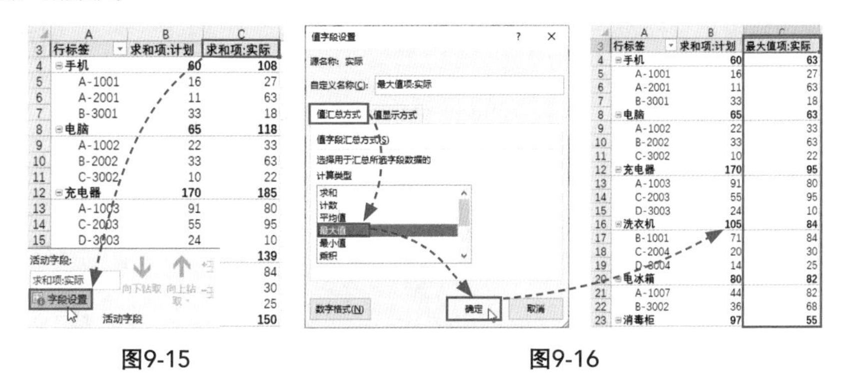

图9-15　　　　图9-16

9.2.4 添加计算字段

数据透视表创建完成后，不允许在数据透视表中添加公式进行计算。如果需要在数据透视表中执行自定义计算，则必须使用“计算字段”功能。例如，根据“计划生产”和“实际生产”，计算“完成率”字段。

选择“实际生产”字段所在单元格，在“数据透视表工具-分析”选项卡中单击“字段、项目和集”下拉按钮，从列表中选择“计算字段”选项，如图9-17所示。打开“插入计算字段”对话框，如图9-18所示。

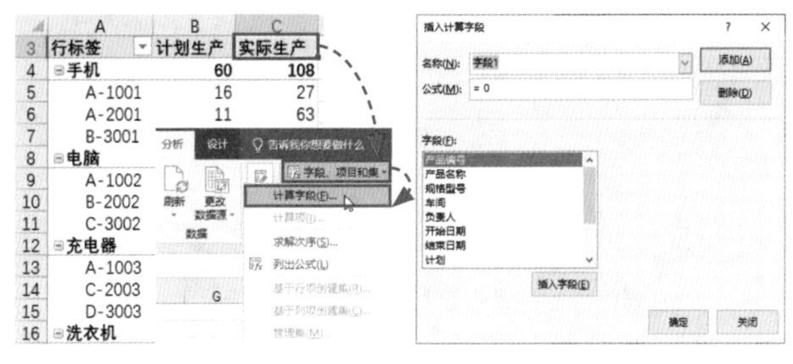

图9-17　　　　图9-18

在“名称”文本框中输入“完成率”，然后将“公式”文本框中的数据“=0”清除，通过双击“字段”列表框中的字段，输入公式“=实际/计划”，单击“添加”按钮，如图9-19所示。将定义好的计算字段添加到数据透视表中，单击“确定”按钮，此时数据透视表中新增了一个“求和项：完成率”字段，如图9-20所示。

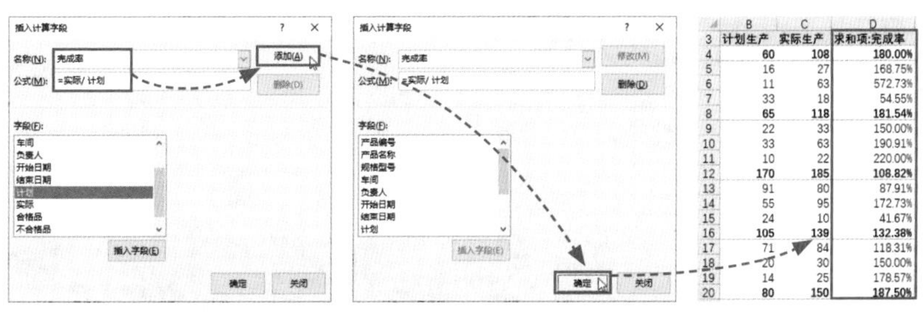

图9-19　　　　图9-20

技能应用：创建产品生产报表数据透视表

扫一扫 看视频

用户可以创建一个产品生产报表数据透视表，下面将介绍具体的操作方法。

步骤01：选择表格任意单元格，在“插入”选项卡中单击“数据透视表”按钮，如图9-21所示。

步骤02：打开“创建数据透视表”对话框，直接单击“确定”按钮，如图9-22所示。

步骤03：在“数据透视表字段”窗格中，勾选需要的字段，即可创建数据透视表，如图9-23所示。

步骤04：选择合格率值区域，将“数字格式”设置为“百分比”，如图9-24所示。

步骤05：选择“求和项：合格率”字段下的任意单元格，单击鼠标右键，从列表中选择“值汇总依据”选项，并从其级联菜单中选择“最大值”选项即可，如图9-25所示。

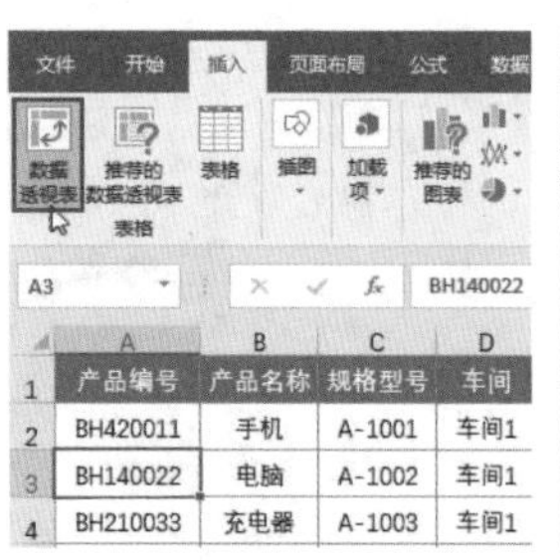

图9-21

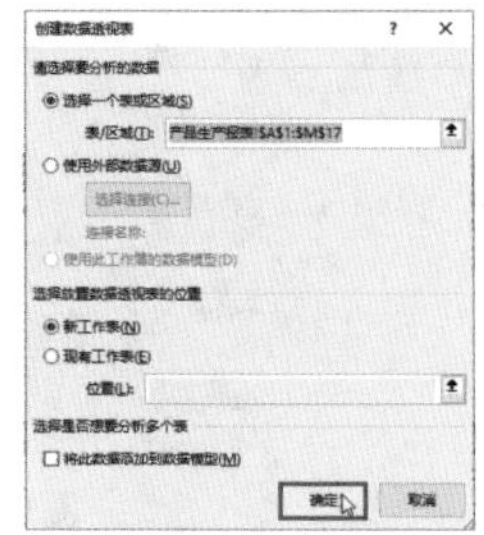

图9-22

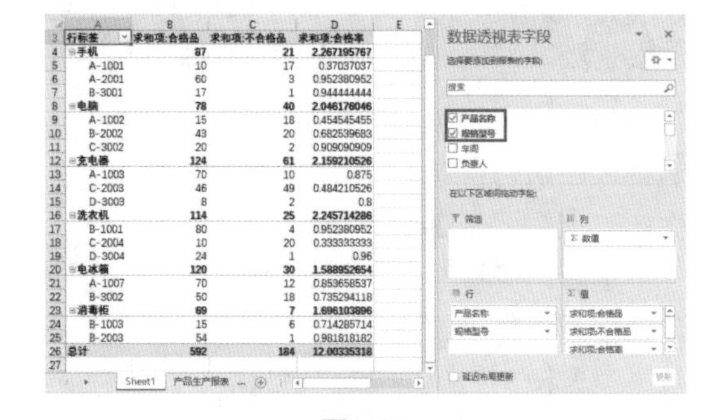

图9-23

图9-24

图9-25

9.3 编辑数据透视表

除了编辑数据透视表字段外，用户还可以对数据透视表进行编辑操作，下面将进行详细介绍。

9.3.1 获取数据透视表的数据源信息

数据透视表创建完成后，如果用户不小心将数据源删除，则可以通过以下操作找回。

选择数据透视表任意单元格，单击鼠标右键，从列表中选择“数据透视表选项”命令，如图9-26所示。打开“数据透视表选项”对话框，在“数据”选项卡中勾选“启用显示明细数据”复选框，单击“确定”按钮，如图9-27所示。

双击数据透视表的最后一个单元格，如C26单元格，即可在新的工作表中重新生成原始的数据源，如图9-28所示。

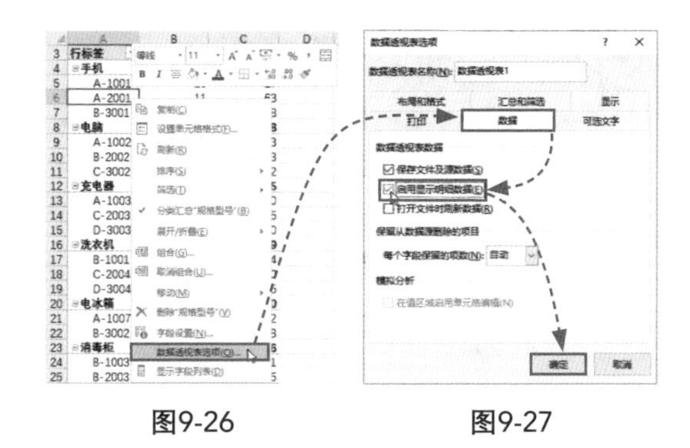

图9-26　　图9-27

产品编号	产品名称	规格型号	车间	负责人	开始日期	结束日期	计划	实际
BH420011	手机	A-1001	车间1	彭克	2021/2/5	2021/2/9	16	
BH140022	电脑	A-1002	车间1	彭克	2021/2/6	2021/2/10	22	
BH210033	充电器	A-1003	车间1	彭克	2021/2/7	2021/2/10	91	
BH100055	电冰箱	A-1007	车间1	彭克	2021/2/9	2021/2/15	44	
BH480077	手机	A-2001	车间2	周先夕	2021/2/11	2021/2/15	11	
BH250044	洗衣机	B-1001	车间1	彭克	2021/2/8	2021/2/11	71	
BH330066	消毒柜	B-1003	车间1	彭克	2021/2/10	2021/2/14	82	
BH440088	电脑	B-2002	车间2	周先夕	2021/2/12	2021/2/16	33	
BH300111	消毒柜	B-2003	车间2	周先夕	2021/2/15	2021/2/18	15	
BH400122	手机	B-3001	车间3	于文	2021/2/16	2021/2/17	33	
BH230155	电冰箱	B-3002	车间3	于文	2021/2/19	2021/2/25	36	
BH390099	充电器	C-2003	车间2	周先夕	2021/2/13	2021/2/17	55	
BH200100	洗衣机	C-2004	车间2	周先夕	2021/2/14	2021/2/15	20	
BH500133	电脑	C-3002	车间3	于文	2021/2/17	2021/2/19	10	
BH220144	充电器	D-3003	车间3	于文	2021/2/18	2021/2/22	24	
BH240166	洗衣机	D-3004	车间3	于文	2021/2/20	2021/2/26	14	

图9-28

9.3.2 刷新数据透视表

数据透视表是数据源的表现形式，当数据源发生变化时，需要对数据透视表进行相应的刷新操作。

选中数据透视表中任意单元格，在“数据透视表工具-分析”选项卡中，单击“刷新”按钮即可，如图9-29所示。或者选中数据透视表中的任意单元格，单击鼠标右键，从列表中选择“刷新”命令，如图9-30所示。

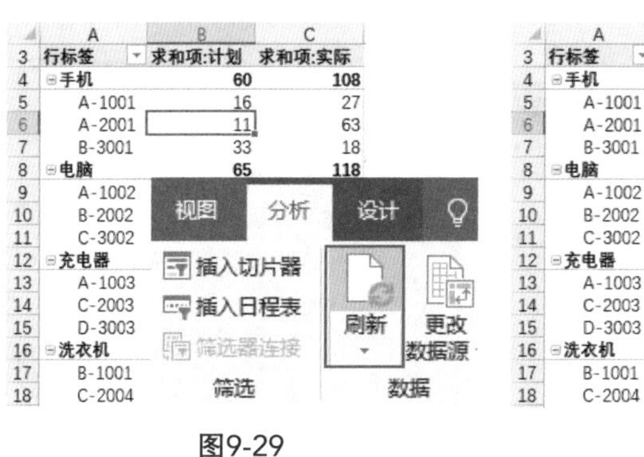

图9-29　　图9-30

技巧点拨：自动刷新数据

选中数据透视表中任意单元格，在“数据透视表工具-分析”选项卡中，单击 “选项”按钮。打开“数据透视表选项”对话框，在“数据”选项卡中勾选“打开文件时刷新数据”复选框，单击“确定”按钮即可，如图9-31所示。

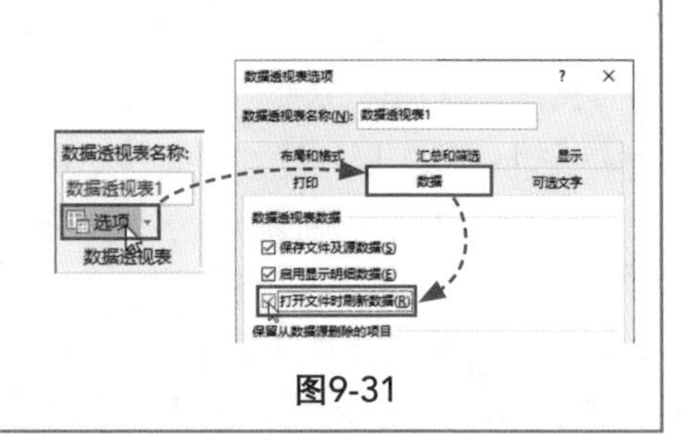

图9-31

9.3.3 删除数据透视表

当需要将数据透视表删除时，用户可以选择数据透视表任意单元格，如图9-32所示。在“分析”选项卡中单击“选择”下拉按钮，从列表中选择“整个数据透视表”选项，如图9-33所示，即可将整个数据透视表选中，如图9-34所示。按【Delete】键删除数据透视表即可。

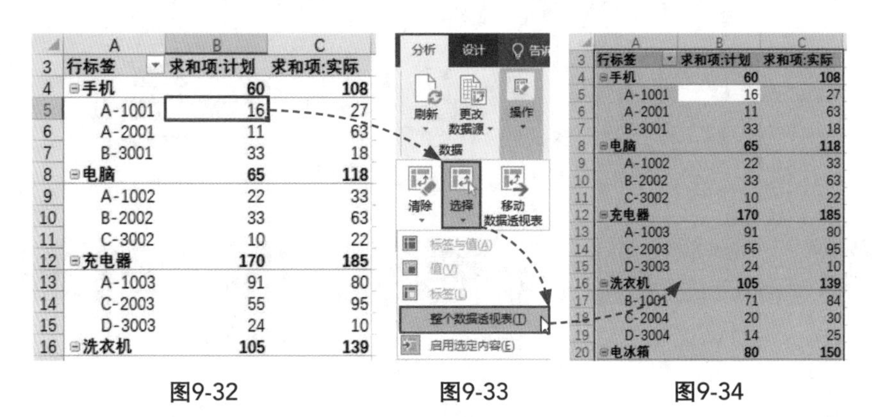

图9-32　　图9-33　　图9-34

技能应用：使用切片器筛选数据

Excel切片器提供了一种可视性极强的筛选方法，来筛选数据透视表中的数据，用户可以使用切片器功能，将“产品名称”为“充电器”的数据筛选出来。

步骤01：选择数据透视表任意单元格，在“分析”选项卡中单击“插入切片器”按钮，如图9-35所示。

步骤02：打开“插入切片器”对话框，从中勾选“产品名称”复选框，单击“确定”按钮，如图9-36所示。

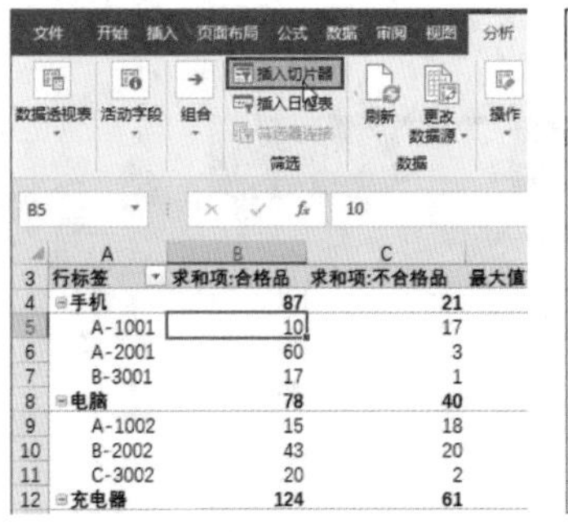

图9-35

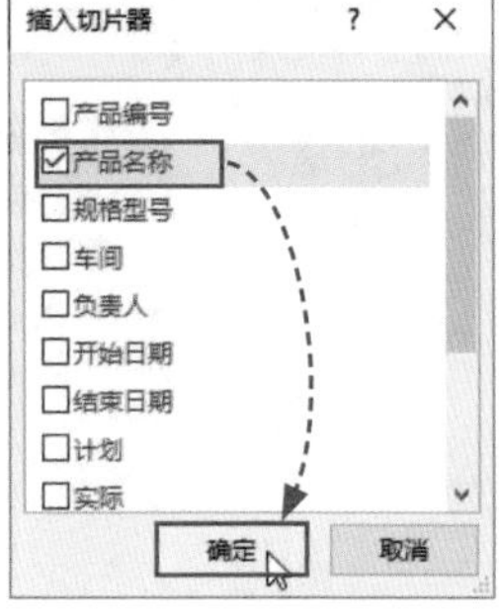

图9-36

步骤03：在数据透视表中插入一个切片器，如图9-37所示。在切片器中单击选择“充电器”选项，即可将“产品名称”为“充电器”的数据筛选出来，如图9-38所示。

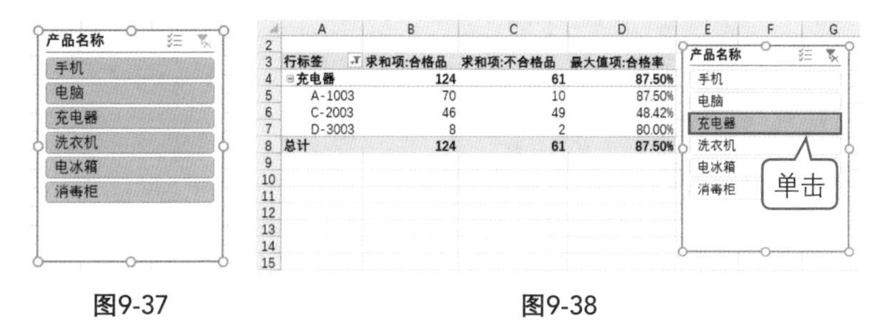

图9-37　　图9-38

9.4 数据透视图的应用

数据透视图是数据透视表内数据的一种表现方式。它通过图形的方式直观地、形象地展示数据，下面将进行详细介绍。

9.4.1 创建数据透视图

创建数据透视图的方法非常简单，用户可以通过2种方法创建。

方法一：根据数据透视表创建数据透视图

选择数据透视表任意单元格，在“分析”选项卡中单击“数据透视图”按钮，如图9-39所示。打开“插入图表”对话框，从中选择合适的图表类型，单击“确定”按钮即可，如图9-40所示。

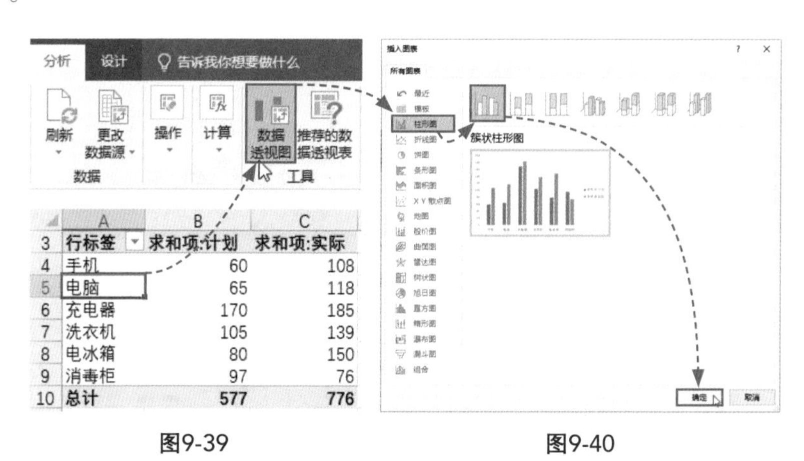

图9-39　　图9-40

方法二：根据数据源直接创建数据透视图

选择数据源表中任意单元格，在“插入”选项卡中单击“数据透视图”下拉按钮，从列表中选择“数据透视图”选项，如图9-41所示。打开“创建数据透视图”对话框，保持各选项为默认状态，单击“确定”按钮，如图9-42所示。

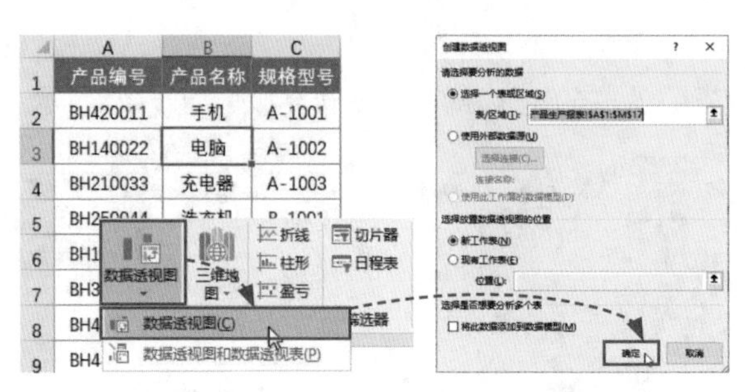

图9-41　　图9-42

此时，在新的工作表中创建一个空白的数据透视表和数据透视图，如图9-43所示。

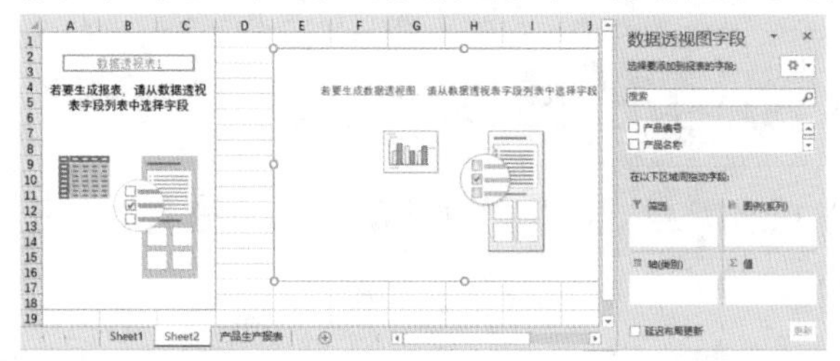

图9-43

在“数据透视图字段”窗格中勾选需要的字段，即可创建出数据透视表，并同时生成相应的数据透视图，如图9-44所示。

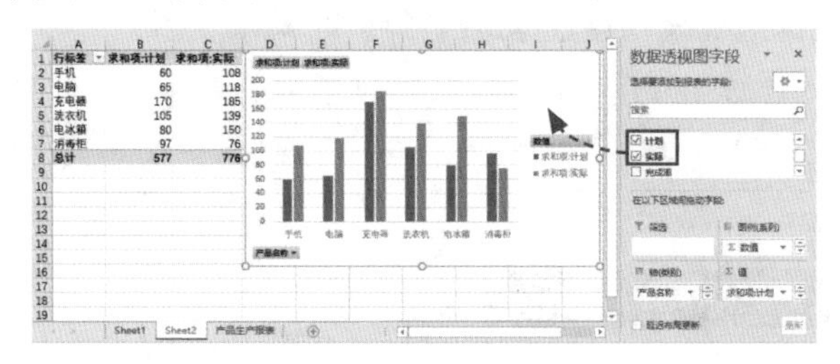

图9-44

9.4.2 更改数据透视图的类型

用户可以根据个人需要更改数据透视图的类型，只需要选中数据透视图，在“设计”选项卡中单击“更改图表类型”按钮，如图9-45所示。打开“更改图表类型”对话框，选择合适的图表，单击“确定”按钮即可，如图9-46所示。

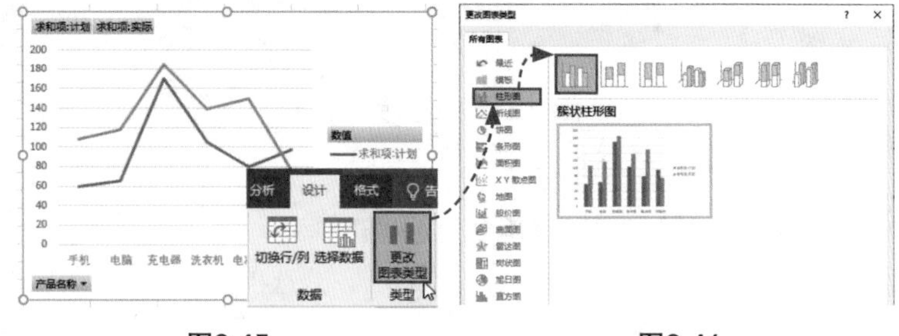

图9-45　　图9-46

技能应用：在数据透视图中执行筛选

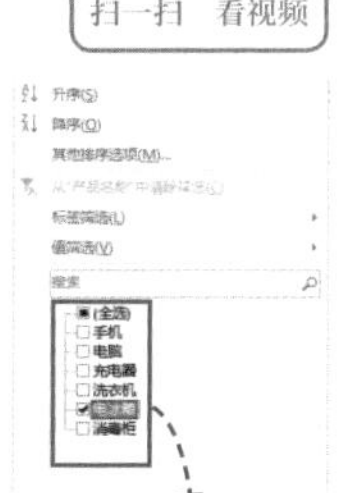

如果用户想要将数据透视图中的“电冰箱”数据筛选出来，则可以按照以下方法操作。

步骤01：选择数据透视图，单击“产品名称”字段按钮，如图9-47所示。

步骤02：从列表中取消对“全选”的勾选，并勾选“电冰箱”复选框，单击“确定”按钮，如图9-48所示。

步骤03：即可将“电冰箱”数据筛选出来，如图9-49所示。

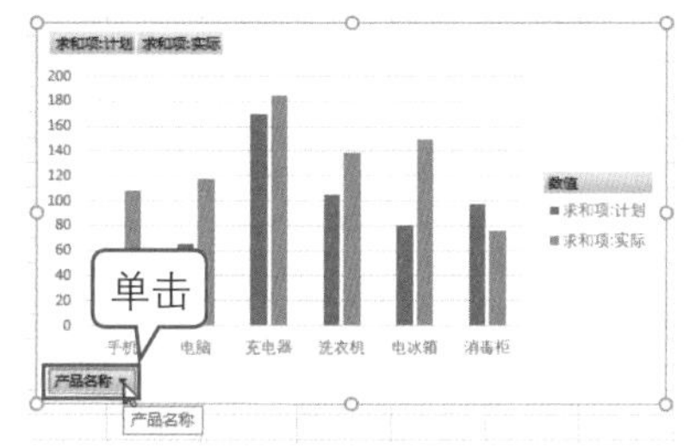

图9-47

图9-48

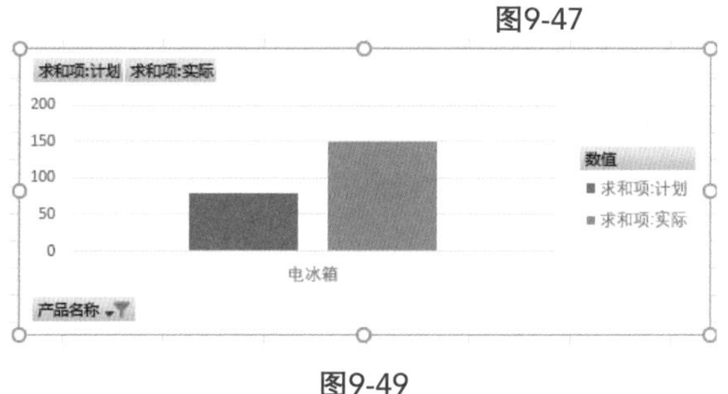

图9-49

实战演练：利用数据透视表分析员工薪资表

上一章内容是利用分类汇总的方法来分析员工薪资表，这里将利用本章所学的数据透视表相关知识来对薪资表数据进行分析，具体操作过程如下。

步骤01：选择数据透视表任意单元格，在“设计”选项卡中单击“报表布局”下拉按钮❶，从列表中选择“以表格形式显示”选项❷，如图9-50所示。

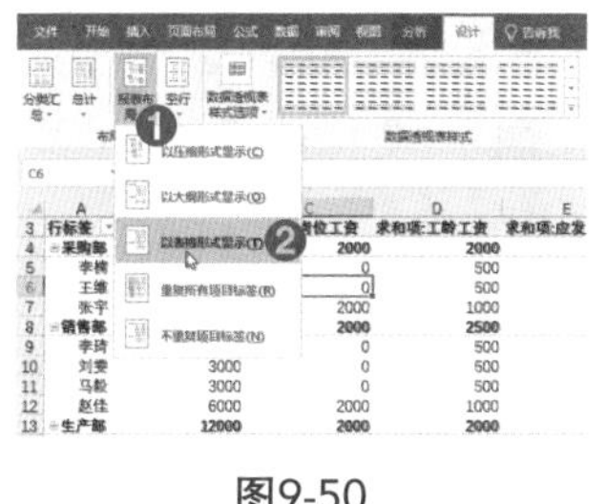

图9-50

步骤02：在“设计”选项卡中单击“数据透视表样式”选项组的“其他”下拉按钮，从列表中选择合适的样式❶，如图9-51所示。

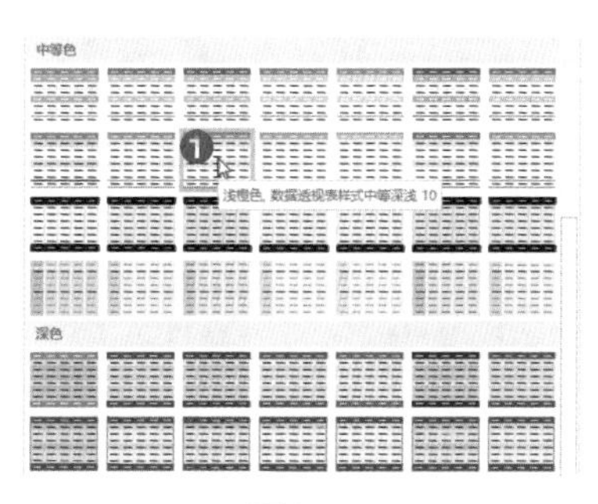

图9-51

步骤03：即可为数据透视表套用所选样式，如图9-52所示。

部门	姓名	求和项:基本工资	求和项:岗位工资	求和项:工龄工资
采购部	李楠	3000	0	500
	王维	3000	0	500
	张宇	6000	2000	1000
采购部 汇总		12000	2000	2000
销售部	李琦	3000	0	500
	刘雯	3000	0	500
	马毅	3000	0	500
	赵佳	6000	2000	1000
销售部 汇总		15000	2000	2500
生产部	李欢	4000	0	500
	王晓	5000	2000	1000
	徐媛	3000	0	500
生产部 汇总		12000	2000	2000
人事部	孙杨	3500	0	500
	吴克	5500	2000	1000
人事部 汇总		9000	2000	1500

图9-52

步骤04：在数据透视表中单击“部门”字段按钮❶，从列表中选择“降序”选项❷，如图9-53所示，即可对“部门”进行降序排序。

图9-53

步骤05：在“数据透视表字段”窗格中，单击“行”区域中的“部门”字段❶，从列表中选择“移动到报表筛选”选项❷，如图9-54所示。

图9-54

步骤06：在数据透视表中单击“部门”筛选按钮❶，从列表中选择“销售部”选项❷，单击“确定”按钮❸，如图9-55所示。

图9-55

步骤07：可以看到，“销售部”的工资信息被筛选出来了，如图9-56所示。

部门	销售部		
姓名	求和项:基本工资	求和项:岗位工资	求和项:工龄工资
李琦	3000	0	500
刘雯	3000	0	500
马毅	3000	0	500
赵佳	6000	2000	1000
总计	15000	2000	2500

图9-56

步骤08：在“分析”选项卡中单击“数据透视图”按钮❶，如图9-57所示。

图9-57

步骤09：打开“插入图表”对话框，从中选择

“柱形图”选项❶，并选择“簇状柱形图”❷，如图9-58所示。单击“确定”按钮。

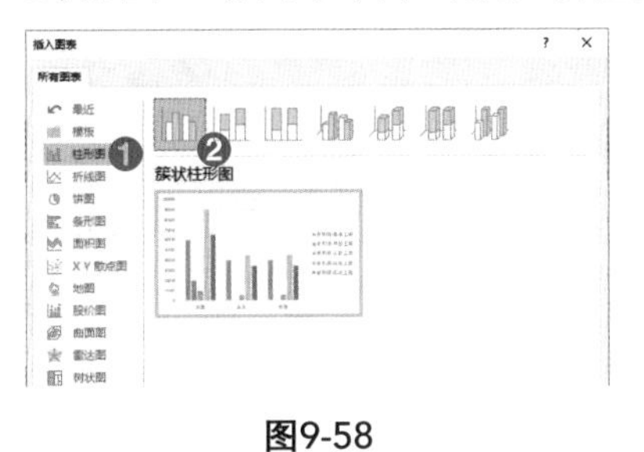

图9-58

步骤10：可以看到，创建了一个数据透视图，如图9-59所示。

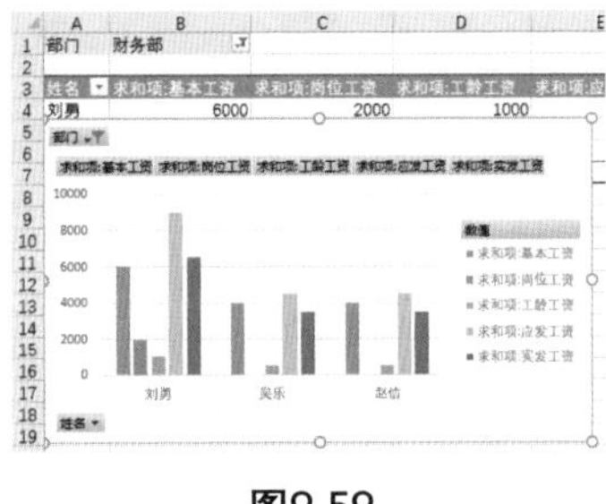

图9-59

知识拓展

Q：如何展开与折叠活动字段？

A：选择任意字段，在“分析”选项卡中单击“折叠字段”按钮，即可折叠活动字段，如图9-60所示。单击“展开字段”按钮，即可展开字段，如图9-61所示。

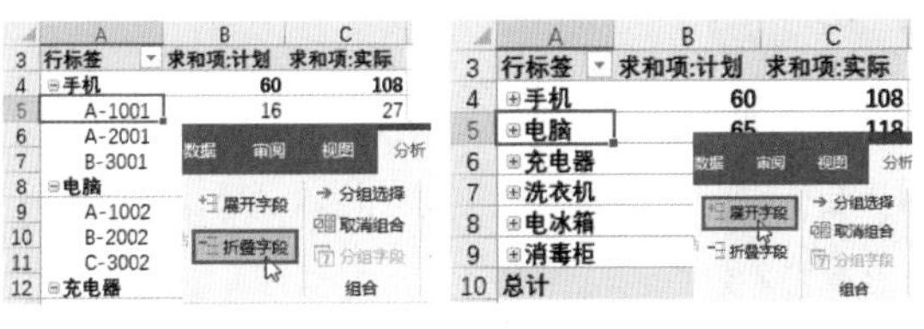

图9-60　　图9-61

Q：如何显示或隐藏字段列表？

A：在“分析”选项卡中单击“字段列表”按钮，即可显示“数据透视表字段”窗格，如图9-62所示。单击数据透视表以外的单元格，即可隐藏该窗格。

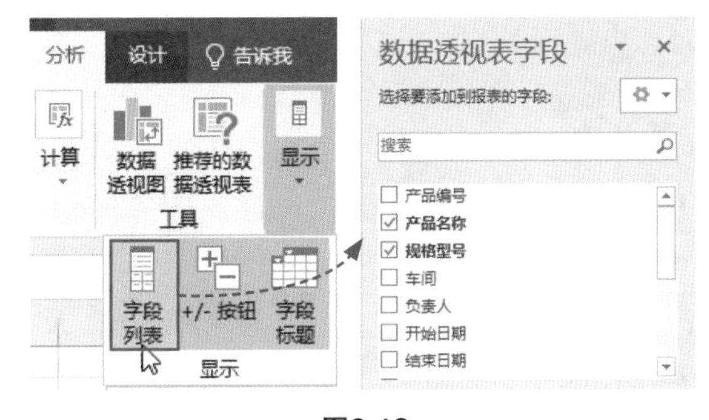

图9-62

Q：如何更改值显示方式？

A：在“数据透视表字段”窗格中，单击“值”区域中的字段，从列表中选择“值字段设置”选项，如图9-63所示。打开“值字段设置”对话框，在“值显示方式”选项卡中单击下拉按钮，从列表中选择需要的显示方式即可，如图9-64所示。

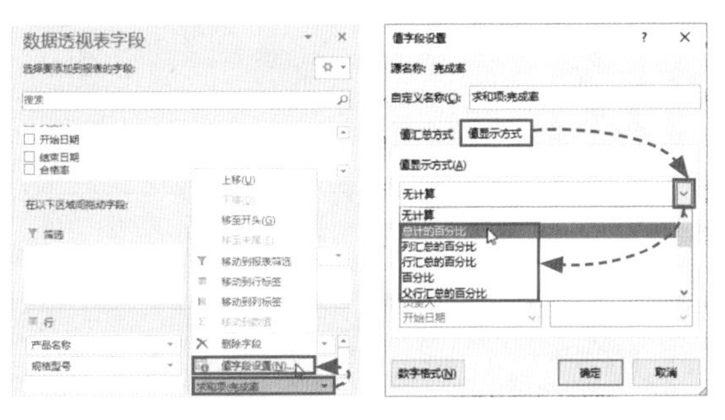

图9-63　　图9-64

第10章

Excel图表的应用

Excel提供了多种图表类型，用户可以根据需要创建所需图表。用图表来展示数据，不仅可以直观地体现数据之间的各种对应关系和变化趋势，而且有助于理解和记忆数据。本章将对Excel图表的应用进行详细介绍。

10.1 认识Excel图表

图表是图形化的数据，使那些抽象、烦琐的数据报告变得更形象、具体，下面将进行详细介绍。

10.1.1 图表的用途

在工作中最常用到的图表为柱形图、折线图、条形图、饼图等。

（1）柱形图

柱形图常用于多个类别的数据比较，例如，收入和支出对比，如图10-1所示。

（2）折线图

折线图主要用来表现趋势，折线图侧重于数据点的数值随时间推移的大小变化，例如，用折线图展示销量走势，如图10-2所示。

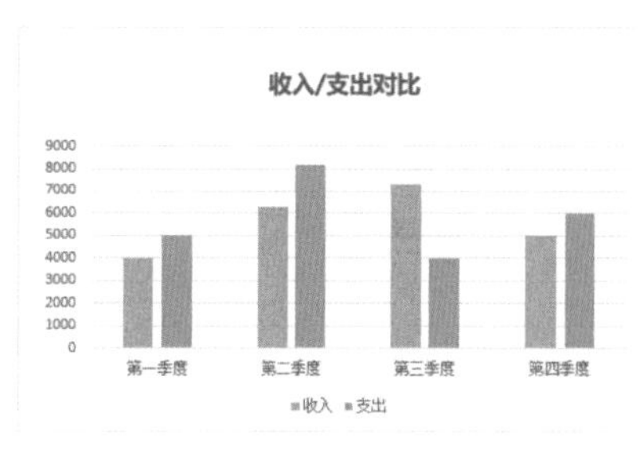

图10-1

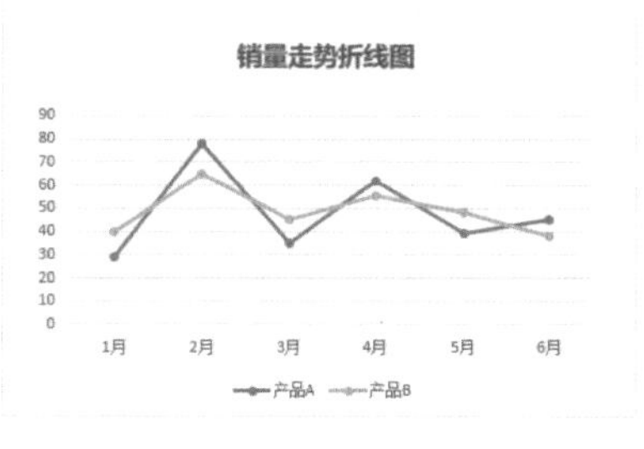

图10-2

（3）条形图

条形图更适合多个类别的数值大小比较，常用于表现排行名次，例如，对员工业绩进行排名，如图10-3所示。

（4）饼图

饼图常用来表达一组数据的百分比占比关系。例如，使用饼图展示成交量占比，如图10-4所示。

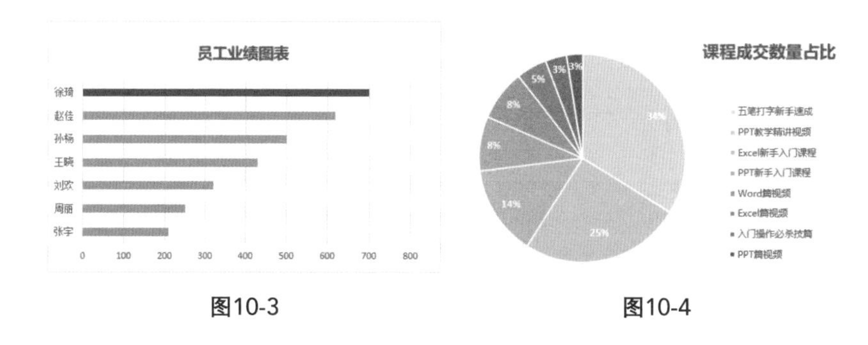

图10-3　　图10-4

10.1.2 图表的类型

Excel为用户提供17种类型的图表，如柱形图、折线图、饼图、条形图、面积图、XY散点图、地图、股价图、曲面图、雷达图、树状图、旭日图、直方图、箱形图、瀑布图、漏斗图、组合，如图10-5所示。

用户可以根据需要创建所需图表类型。

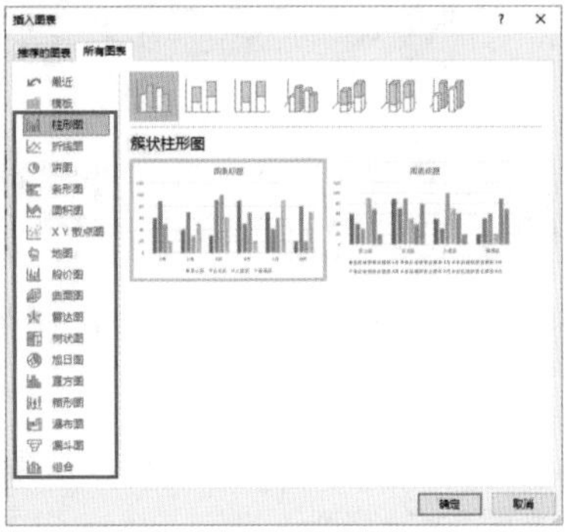

图10-5

10.2 创建Excel图表

了解图表的类型后，用户可以根据实际情况来创建图表，并对图表进行编辑，下面将进行详细介绍。

10.2.1 插入所需图表

插入图表其实很简单，用户只需要选择数据区域后，在“插入”选项卡中单击“推荐的图表”按钮，在打开的“插入图表”对话框中选择需要的图表类型，单击“确定”按钮即可，如图10-6所示。

或者，选择数据区域后，打开“插入”选项卡，在“图表”选项组中，单击选择合适的图表类型即可，如图10-7所示。

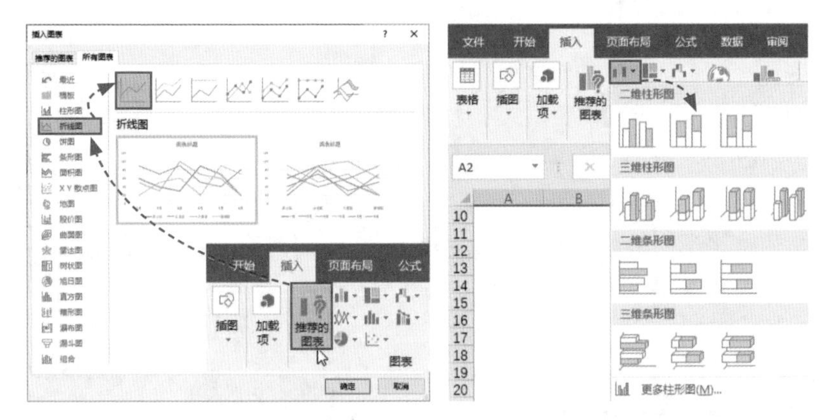

图10-6　　图10-7

技巧点拨：使用快捷键创建图表

选中数据区域，然后按【Alt+F1】组合键，即可在数据所在的工作表中创建一个图表；按【F11】功能键，可以创建一个名为Chart1的图表工作表。

10.2.2 调整图表类型

如果用户创建的图表类型不符合要求，则可以直接更改图表类型。选择图表，在“图表工具-设计”选项卡中单击“更改图表类型”按钮，如图10-8所示。打开“更改图表类型”对话框，在“所有图表”选项卡中选择需要的图表类型，如图10-9所示。单击“确定”按钮，即可将图表更改为所选图表类型。

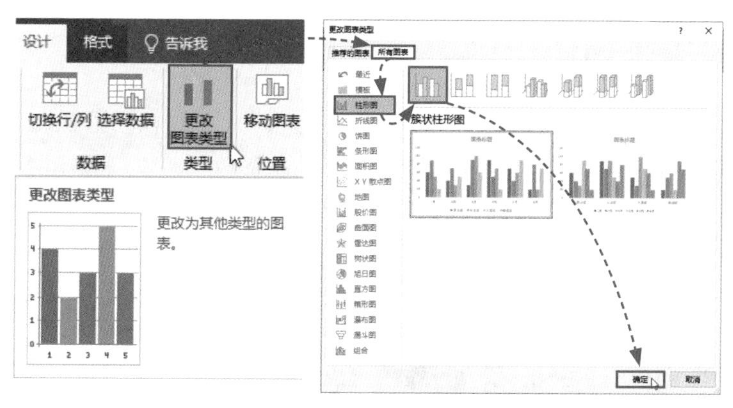

图10-8　　图10-9

10.2.3 添加数据标签

为图表添加数据标签，可以直观地显示数据。默认情况下，数据标签与工作表中的数据是链接的，是随着数据的变化而变化的。选择图表，在“设计”选项卡中单击“添加图表元素”下拉按钮，从列表中选择“数据标签”选项，并从其级联菜单中选择合适的位置即可，如图10-10所示。

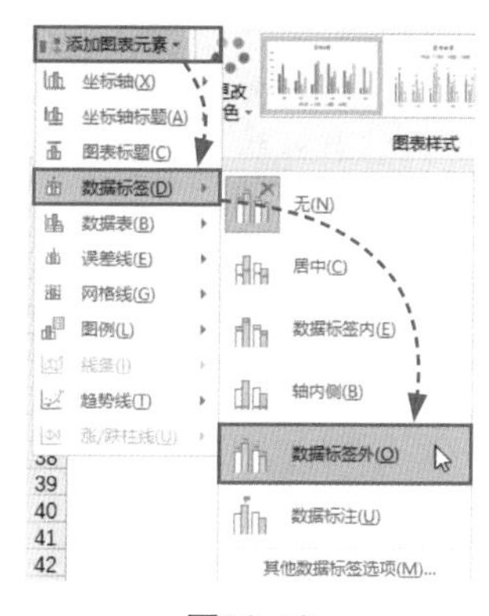

图10-10

技巧点拨：删除数据标签

如果需要删除数据标签，则选择图表，单击“添加图表元素”下拉按钮，从列表中选择“数据标签”选项，并从其级联菜单中选择“无”选项即可。

10.2.4 添加/删除数据系列

在柱形图中，图表中的柱形就是数据系列，用户可以根据需要添加或删除数据系列。

（1）添加数据系列

选择图表，将鼠标移至数据表中的小方块上，如图10-11所示。按住鼠标左键不放，向外拖动鼠标，引用数据区域，即可添加数据系列，如图10-12所示。

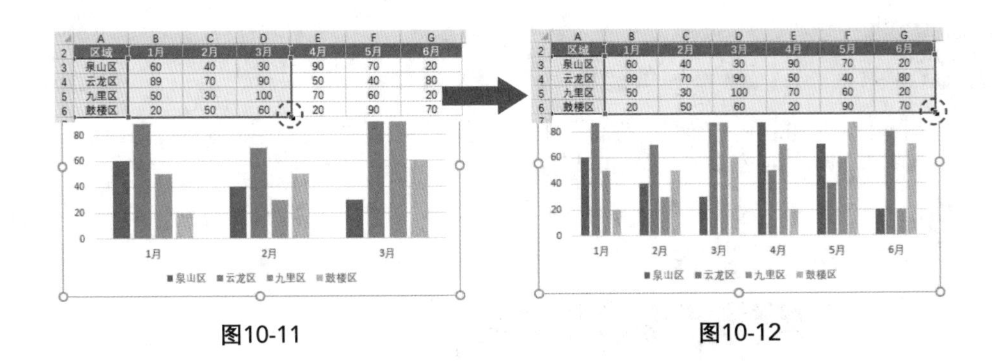

图10-11　　图10-12

或者，在“设计”选项卡中单击“选择数据”按钮，打开“选择数据源”对话框，单击“图表数据区域”右侧的按钮，如图10-13所示。重新选择数据区域，如图10-14所示，即可添加数据系列。

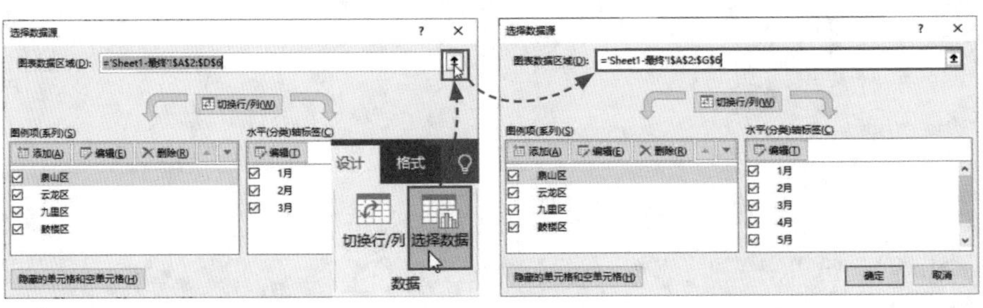

图10-13　　图10-14

（2）删除数据系列

选择图表，然后选择某个数据系列，如图10-15所示。直接按【Delete】键，可以删除数据系列，如图10-16所示。

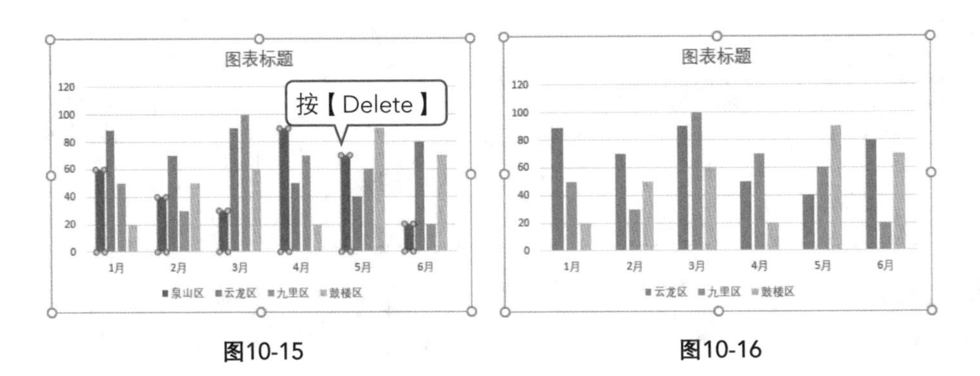

图10-15　　图10-16

技能应用：创建各区域销售业绩图表

为了更直观地展示各区域销售业绩，可以创建一个图表，下面将介绍具体的操作方法。

步骤01： 选择A2：G6单元格区域，在"插入"选项卡中单击"插入柱形图或条形图"下拉按钮，如图10-17所示。

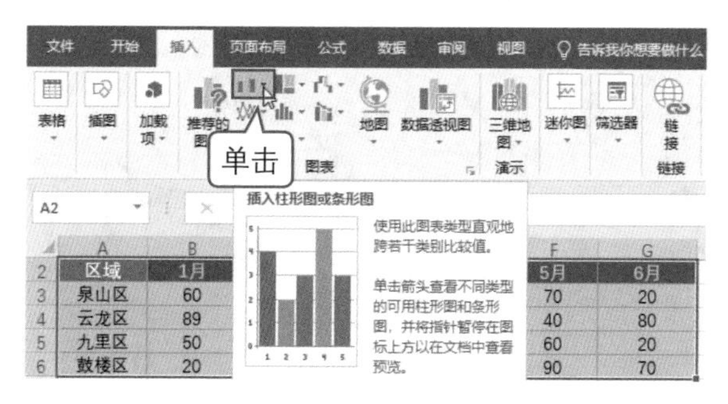

图10-17

步骤02： 从列表中选择"簇状柱形图"选项，即可插入一个柱形图，如图10-18所示。

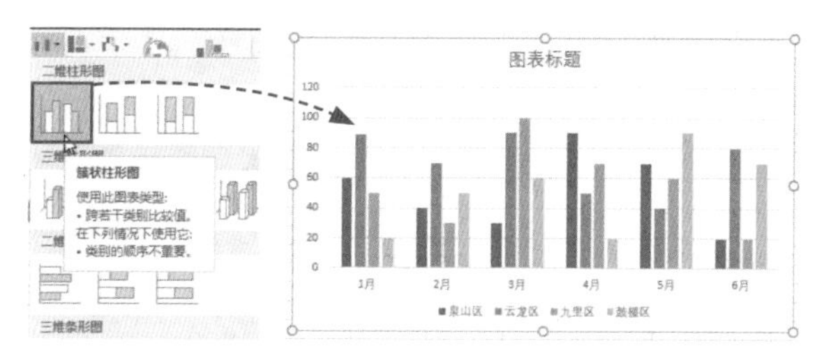

图10-18

步骤03： 选择"图表标题"文本，将其更改为"各区域销售业绩图表"，如图10-19所示。

步骤04： 选择图表，在"设计"选项卡中单击"添加图表元素"下拉按钮，从列表中选择"数据标签"选项，并选择"数据标签外"选项，为图表添加数据标签，如图10-20所示。

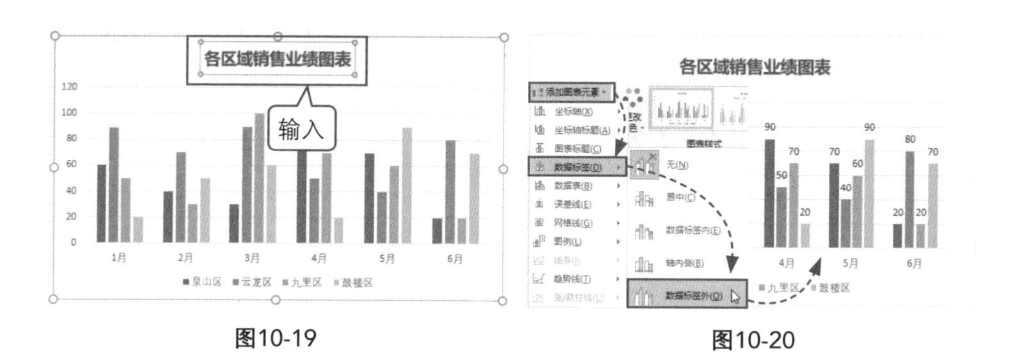

图10-19　　　　图10-20

10.3 美化Excel图表

图表创建完成后，如果想让图表更加突出，用户还需要对图表进行美化，下面将进行详细介绍。

10.3.1 应用图表样式

Excel内置了多种图表样式，用户可以直接将样式应用到创建的图表上。选择图表，在“设计”选项卡中单击“图表样式”选项组的“其他”下拉按钮，从展开的列表中选择合适的图表样式即可，如图10-21所示。

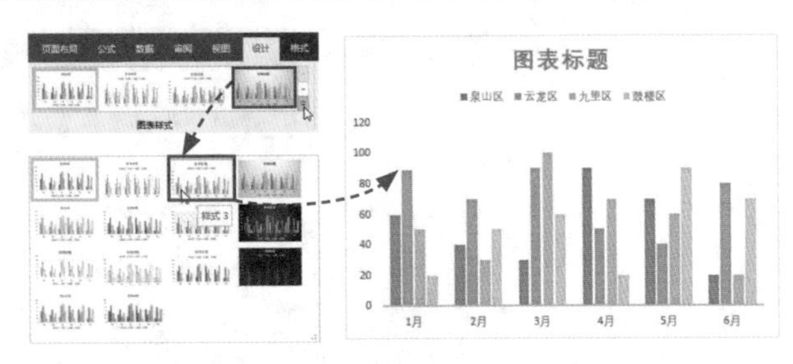

图10-21

10.3.2 设置图表背景

用户可以为图表设置颜色、图片、纹理或图案背景。选择图表，单击鼠标右键，从弹出的快捷菜单中选择“设置图表区域格式”命令，如图10-22所示。打开“设置图表区格式”窗格，选择“填充与线条”选项卡，在“填充”选项组中，可以为图表设置纯色填充、渐变填充、图片或纹理填充、图案填充背景，如图10-23所示。

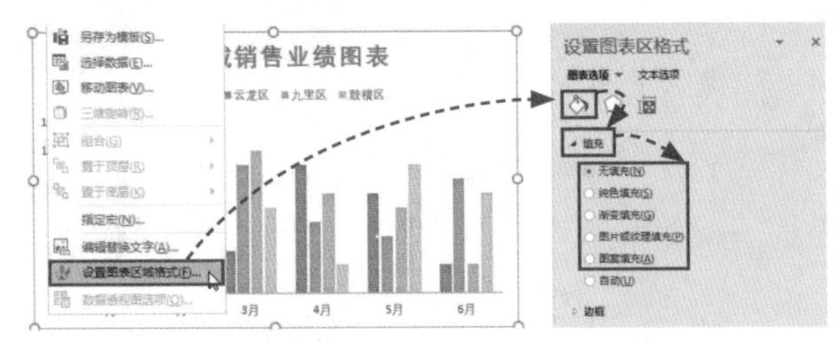

图10-22　图10-23

技能应用：为图表设置图片背景

扫一扫　看视频

为了使图表看起来更加赏心悦目，用户可以为其设置一个图片背景，下面将介绍具体的操作方法。

步骤01： 选择图表，单击其右上方的“图表元素”按钮，从展开的面板中取消对“网格线”复选框的勾选，如图10-24所示。

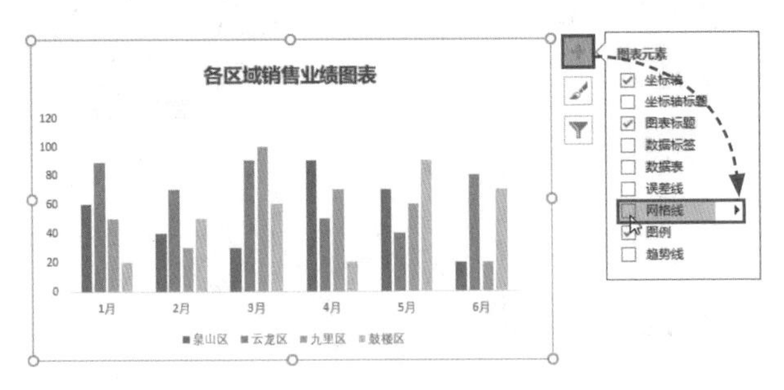

图10-24

步骤02：在“设计”选项卡中单击“更改颜色”下拉按钮，从列表中选择合适的颜色，如图10-25所示。

步骤03：选择图表，单击鼠标右键，从弹出的快捷菜单中选择“设置图表区域格式”命令，打开“设置图表区格式”窗格，在“填充”选项中选择“图片或纹理填充”单选按钮，单击“文件”按钮，如图10-26所示。

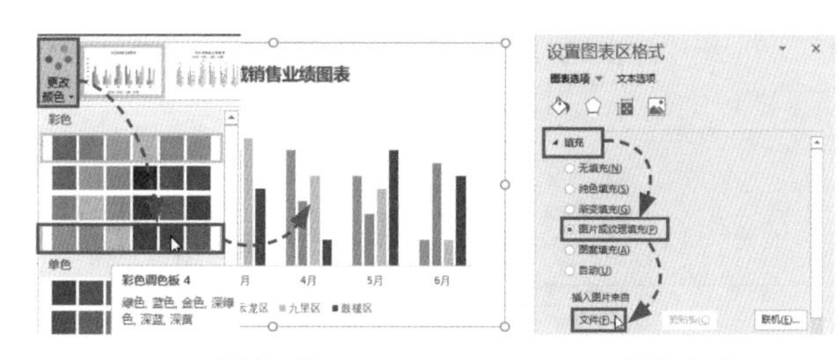

图10-25　　图10-26

步骤04：打开“插入图片”对话框，从中选择合适的图片，单击“插入”按钮，如图10-27所示，即可为图表设置图片背景，如图10-28所示。

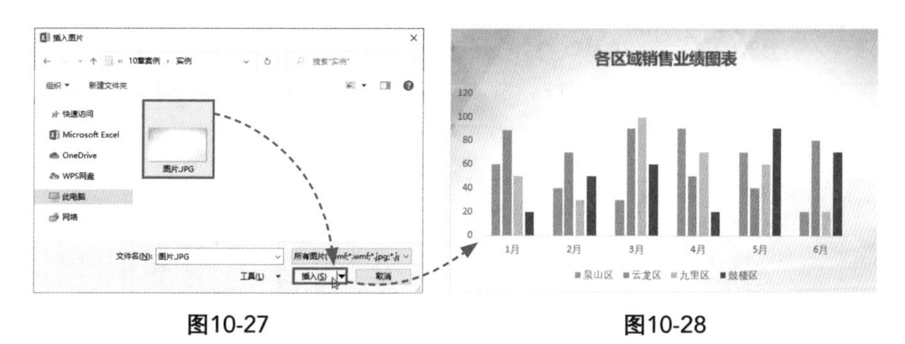

图10-27　　图10-28

10.4 迷你图的应用

迷你图是在单元格中直观地展示一组数据变化趋势的微型图表，使用迷你图可以快速、有效地比较数据，帮助用户直观地了解数据的变化趋势，下面将进行详细介绍。

10.4.1 创建迷你图

Excel为用户提供了3种迷你图类型，分别为折线、柱形和盈亏迷你图。用户可以根据需要进行创建。选择单元格，在“插入”选项卡中，单击“迷你图”选项组的一种迷你图类型，这里单击“折线”按钮，如图10-29所示。

	A	B	C	D	E			H
1			各区域销售业绩表					
2	区域	1月	2月	3月	4月			迷你图
3	泉山区	60	40	30	90			
4	云龙区	89	70	90	50			
5	九里区	50	30	100	70	60	20	
6	鼓楼区	20	50	60	20	90	70	

折线　柱形　盈亏
迷你图

图10-29

打开“创建迷你图”对话框，从中设置“数据范围”，单击“确定”按钮，如图10-30所示，即可创建单个迷你图，如图10-31所示。

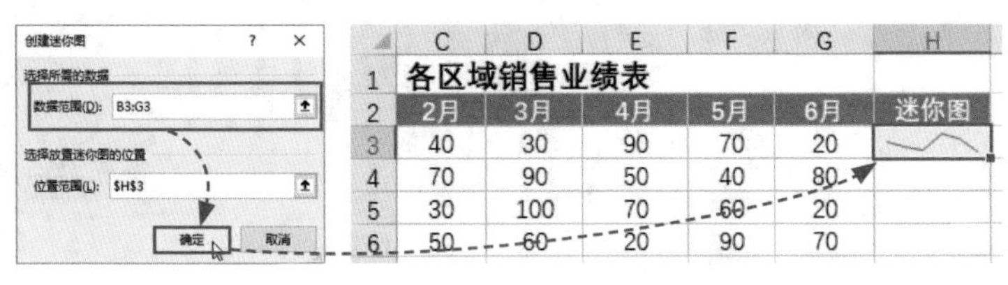

图10-30　　图10-31

10.4.2 快速填充迷你图

填充迷你图是创建单个迷你图后，将该迷你图的特征填充至相邻的单元格区域。

方法一：填充柄填充法

选择迷你图所在单元格，将光标移至该单元格右下角，按住鼠标左键不放，向下拖动鼠标，即可填充迷你图，如图10-32所示。

	A	B	C	D	E	F	G	H
1	各区域销售业绩表							
2	区域	1月	2月	3月	4月	5月	6月	迷你图
3	泉山区	60	40	30	90	70	20	
4	云龙区	89	70	90	50	40	80	
5	九里区	50	30	100	70	60	20	
6	鼓楼区	20	50	60	20	90	70	
7								

图10-32

方法二：快捷键填充法

选择包含迷你图的单元格区域，按【Ctrl+D】组合键，即可填充迷你图，如图10-33所示。

按【Ctrl+D】

	A	B	C	D	E	F	G	H
1	各区域销售业绩表							
2	区域	1月	2月	3月	4月	5月	6月	迷你图
3	泉山区	60	40	30	90	70	20	
4	云龙区	89	70	90	50	40	80	
5	九里区	50	30	100	70	60	20	
6	鼓楼区	20	50	60	20	90	70	
7								

图10-33

10.4.3 更改迷你图类型

如果创建的迷你图不合适，则可以更改一组迷你图。选择迷你图，打开“迷你图工具-设计”选项卡，在“类型”选项组中选择迷你图类型，这里选择“折线”，即可将一组柱形迷你图，更改为折线迷你图，如图10-34所示。

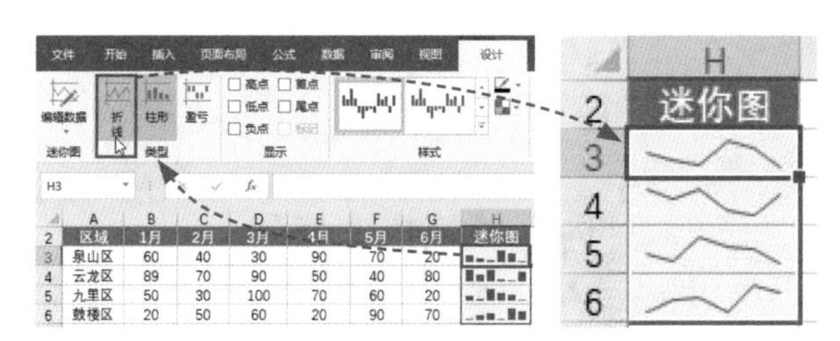

	A	B	C	D	E	F	G	H
2	区域	1月	2月	3月	4月	5月	6月	迷你图
3	泉山区	60	40	30	90	70	20	
4	云龙区	89	70	90	50	40	80	
5	九里区	50	30	100	70	60	20	
6	鼓楼区	20	50	60	20	90	70	

图10-34

此外，如果想要更改其中一个迷你图，则需要选择迷你图，在“设计”选项卡中单击“取消组合”按钮，如图10-35所示。

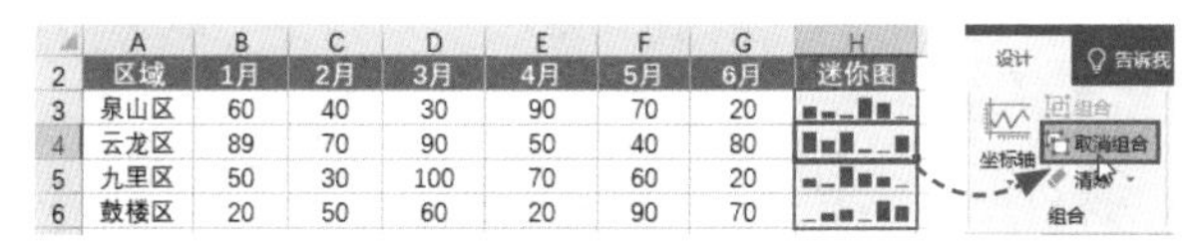

	A	B	C	D	E	F	G	H
2	区域	1月	2月	3月	4月	5月	6月	迷你图
3	泉山区	60	40	30	90	70	20	
4	云龙区	89	70	90	50	40	80	
5	九里区	50	30	100	70	60	20	
6	鼓楼区	20	50	60	20	90	70	

图10-35

接着在“类型”选项组中单击“折线”按钮，即可将单个迷你图更改为折线迷你图，如图10-36所示。

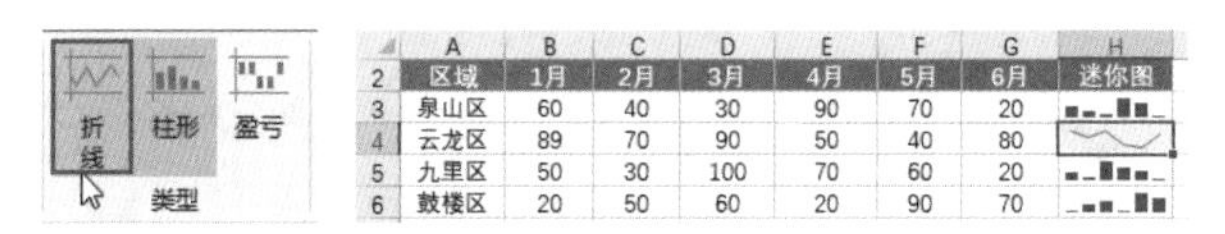

	A	B	C	D	E	F	G	H
2	区域	1月	2月	3月	4月	5月	6月	迷你图
3	泉山区	60	40	30	90	70	20	
4	云龙区	89	70	90	50	40	80	
5	九里区	50	30	100	70	60	20	
6	鼓楼区	20	50	60	20	90	70	

图10-36

新手误区：删除迷你图

有的用户会通过选择迷你图后，按【Delete】键的方式删除迷你图，但这种方法并不能删除，需要选择迷你图后，在“设计”选项卡中，单击“清除”下拉按钮，从列表中选择“清除所选的迷你图”或“清除所选的迷你图组”选项即可，如图10-37所示。

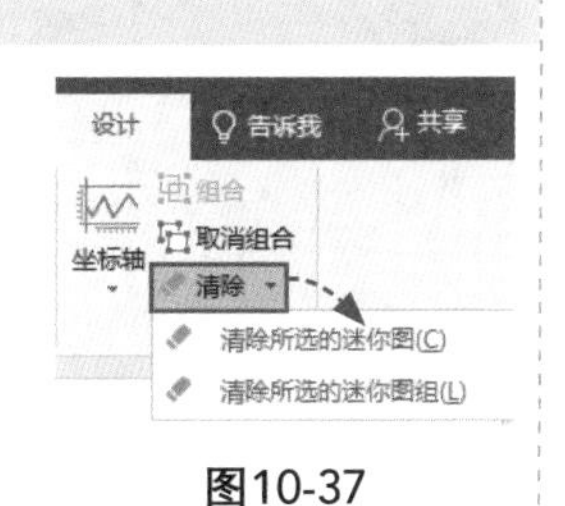

图10-37

技能应用：美化迷你图

扫一扫　看视频

创建迷你图后，用户还可以对迷你图进行相应的美化操作，下面将介绍具体的操作方法。

步骤01：选择迷你图，在“设计”选项卡的“显示”选项组中勾选“高点”和“低点”复选框，为迷你图添加标记点，如图10-38所示。

	A	B	C	D	E	F	G	H
1	各区域销售业绩表							
2	区域	1月	2月	3月	4月	5月	6月	迷你图
3	泉山区	60	40	30	90	70	20	
4	云龙区	89	70	90	50	40	80	
5	九里区	50	30	100	70	60	20	
6	鼓楼区	20	50	60	20	90	70	

图10-38

步骤02：单击“迷你图颜色”下拉按钮，从列表中选择合适的颜色，再次打开该列表，从中选择“粗细”选项，并从其级联菜单中选择“1.5磅”，如图10-39所示。

	C	D	E	F	G	H
1	各区域销售业绩表					
2	2月	3月	4月	5月	6月	迷你图
3	40	30	90	70	20	
4	70	90	50	40	80	
5	30	100	70	60	20	
6	50	60	20	90	70	

图10-39

步骤03：单击“标记颜色”下拉按钮，从列表中选择“高点”选项，并从其级联菜单中选择合适的颜色，按照同样的方法，设置“低点”颜色，如图10-40所示。

步骤04：即可完成迷你图的美化操作，如图10-41所示。

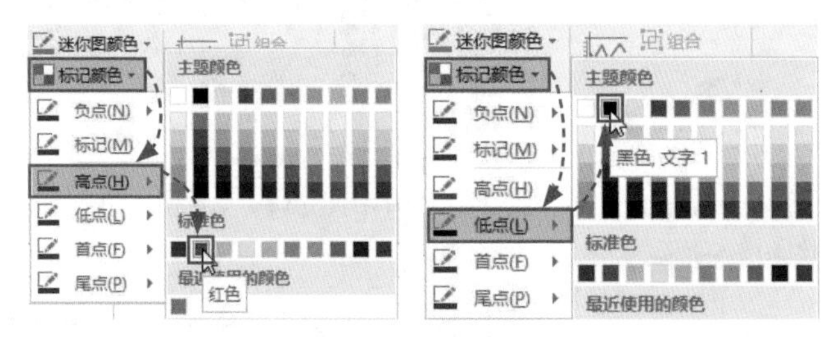

图10-40

	A	B	C	D	E	F	G	H
1	各区域销售业绩表							
2	区域	1月	2月	3月	4月	5月	6月	迷你图
3	泉山区	60	40	30	90	70	20	
4	云龙区	89	70	90	50	40	80	
5	九里区	50	30	100	70	60	20	
6	鼓楼区	20	50	60	20	90	70	

图10-41

实战演练：制作产品生产成本对比图表

为了对比上年数和本年数的产品生产成本，用户可以创建图表，下面将介绍具体的操作方法。

步骤01：选择A1：C5单元格区域，在“插入”选项卡中单击“插入柱形图或条形图”下拉按钮❶，从列表中选择“簇状柱形图”选项❷，如图10-42所示。

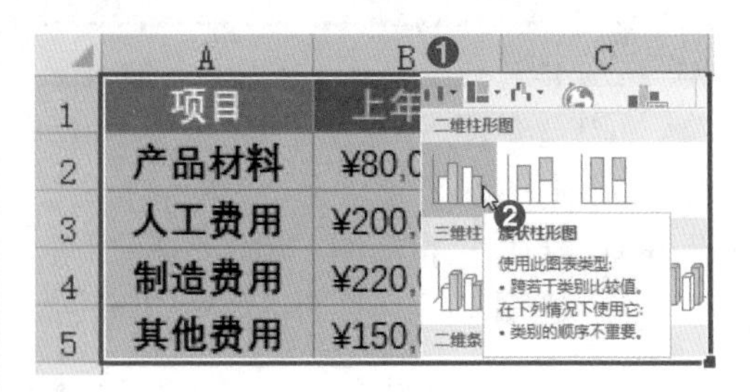

图10-42

步骤02：插入图表后，输入“图表标题”❶，如图10-43所示。

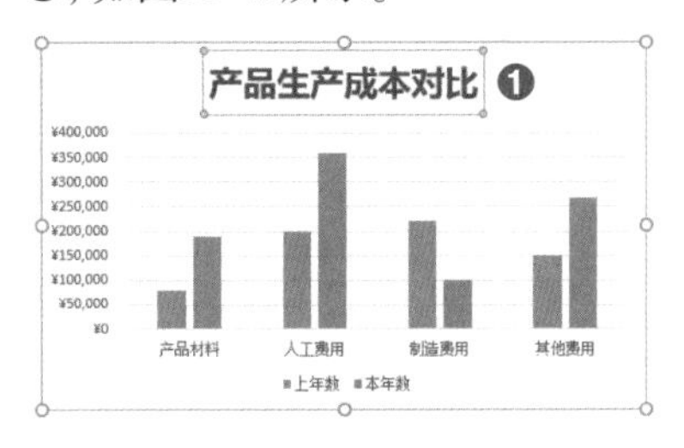

图10-43

步骤03：选择图表，在“设计”选项卡中单击“添加图表元素”下拉按钮❶，从列表中选择“网格线”选项❷，并从其级联菜单中取消选中“主轴主要水平网格线”选项❸，如图10-44所示。

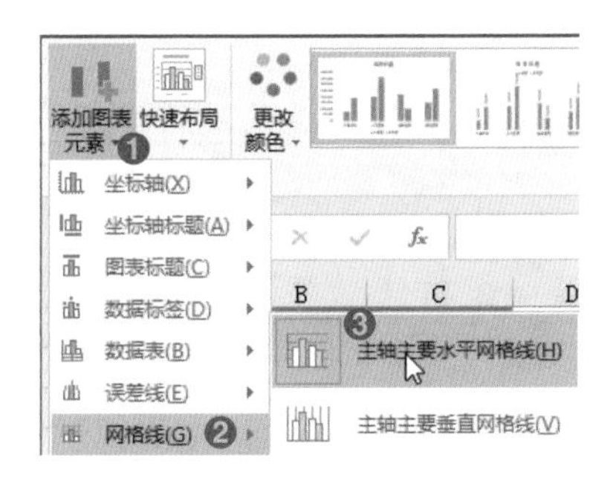

图10-44

步骤04：选择“绘图区”，在“格式”选项卡中单击“形状填充”下拉按钮❶，从列表中选择合适的填充颜色❷，如图10-45所示。

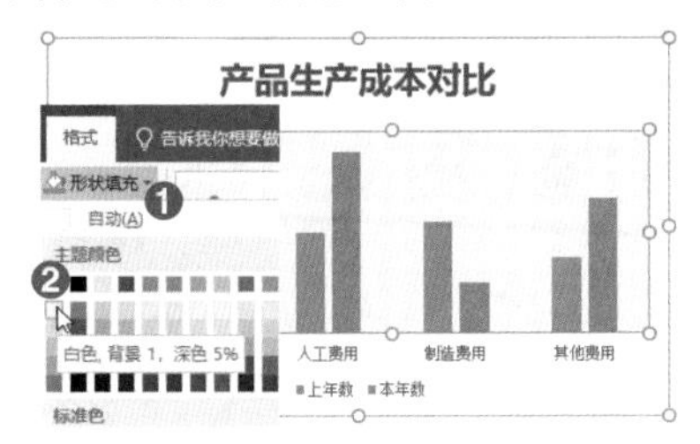

图10-45

步骤05：在工作表中插入一个图标❶，选择图标，按【Ctrl+C】组合键进行复制，如图10-46所示。

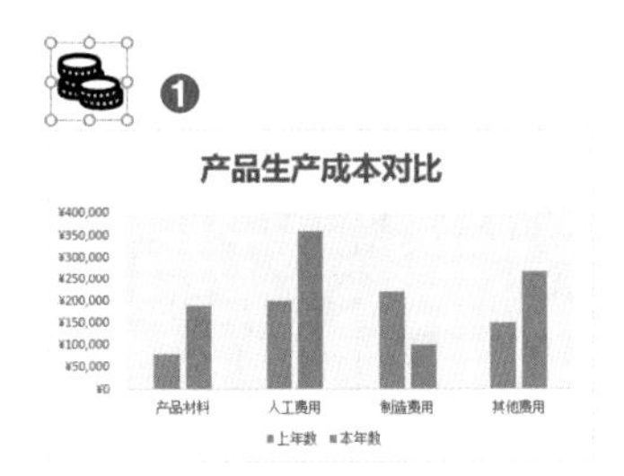

图10-46

步骤06：选择数据系列，单击鼠标右键，从弹出的快捷菜单中选择“设置数据系列格式”命令❶，如图10-47所示。

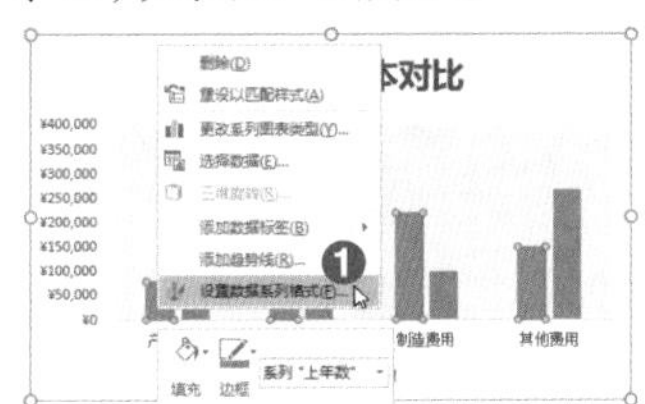

图10-47

步骤07：打开“设置数据系列格式”窗格，在“填充”选项中选择“图片或纹理填充”单选按钮❶，单击“剪贴板”按钮❷，将图标填充到数据系列中，最后选择“层叠”单选按钮❸，如图10-48所示。

图10-48

步骤08：按照上述方法，完成数据系列的填充，如图10-49所示。

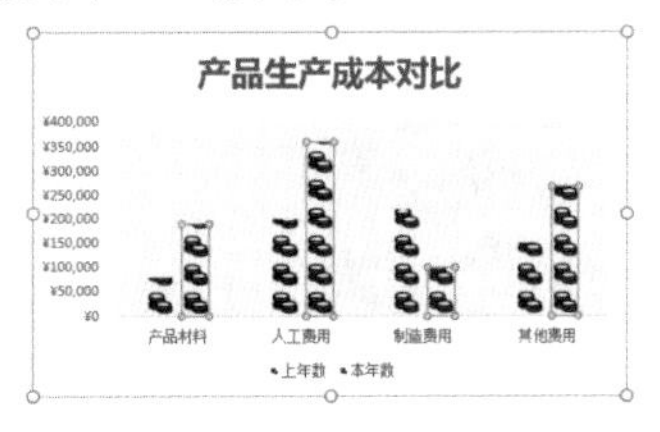

图10-49

步骤09： 选择图表，单击其右上方的“图表元素”按钮❶，从面板中选择“数据标签”选项❷，并选择“数据标签外”选项❸，如图10-50所示。

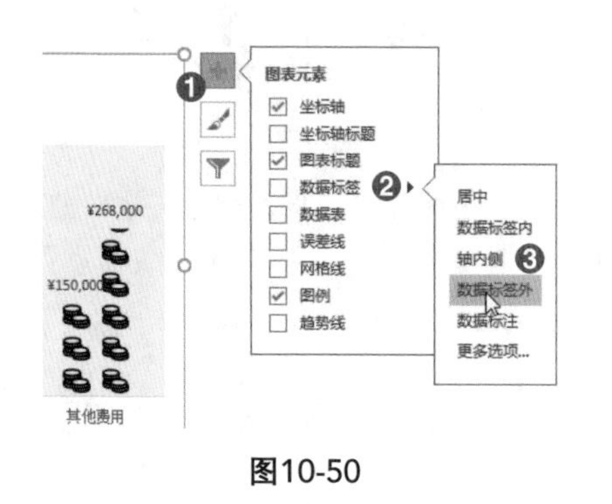

图10-50

步骤10： 最后适当调整图表的大小，即可完成“产品生产成本对比”图表的制作，如图10-51所示。

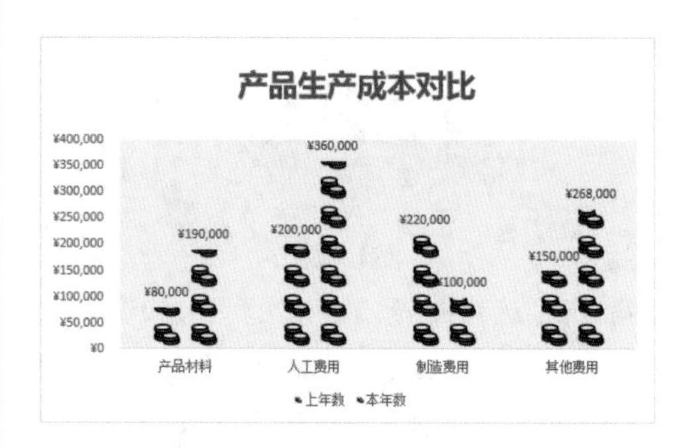

图10-51

知识拓展

Q：如何快速更改图表的整体布局？

A： 选择图表，在“图表工具-设计”选项卡中单击“快速布局”下拉按钮，从列表中选择合适的布局样式即可，如图10-52所示。

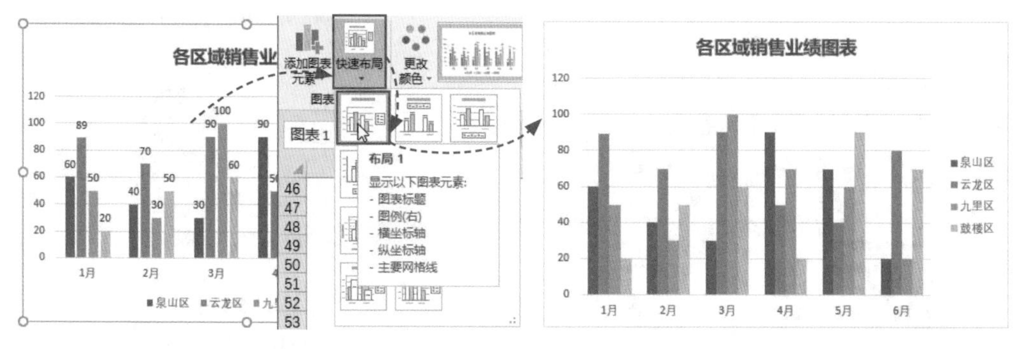

图10-52

Q：如何创建一组迷你图？

A： 选择单元格区域，在“插入”选项卡中单击“折线”按钮，打开“创建迷你图”对话框，设置“数据范围”后，单击“确定”按钮，即可创建一组迷你图，如图10-53所示。

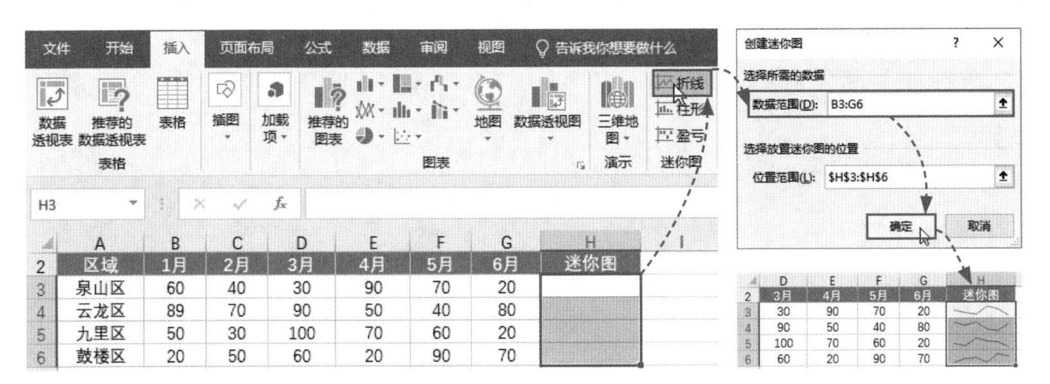

	A	B	C	D	E	F	G	H
2	区域	1月	2月	3月	4月	5月	6月	迷你图
3	泉山区	60	40	30	90	70	20	
4	云龙区	89	70	90	50	40	80	
5	九里区	50	30	100	70	60	20	
6	鼓楼区	20	50	60	20	90	70	

图10-53

Q：如何设置每个数据系列之间的间距?

A：选择任意数据系列，单击鼠标右键，在快捷列表中选择“设置数据系列格式”选项，在打开的窗格中调整“系列选项”列表下的“系列重叠”参数值即可，如图10-54所示。

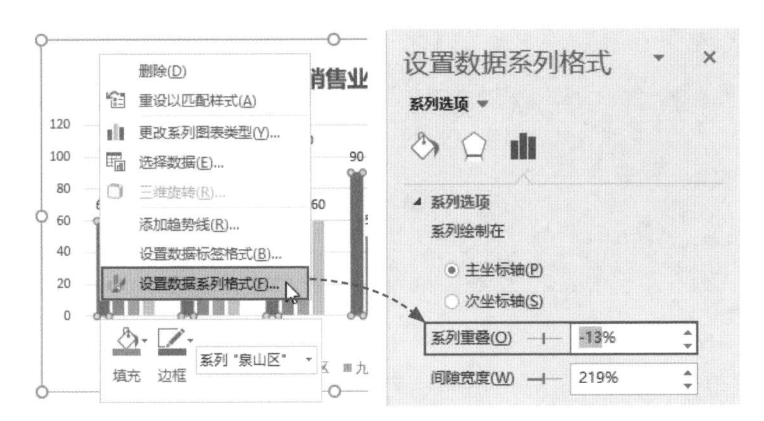

图10-54

PPT 办公应用篇

第11章

幻灯片的创建与编辑

在职场中经常需要制作一些幻灯片，例如年终总结、工作汇报、企业宣传、新产品发布等。为了让读者能够轻松上手制作，本章将对幻灯片的一些基本操作进行介绍，例如，幻灯片新建、移动、复制、隐藏以及幻灯片版式和页面的编辑等。

11.1 幻灯片的基本操作

利用PowerPoint制作的文档称为演示文稿，一份演示文稿是由多张幻灯片组合而成的。而在制作过程中，大部分时间都是在对幻灯片进行加工编辑，所以掌握幻灯片的常规操作很重要。

11.1.1 新建幻灯片

在制作过程中如果需要增加幻灯片，可通过以下两种方法来操作。

（1）新建相同版式的幻灯片

选中所需幻灯片，按【Enter】键，即可在该幻灯片下方新建一张相同版式的幻灯片，如图11-1所示。

此外，选中幻灯片，按【Ctrl+D】组合键也可以在其下方复制一张相同内容的幻灯片，如图11-2所示。其操作效果与【Ctrl+C/Ctrl+V】用法相同。

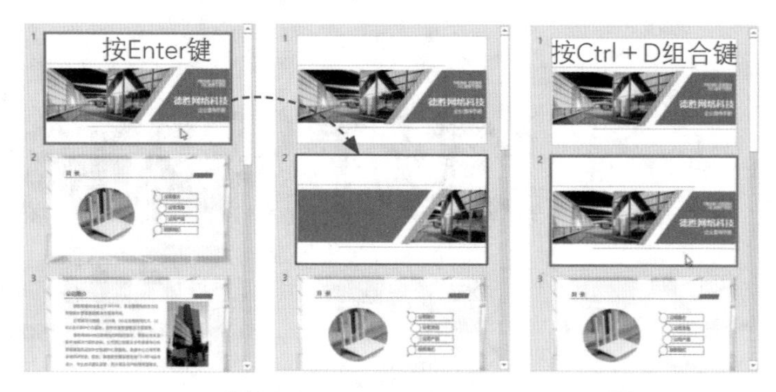

图11-1　　图11-2

（2）新建不同版式的幻灯片

选择所需幻灯片，在“开始”选项卡中单击“新建幻灯片”下拉按钮，从列表中选择其他版式的幻灯片，即可在该幻灯片下方新建一张不同版式的幻灯片，如图11-3所示。

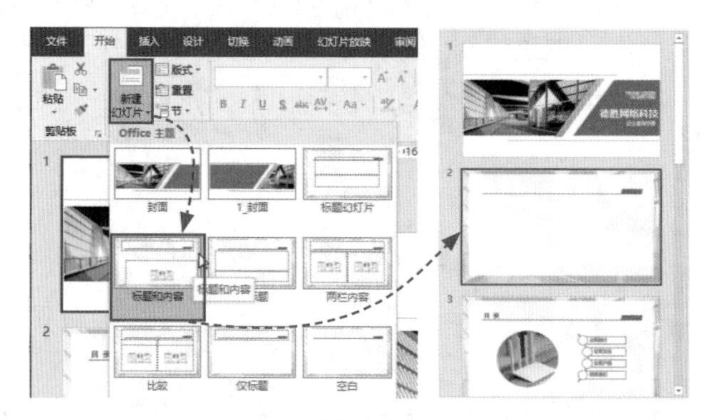

图11-3

11.1.2 移动幻灯片

在制作过程中如果认为幻灯片顺序不合理，可在导航窗格中选择要移动的幻灯片，按住鼠标左键不放，将其拖至所需位置后放开鼠标即可完成移动操作，如图11-4所示。

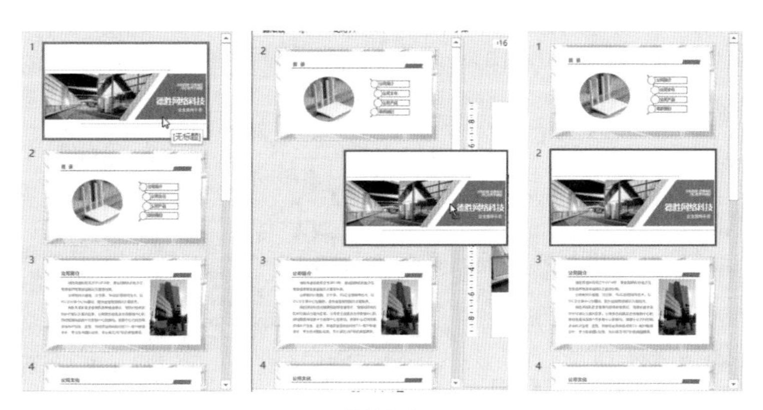

图11-4

技巧点拨：复制幻灯片

想要复制幻灯片，用户可以使用以上所介绍的【Ctrl+D】组合键，或按【Enter】键进行复制，也可以使用【Ctrl+C】和【Ctrl+V】组合键进行复制操作。

11.1.3 隐藏幻灯片

如果想要暂时隐藏某张幻灯片内容不被放映，那么只需在导航窗格中选择所需幻灯片，单击鼠标右键选择“隐藏幻灯片”选项，此时该幻灯片的编号上会显示出“\”标识，就说明该幻灯片已被隐藏，如图11-5所示。要取消隐藏操作，只需再次选择“隐藏幻灯片”选项，将其功能关闭即可。

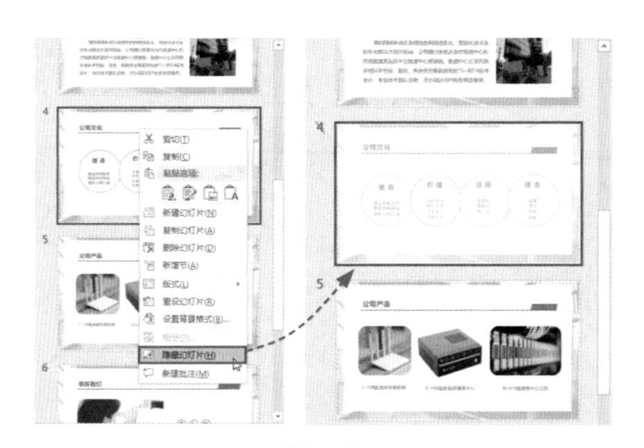

图11-5

11.1.4 调整幻灯片大小

PowerPoint2019版本默认的幻灯片大小为16∶9宽屏尺寸，用户可以根据放映场合的需求，对其大小进行调整。在“设计”选项卡中单击“幻灯片大小”下拉按钮，从其列表中可以选择“标准（4∶3）”尺寸，也可以选择“自定义幻灯片大小”选项，在“幻灯片大小”对话框中设置好“宽度”和“高度”数值，单击“确定”按钮，在提示对话框中单击“确保适合”按钮即可，如图11-6所示。

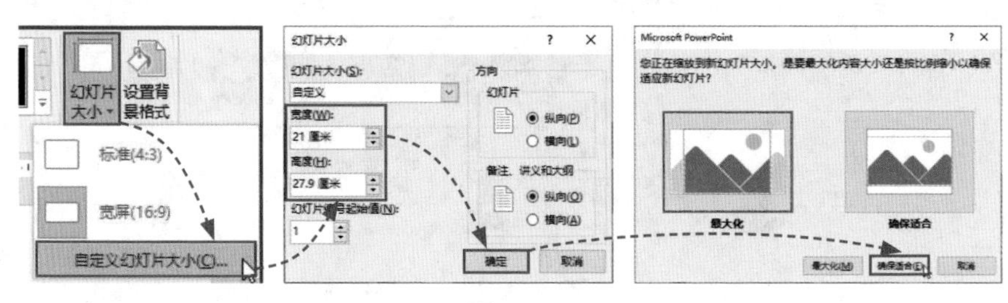

图11-6

新手误区：幻灯片大小调整需注意

在制作幻灯片时，首先就要调整好幻灯片页面大小。如果在制作后再来调整页面大小，那么原先的页面版式都会发生变化，用户需要重新调整。

11.1.5 设置幻灯片背景

默认情况下幻灯片背景为白色，用户可以根据设计的版式、风格来自定义幻灯片背景。在“设计”选项卡中单击“设置背景格式”按钮，此时会在编辑区右侧打开“设置背景格式”窗格。在该窗格中可将背景设为纯色填充、渐变色填充、图片或纹理填充、图案填充这4种类型，如图11-7所示。

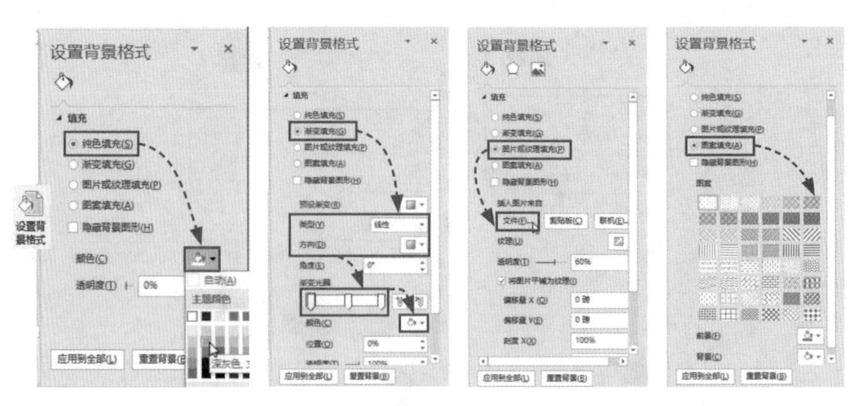

图11-7

技能应用：为企业内训材料添加背景图片

为幻灯片设置背景可以丰富页面内容。下面将以设置企业内训文稿背景为例，来介绍为幻灯片添加背景图片的具体操作。

步骤01：打开文稿，在“设计”选项卡中单击“设置背景格式”按钮，打开同名设置窗格。单击“图片或纹理填充”单选按钮，并在展开的列表中单击“文件”按钮，打开“插入图片”对话框，选择所需背景图片，单击“插入”按钮，如图11-8所示。

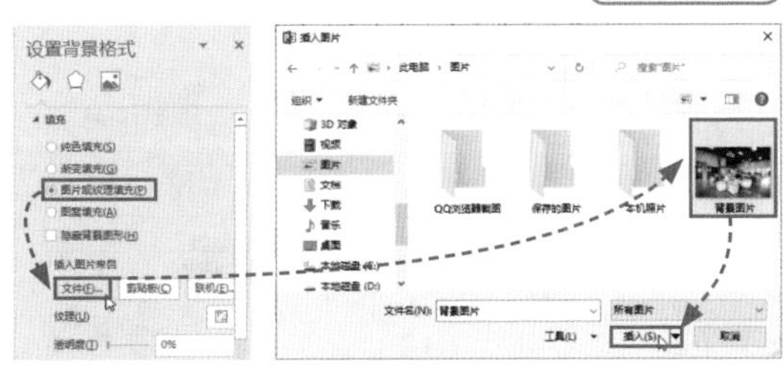

图11-8

步骤02：返回到“设置背景格式”窗格，将“透明度”调整为60%，降低背景凸显程度，调整好后即可完成背景图片的添加操作，如图11-9所示。

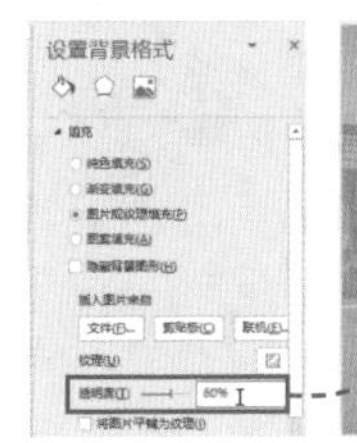

图11-9

11.2 幻灯片的版式与主题

应用幻灯片版式可以让用户轻松地对文字、图片等进行更加合理简洁的布局。而幻灯片主题可以快速统一幻灯片色调、字体格式、页面风格等。本节将分别对其基本操作进行介绍。

11.2.1 幻灯片版式的应用

幻灯片版式是指幻灯片中文字、图片、图表等元素在页面中的排列方式。PowerPoint内置了11种版式，分别是标题幻灯片、标题和内容、节标题、两栏内容、比较、仅标题、空白、内容与标题、图片与标题、标题和竖排文字以及竖排标题与文本。在“开始”选项卡中单击“新建幻灯片”下拉按钮即可查看到这些版式，如图11-10所示。应用版式后，如果需要更换其他的版式，可以在该选项卡中单击“版式”下拉按钮，在其列表中选择新的版式，即可更改当前幻灯片版式，如图11-11所示。

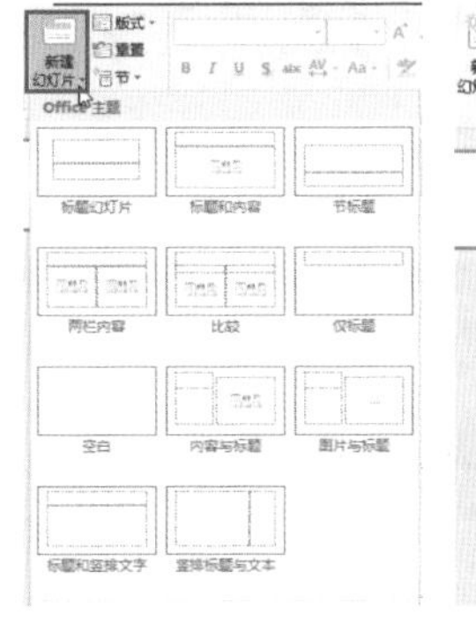

图11-10

图11-11

11.2.2 幻灯片主题的应用

PowerPoint提供了各种类型的幻灯片主题，主要是为了方便用户能够快速制作出一整套风格统一的幻灯片，提高制作效率。

（1）应用主题

在“设计”选项卡的“主题”选项组中，单击“其他”按钮，打开主题样式列表。在列表中选择一款满意的主题样式即可应用到当前幻灯片中，如图11-12所示。

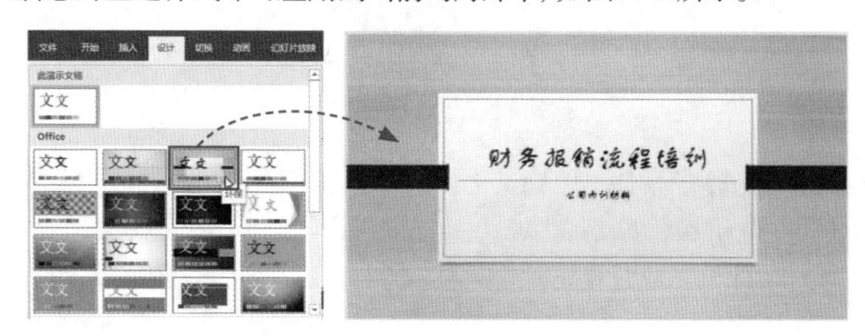

图11-12

（2）修改主题

如果所选主题颜色、字体或背景样式与幻灯片内容不相符，可以对其进行调整。在“设计”选项卡的“变体”选项组中单击单击“其他”下拉按钮，在列表中选择“颜色”选项，可对当前主题中的图形颜色进行调整，如图11-13所示。选择“字体”选项，可对当前主题中的字体格式进行更改，如图11-14所示。选择“背景样式”选项，可对当前主题背景进行更改，如图11-15所示。选择“效果”选项，可对当前主题中的图形效果进行更改，如图11-16所示。

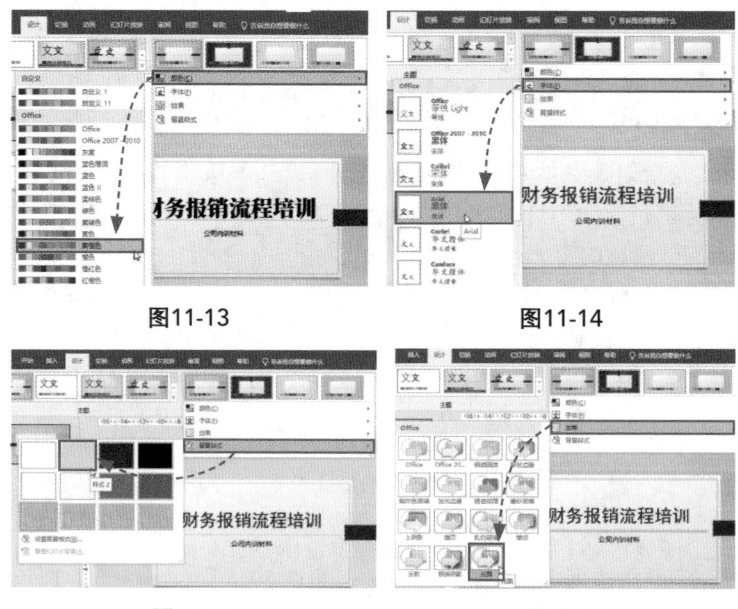

图11-13　图11-14

图11-15　图11-16

新手误区：变体功能使用注意事项

只有应用了主题后，才可以对其主题的颜色、字体等样式进行统一更改。如果幻灯片是自定义的版式，则该功能将不起作用。

（3）保存主题

主题样式更改后，可将主题进行保存操作，以便后期快速调用。在“设计”选项卡的“主题”列表中选择“保存当前主题”选项。在“保存当前主题”对话框中设置好保存路径及文件名，单击“保存”按钮即可，如图11-17所示。

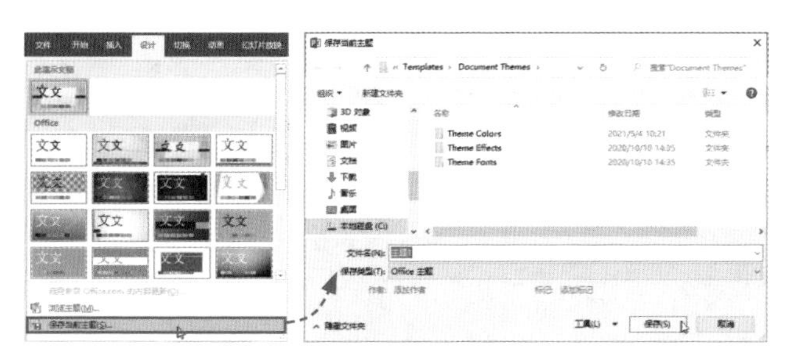

图11-17

11.3 幻灯片页面的编辑

编辑幻灯片页面，包括编辑文本、图片、图形、音视频等元素。将这些元素巧妙地组合，可丰富幻灯片内容，提升读者的阅读兴趣。下面将分别对其元素的应用进行介绍。

11.3.1 文本内容的设置

在幻灯片中输入文本内容的方法有两种：一种是利用文本框输入；另一种是利用艺术字功能输入。

（1）利用文本框输入

在“插入”选项卡中单击“文本框”下拉按钮，从列表中根据需要选择文本框类型，这里选择“绘制横排文本框”选项，利用鼠标拖拽的方法，绘制出该文本框范围，如图11-18所示。绘制好后即可在文本框中输入文本内容，如图11-19所示。

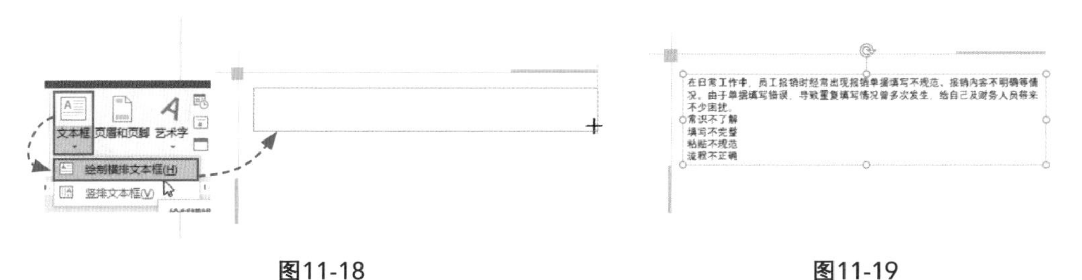

图11-18　　图11-19

文本输入后，用户可通过“字体”选项组相关的选项，对文本格式进行设置。例如设置文本字体、字号、颜色等。在“段落”选项卡中单击“行距”下拉按钮，从列表中可以设置该段落的行距值，如图11-20所示。

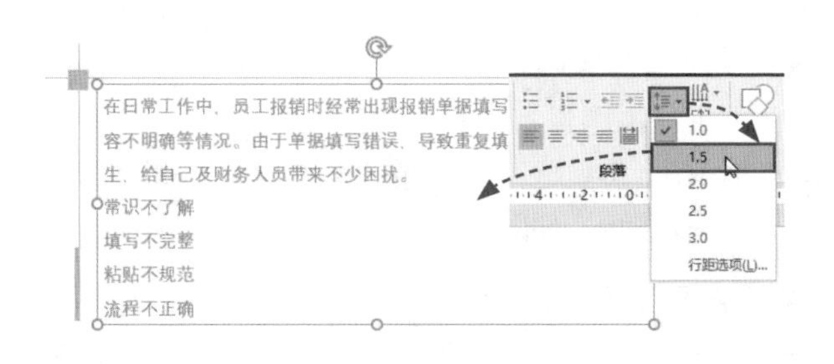

图11-20

在该段落中，选择所需文本内容，在“段落”选项卡中单击“项目符号”下拉按钮，可以为该内容添加项目符号，如图11-21所示。

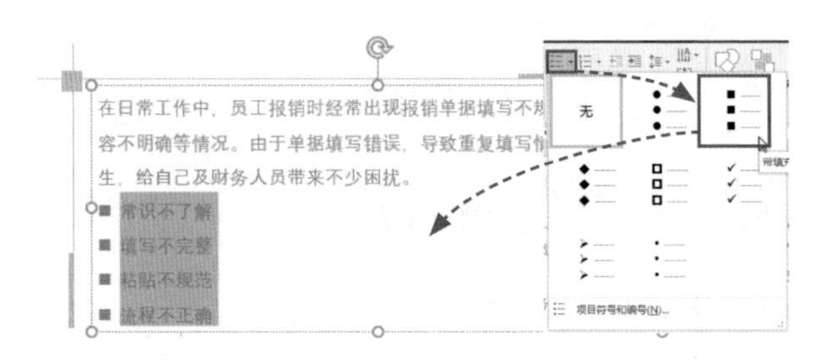

图11-21

技巧点拨：设置项目符号颜色

如果需要调整项目符号的颜色，可在“项目符号”列表中选择“项目符号和编号”选项，在打开的对话框中单击“颜色”下拉按钮，选择所需的颜色即可，如图11-22所示。

图11-22

（2）利用艺术字输入

利用艺术字功能可以快速地输入带有格式的文本内容。一般用于文本标题内容。在“插入”选项卡中单击“艺术字”下拉按钮，在打开的列表中选择一种艺术字样式，此时在当前页面中会显示该艺术字，如图11-23所示。

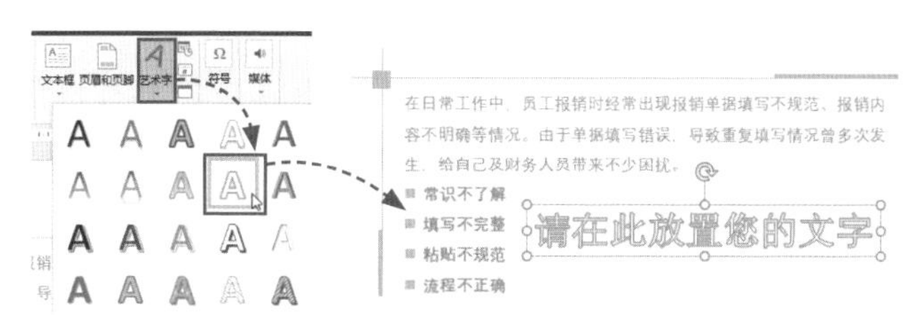

图11-23

在艺术字文本框中输入所需文本内容即可完成艺术字的插入操作。若需要对其样式进行更改，可通过“绘图工具-格式”选项卡的“艺术字样式”选项组中进行设置。单击“文本填充”下拉按钮，可对当前文本的颜色进行设置，如图11-24所示；单击“文本轮廓”下拉按钮，可对文本的外轮廓颜色、线型、粗细进行设置，如图11-25所示；单击“文字效果”下拉按钮，可为文本添加阴影、发光、映像等效果，如图11-26所示。

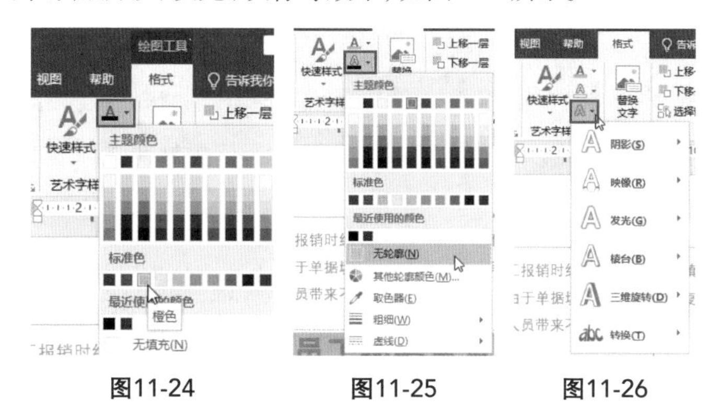

图11-24　　图11-25　　图11-26

技能应用：制作企业内训文稿过渡页内容

在幻灯片内容较多的情况下，可以为其添加过渡页，从而使内容结构更清晰，更有条理性。下面将利用文本框以及艺术字功能来为企业内训文稿添加过渡页。

步骤01：打开原始文稿，选择第3页幻灯片。使用“横排文本框”功能绘制并输入标题内容，调整好标题格式，如图11-27所示。

步骤02：单击“艺术字”下拉按钮，从列表中选择一种满意的文本样式，如图11-28所示。

图11-27　　图11-28

步骤03：在艺术字文本框中输入编号“01”，并调整好该文本的字体和字号，如图11-29所示。

步骤04：选中该编号文本，在“绘图工具-格式”选项卡中单击“文本轮廓”下拉按钮，在其列表中选择所需轮廓颜色，即可修改当前艺术字轮廓颜色，如图11-30所示。

至此，完成过渡页内容的制作操作。

图11-29　　图11-30

11.3.2 图片的应用

在幻灯片中插入图片，可以丰富页面内容，同时也可以更好地强调文本内容。下面将对图片元素的应用操作进行介绍。

（1）插入图片

插入图片的方法有很多，最常用的是直接将图片拖拽至幻灯片中即可，如图11-31所示。

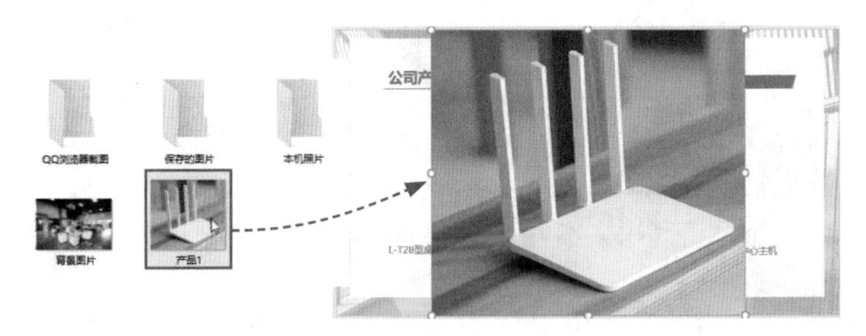

图11-31

图片插入后，选择图片任意一对角点，按住【Shift】键，将其拖拽至合适位置，可等比例调整图片的大小，并将其放置页面合适位置，如图11-32所示。

图11-32

技巧点拨：屏幕截图功能

使用屏幕截图功能可以在不退出PPT程序的情况下，将网页或其他程序的内容捕捉下来，并插入到幻灯片中。在“插入”选项卡中单击“屏幕截图”按钮，在其列表中选择“屏幕剪辑”选项，此时PowerPoint将最小化，并显示出桌面内容，使用鼠标拖拽的方法，框选出要截取的区域，如图11-33所示。完成后系统将自动将截取的图片插入至幻灯片中，如图11-34所示。

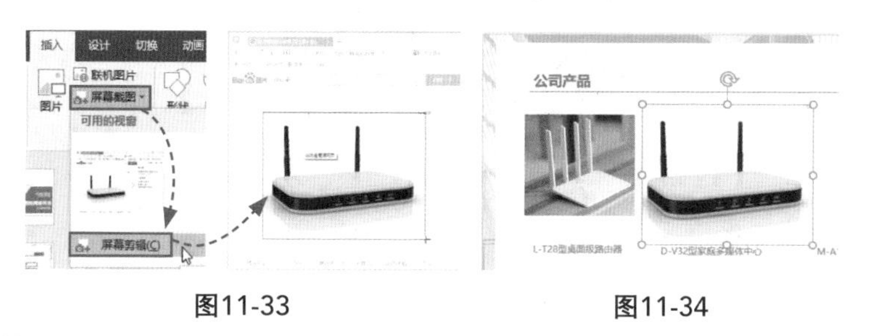

图11-33　　图11-34

（2）裁剪图片

图片插入后，用户可以根据需要对图片进行裁剪。在“图片工具-格式”选项卡中单击“裁剪”按钮，此时图片四周会显示裁剪点，拖拽其中一个裁剪点至合适位置，单击页面空白处即可完成裁剪操作，如图11-35所示。

L-T28型桌面级路由器

L-T28型桌面级路由器

L-T28型桌面级路由器

图11-35

此外，在“裁剪”列表中用户还可以选择“裁剪为形状”选项，并在其级联菜单中选择所需形状，即可将图片快速裁剪为所选形状，如图11-36所示。

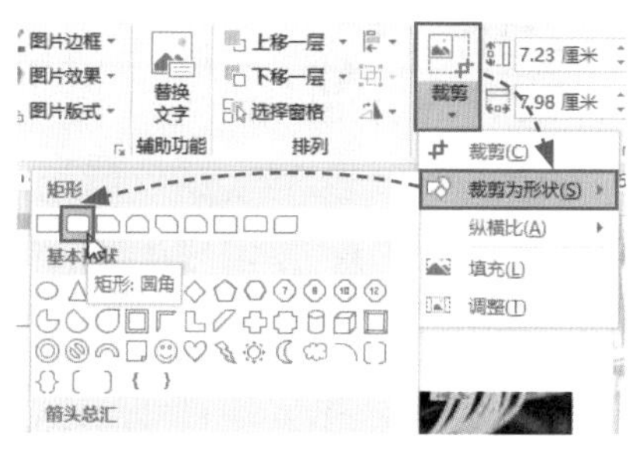

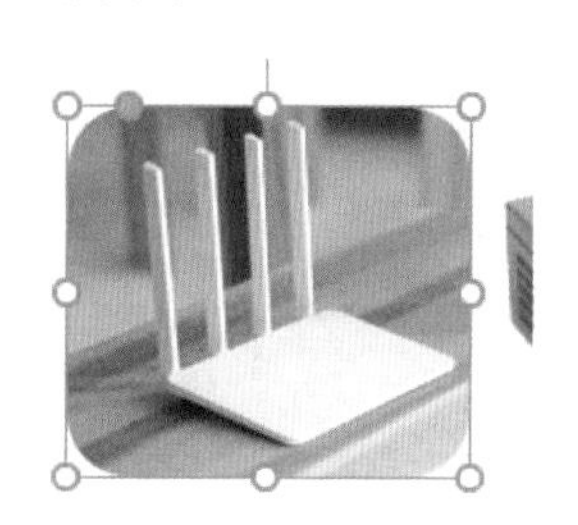

L-T28型桌面级路由器

图11-36

在“裁剪”列表中选择“纵横比”选项，并在其级联菜单中选择合适的比例值，可以将图片按照指定的比例值进行裁剪，如图11-37所示。

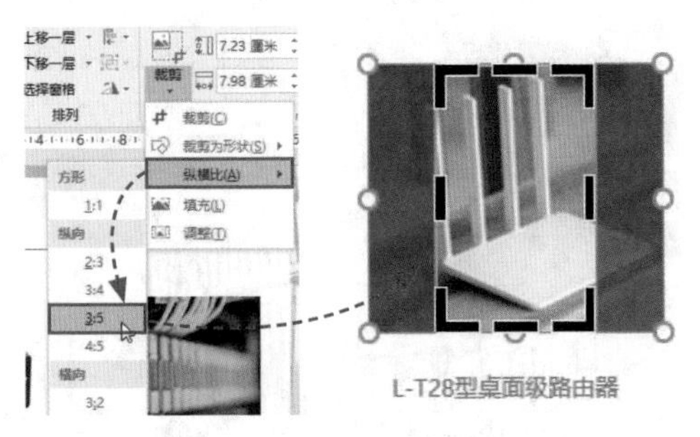

图11-37

技能应用：将产品图片裁剪为正圆形

下面以“裁剪为形状”并结合“纵横比”功能来对图片进行裁剪操作。

步骤01：打开文档，选择产品图片，单击“裁剪”下拉按钮，从列表中选择“裁剪为形状”选项，将该图片裁剪为椭圆，如图11-38所示。

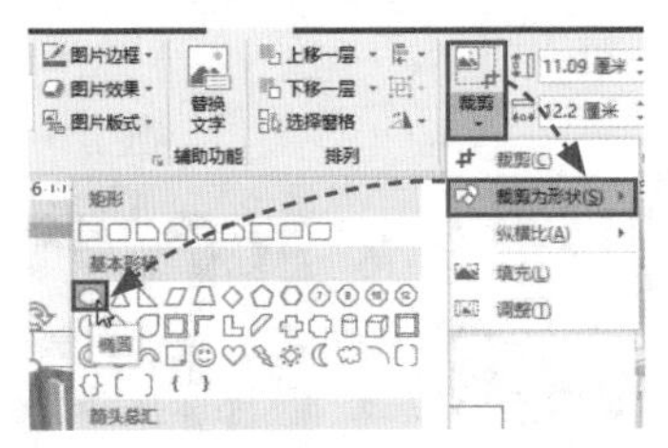

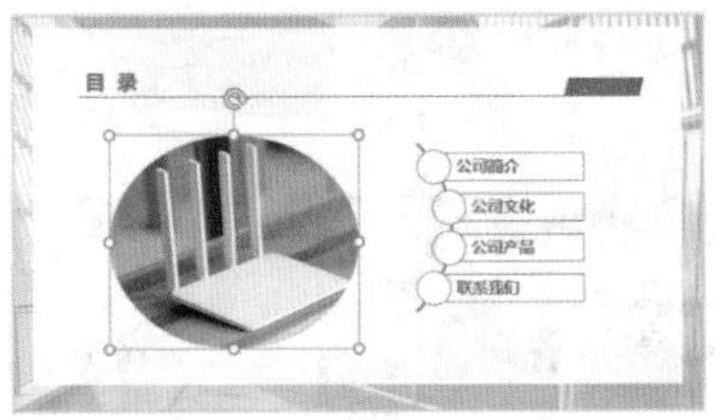

图11-38

步骤02：打开“裁剪”列表，从中选择“纵横比”选项，并在其级联菜单中选择“1:1”比例值，系统会自动将裁剪范围调整为正圆形，如图11-39所示。

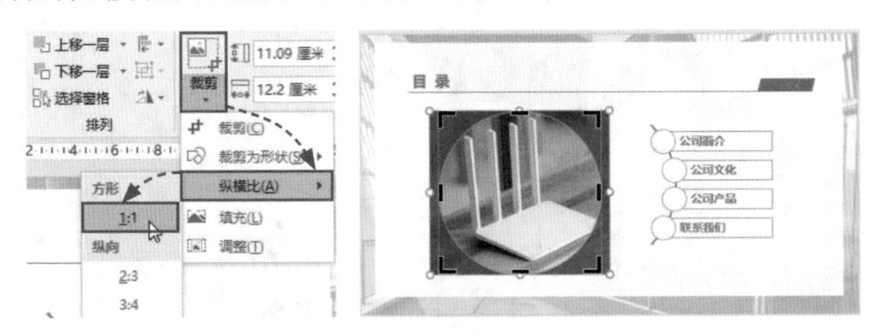

图11-39

步骤03：单击页面空白处即可完成图片的裁剪操作。

（3）美化图片

图片裁剪完毕后，可通过“图片工具-格式”选项卡的“调整”选项组中相关功能来对图片进行美化操作。

单击“校正”下拉按钮，在列表中可以设置图片的亮度和对比度，如图11-40所示；单击“颜色”下拉按钮，在列表中可以设置图片的色调，如图11-41所示；单击“艺术效果”下拉按钮，可以选择所需的效果样式，如图11-42所示；在“图片样式”选项组中可以对图片的外观样式进行设置，如图11-43所示。

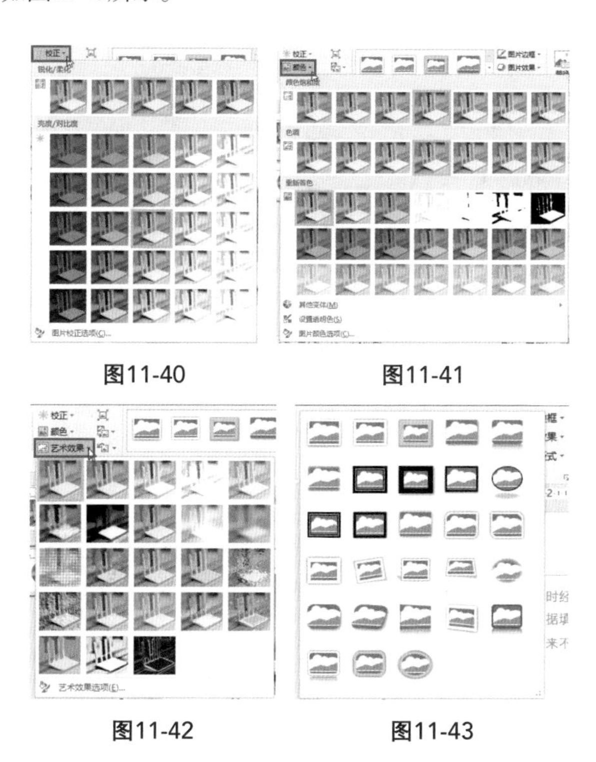

图11-40　图11-41

图11-42　图11-43

11.3.3 图形的添加

使用形状功能可以在幻灯片中插入各种各样的图形，这些图形最大的特点在于“可塑性”，它能够通过编辑变化出各种很多复杂的图案来。下面将介绍图形元素的应用操作。

（1）图形的基本应用

在“插入”选项卡中单击“形状”下拉按钮，在其列表中选择所需图形，使用鼠标拖拽的方法，在幻灯片中绘制出该图形即可创建操作，如图11-44所示。

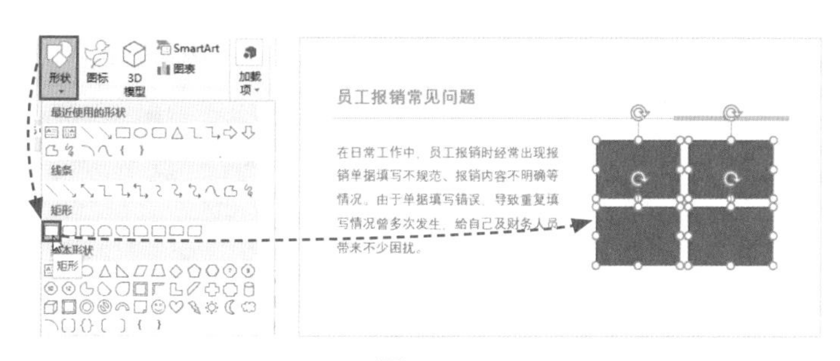

图11-44

图形创建完成后，接下来就需要对创建的图形进行基本的编辑。例如设置其颜色、边框、效果等。选中第1个图形，在“绘图工具-格式”选项卡中单击“形状填充”下拉按钮，在列表中可以设置图形的颜色，如图11-45所示。单击“形状轮廓”下拉按钮，在列表中可以设置图形的轮廓样式，如图11-46所示，调整结果如图11-47所示。

单击“形状效果”下拉按钮，在列表中可以为图形设置效果。例如添加阴影、映像、发光等，如图11-48所示。

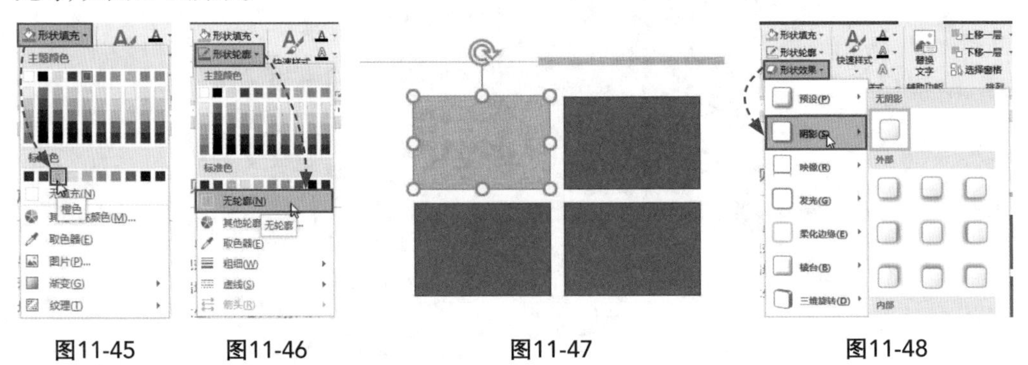

图11-45　图11-46　图11-47　图11-48

技巧点拨：快速更换图形

形状样式设置好后，如果想要更换其他形状，可先选择该形状，在“绘图工具-格式”选项卡中单击“编辑形状”下拉按钮，在打开的列表中选择“更改形状”选项，并在其级联菜单中选择新形状即可。

双击图形，即可在图形中添加文字内容。同时可以为所添加的文本设置格式，如图11-49所示。

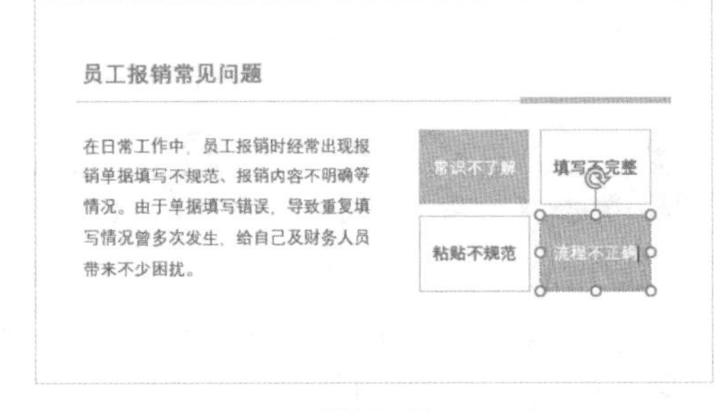

图11-49

（2）图形的高级应用

在日常制作中，经常会利用合并功能将多个图形合并生成一个新的图形。该功能被称为合并形状，俗称布尔运算。它是由5种合并命令组成，分别为结合、组合、拆分、相交以及剪除，如图11-50所示。

图11-50

下面分别对这5种命令进行说明。

- 结合：该命令是将多个形状组合为一个新的形状。
- 组合：该命令与“结合”命令相似，其区别在于两个图形重叠的部分会镂空显示。
- 拆分：该命令是将多个形状进行分解，而所有重合的部分都会变成独立的形状。
- 相交：该命令只保留两个形状之间重叠的部分。
- 剪除：该命令是用先选形状减去后选形状的重叠部分，通常用来做镂空效果。

新手误区：合并后图形颜色的设置

图形合并后，其颜色取决于先选图形的颜色。如图11-50所示的原图中，如果先选择黄色矩形，再选红色圆环，那么合并后图形的颜色为黄色。相反，如先选红色圆环，再选黄色矩形，那么合并后的图形颜色则为红色。

技能应用：制作特殊文本效果

合并形状功能不只是对各图形之间的合并，它还可以用于图形和图片、图形和文字之间的合并操作，使之产生特殊的画面效果。

步骤01： 在页面中输入“01”文本内容，并设置好其文本格式，如图11-51所示。

步骤02： 在“形状”列表中选择矩形，并放置在文本合适位置，如图11-52所示。

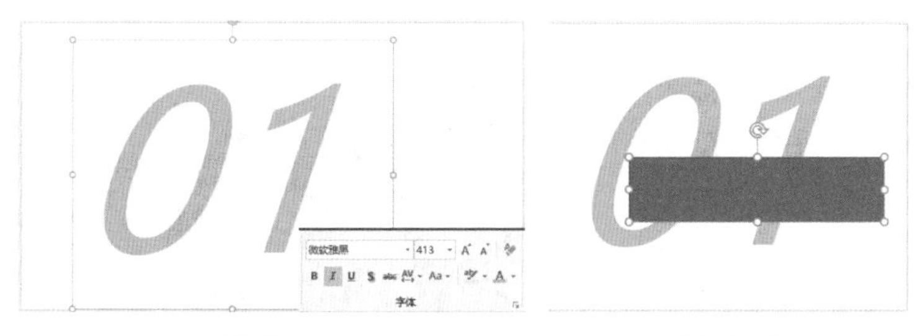

图11-51　　图11-52

步骤03： 先选择文本，后选择矩形，在“绘图工具-格式”选项卡中单击“合并形状”下拉按钮，从列表种选择“剪除”选项，如图11-53所示。

步骤04： 使用横排文本框在剪除的区域输入文字内容，并设置好其文本格式，结果如图11-54所示。

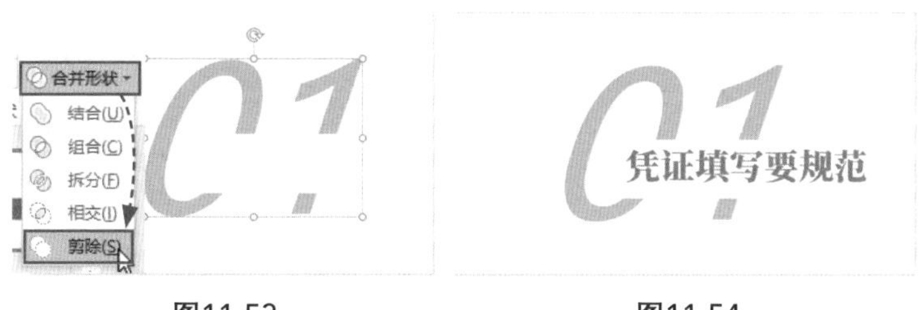

图11-53　　图11-54

新手误区：文本转换需注意

一旦对文本使用合并形状功能，那么该文本则被转化为图形，是不可以再对文本内容进行更改的。

11.3.4 音视频的添加

在幻灯片中添加音频或视频可以起到一定的强调作用，能够瞬间吸引观众的注意力，让观众产生共鸣，从而提高沟通效率。下面将介绍音视频元素的应用操作。

(1) 应用音频

选中所需幻灯片，在“插入”选项卡的“媒体”选项组中单击“音频”下拉按钮，从中选择“PC上的音频文件”选项，在打开的“插入音频”对话框中选择所需音频文件，单击“插入”按钮即可，如图11-55所示。

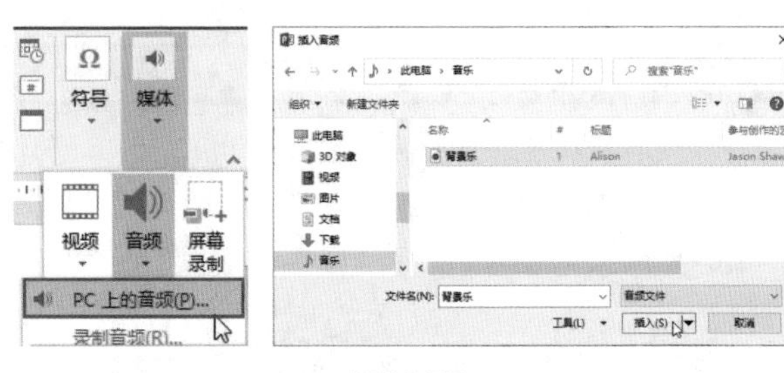

图11-55

当幻灯片中显示喇叭图标后，则说明音频插入成功。选中它后，可显示出播放器，单击播放器中的播放按钮，可播放该音频文件，如图11-56所示。

图11-56

在“音频工具-播放”选项卡中单击“裁剪音频”按钮，在“裁剪音频”对话框中拖动起始和终止滑块，可对音频文件进行裁剪，如图11-57所示。

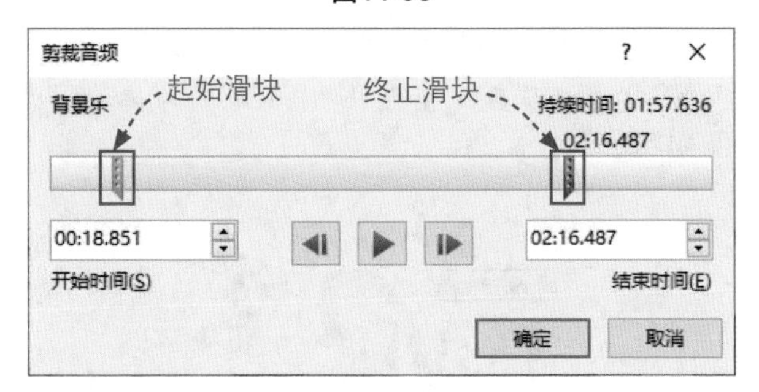

图11-57

在“音频工具-播放”选项卡的“音频选项”选项组中，用户可以对音频文件的开始模式和播放形式进行设置，如图11-58所示。

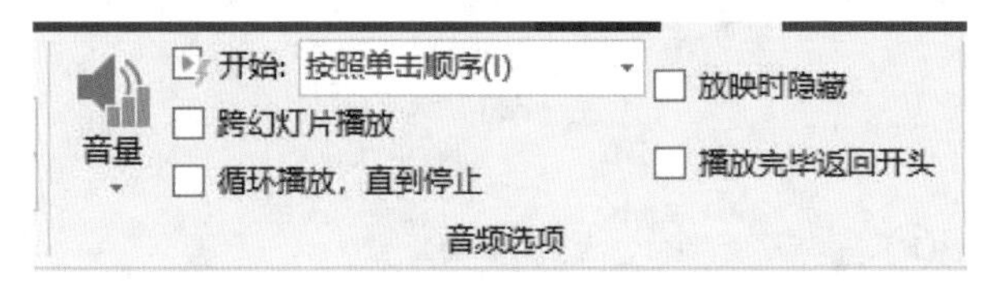

图11-58

- **开始**：该模式分3种方式，分别为“按照单击顺序”“自动”以及“单击时”。其中“按照单击顺序”为默认方式，该方式是按照默认的放映顺序进行播放；选择“自动”方式，则在放映当前幻灯片时自动播放音频；而选择“单击”方式，则在放映时，单击音频播放按钮才可播放。

● **跨幻灯片播放**：勾选该选项后，音频会跨页播放，直到结束。相反，不勾选该模式，则音频只会在当前幻灯片中进行播放，一旦翻页，音频会停止播放。

● **循环播放，直到停止**：勾选该选项后，音频同样会跨页播放，并且会循环播放，直到幻灯片放映结束。

● **放映时隐藏**：勾选该选项后，在放映过程中音频图标会自动隐藏。

技巧点拨：插入录音文件

如果需要对幻灯片中的内容进行特别说明的话，可以进行录音操作。在"音频"列表中选择"录制音频"选项，在"录制声音"对话框中进行相关设置即可，如图11-59所示。录制结束后，该音频文件将自动嵌入至当前幻灯片中。

图11-59

（2）应用视频

视频的插入方法与音频相似。在"插入"选项卡中单击"视频"下拉按钮，在其列表中选择"PC上的视频"选项，在打开的对话框中，选择所需视频文件，单击"插入"按钮即可插入该视频至幻灯片中，如图11-60所示。

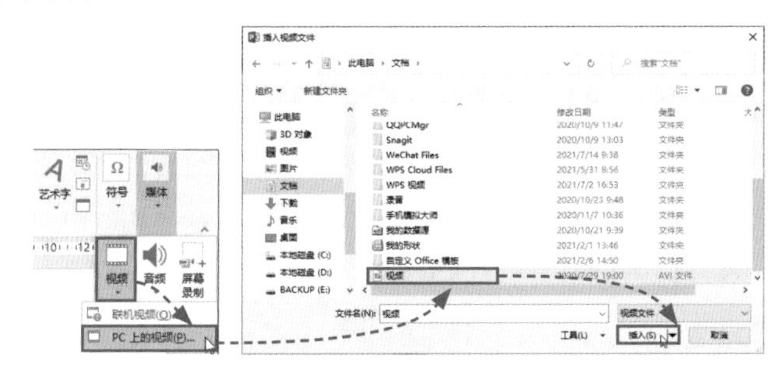

图11-60

视频插入后，用户可以调整视频窗口大小，并将其页面合适位置。单击视频播放器中的播放按钮，即可播放视频文件，如图11-61所示。

在"视频工具-播放"选项卡中，单击"剪裁视频"按钮，在打开的"剪辑视频"对话框中可对视频进行剪辑操作，其方法与剪辑音频文件相同，如图11-62所示。

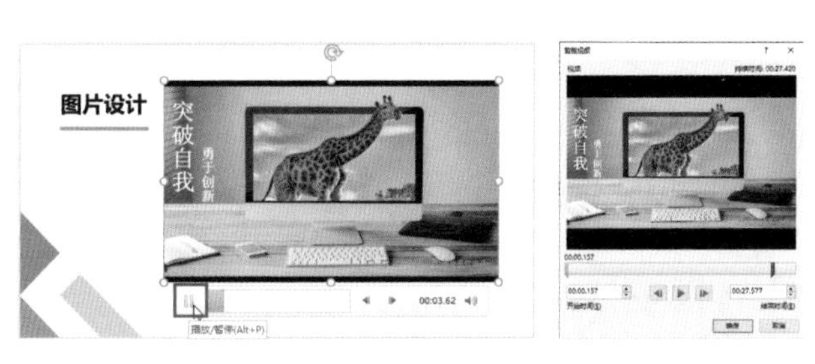

图11-61　　图11-62

技巧点拨：美化视频窗口

选中视频文件，在“视频工具-格式”选项卡中单击“颜色”下拉按钮，在列表中可调整视频色调；单击“更正”下拉按钮，可以调整视频明度和对比度。在“视频样式”选项组中可以对视频外观样式进行设置，如图11-63所示。

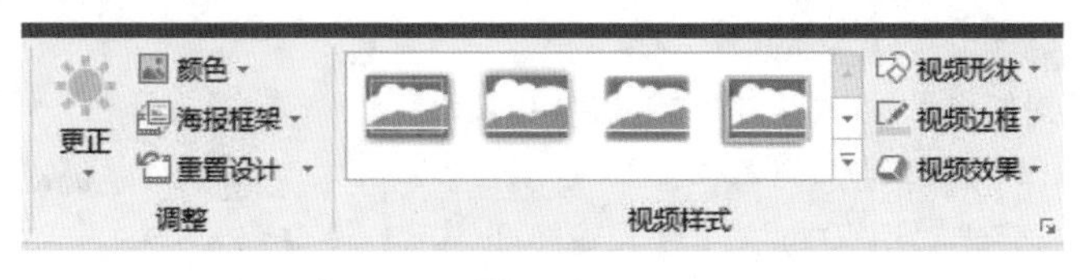

图11-63

11.4 SmartArt图形的应用

在幻灯片中需要添加流程图、组织结构图、列表关系图等图形，可利用SmartArt图形功能进行创建。该功能不但可以一目了然地阐述这些关系，还可以使幻灯片更加立体、生动。下面将介绍SmartArt图形功能的基本应用。

11.4.1 插入SmartArt图形

在“插入”选项卡中单击“SmartArt”按钮，在“选择SmartArt图形”对话框中选择要插入的图形，单击“确定”按钮即可插入该图形，如图11-64所示。

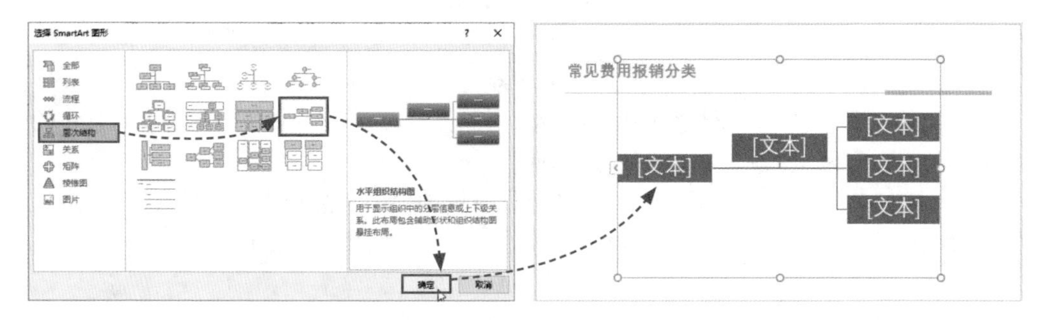

图11-64

使用鼠标拖拽的方法，调整好SmartArt图形的位置与大小。单击图形中的“[文本]”字样，输入图形内容，如图11-65所示。选中多余的图形，按【Delete】键即可将其删除。如果需要添加图形，可选中所需图形，例如选择“差旅费”图形，在“SmartArt工具-设计”选项卡中单击“添加形状”下拉按钮，从列表中选择“在后面添加形状”选项即可完成图形的添加操作。用户可直接在新图形中输入文字内容，如图11-66所示。

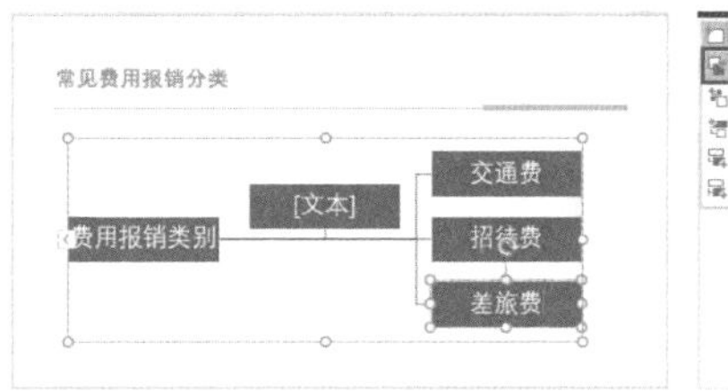

图11-65

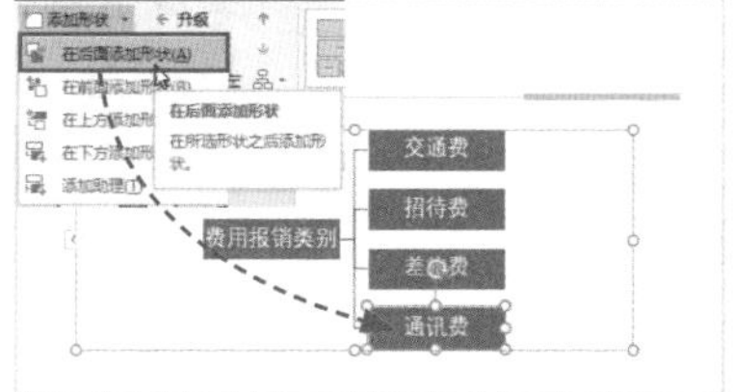

图11-66

在“SmartArt工具-设计”选项卡的“版式”选项组中，用户可以更换SmartArt图形的类型，如图11-67所示。

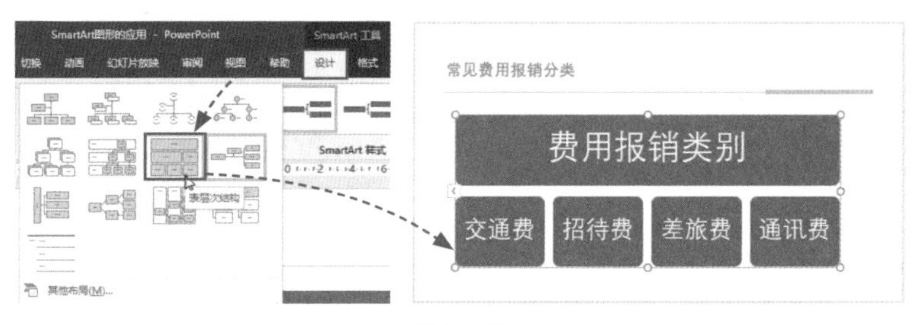

图11-67

11.4.2 美化SmartArt图形

创建SmartArt图形后，用户可以对其进行美化。例如，更改颜色、调整图形样式等。

选中图形，在“SmartArt工具-设计”选项卡中单击“更改颜色”下拉按钮，从列表中选择所需颜色，即可更换当前图形颜色，如图11-68所示。

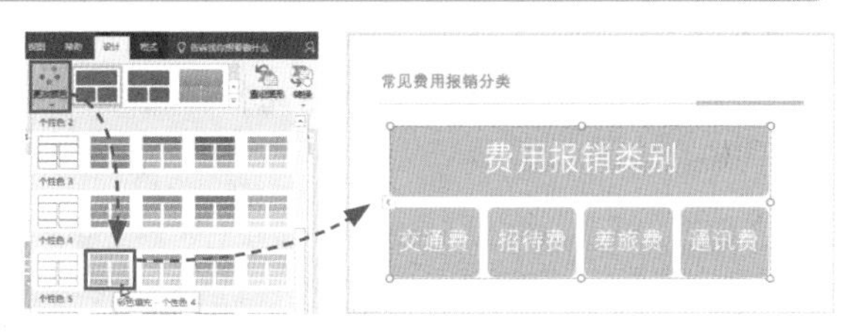

图11-68

在该选项卡的“SmartArt样式”选项组中，用户可以对当前图形的样式进行调整，如图11-69所示。

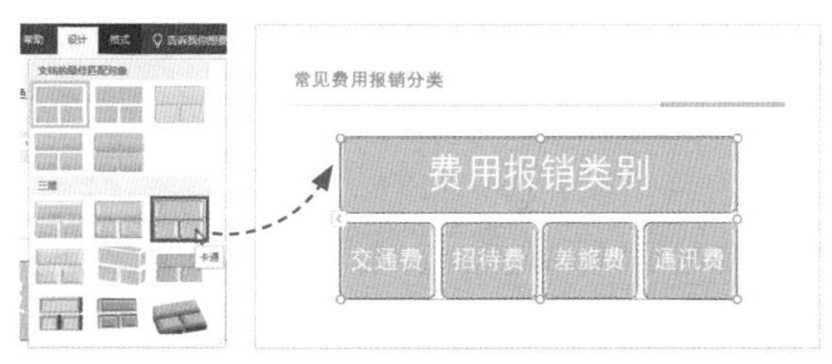

图11-69

如果内置的样式不满意，用户还可以在“SmartArt工具-格式”选项卡的“形状样式”选项组中进行自定义设置，如图11-70所示。

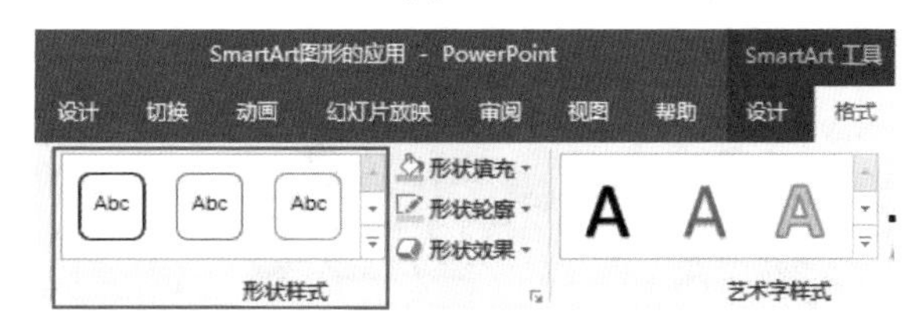

图11-70

实战演练：制作疫苗接种宣传文稿

下面将结合本章所学的内容，制作一份新冠疫苗接种宣传文稿。在制作时运用到的知识点有设置幻灯片背景、形状功能的应用、表格的插入与编辑等。

步骤01：启动PowerPoint软件，新建一份空白演示文稿，删除页面中多余的文本框。

步骤02：在“设计”选项卡中单击“设置背景格式”按钮，打开同名设置窗格，单击“图片或纹理填充”单选按钮❶，并单击“文件”按钮❷，如图11-71所示。

图11-71

步骤03：在“插入图片”对话框中选择背景图片，单击“插入”按钮，如图11-72所示。

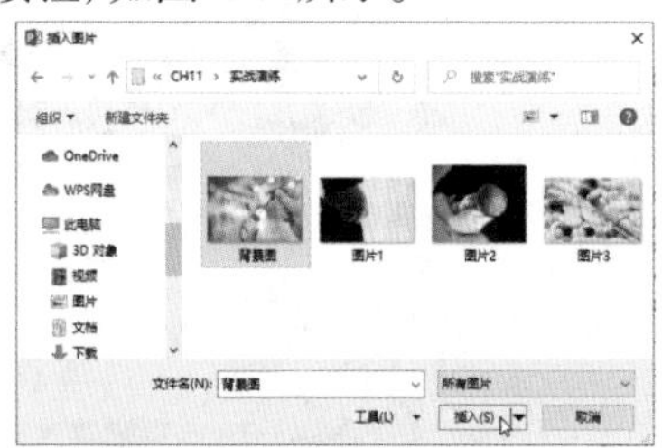

图11-72

步骤04：选择完成后，完成幻灯片背景的设置操作，如图11-73所示。

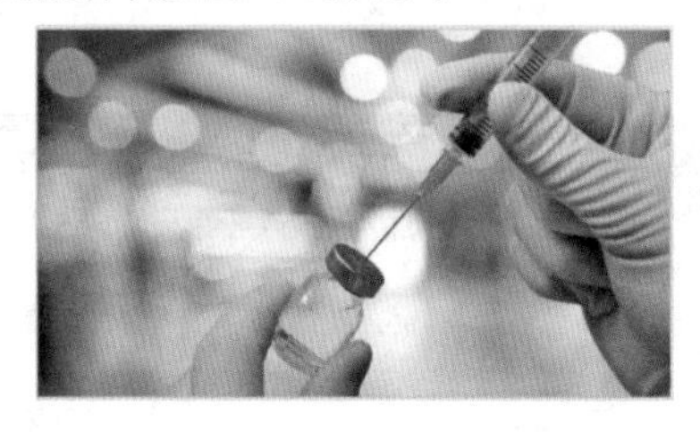

图11-73

步骤05：在“形状”列表中选择矩形，并绘制该矩形，其大小与页面大小相同。右击矩形，在快捷菜单中选择“设置形状格式”选项，如图11-74所示。

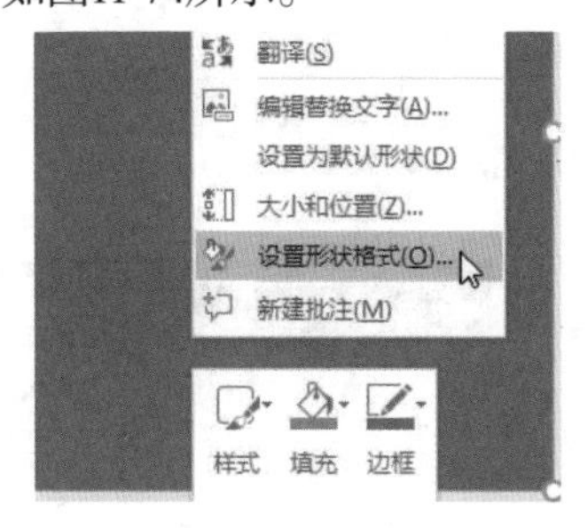

图11-74

步骤06：打开同名设置窗格。单击“渐变填充”单选按钮❶，调整好“渐变光圈”的滑块数量、颜色、位置❷。将两侧滑块的透明度均设为0%，将中间滑块的透明度设为74%❸，结果如图11-75所示。

图11-75

步骤07：调整后的矩形效果如图11-76所示。

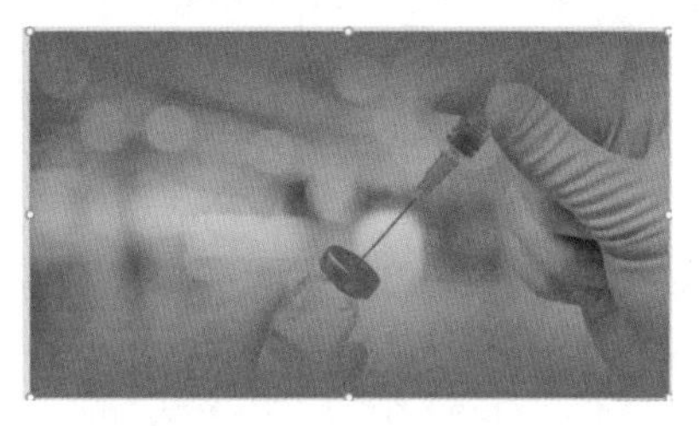

图11-76

步骤08：使用横排文本框输入标题文本内容，并设置好其字体、字号、颜色等格式，如图11-77所示。

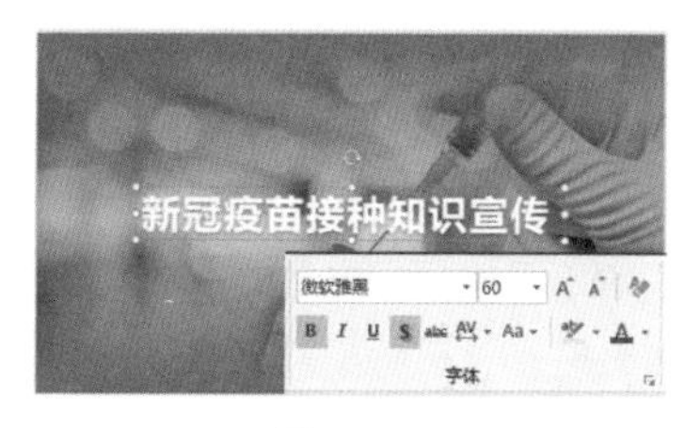

图11-77

步骤09：插入在“形状”列表中选择直线形状，并在标题上、下两处绘制两条直线，将直线颜色设为白色，如图11-78所示。

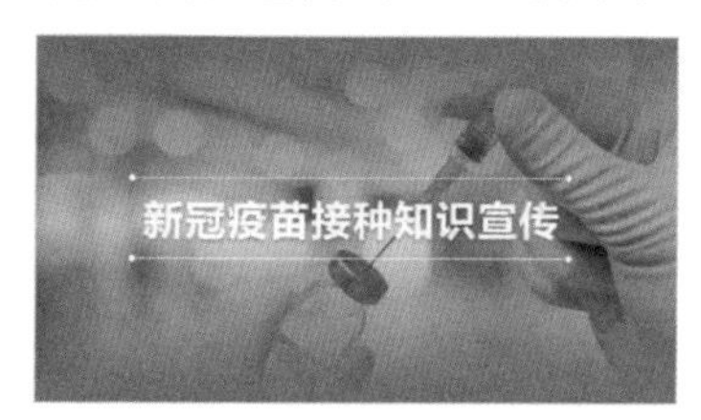

图11-78

步骤10：利用艺术字功能，输入英文文本。在“绘图工具-格式”选项卡中，将“文本填充”设为无填充，将“文本轮廓”设为白色，如图11-79所示。

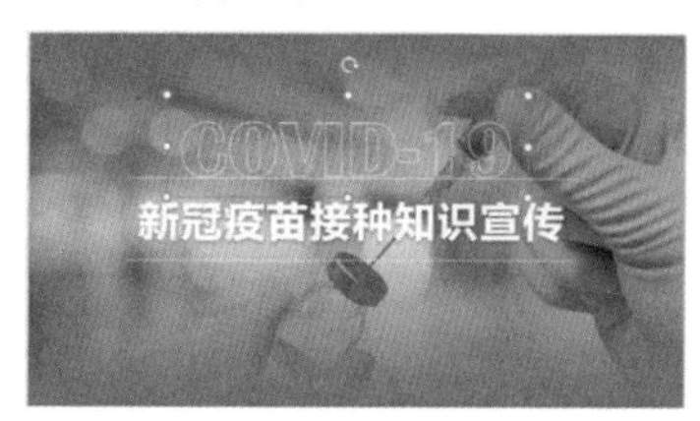

图11-79

步骤11：单击“艺术字样式”选项组右侧小箭头按钮，打开“设置形状格式”窗格，单击“文本填充与轮廓”按钮❶，展开“文本轮廓”选项列表❷，将其“透明度”设为50%❸，如图11-80所示。

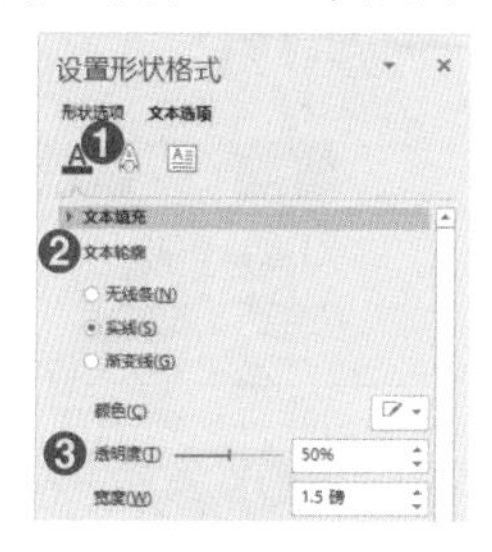

图11-80

步骤12：设置后的艺术字效果如图11-81所示。

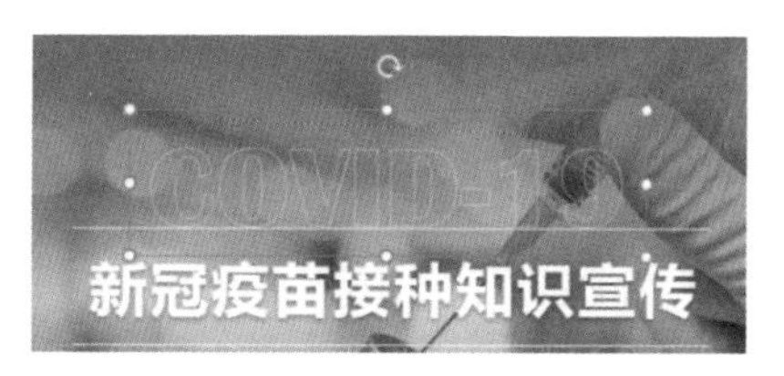

图11-81

步骤13：复制该艺术字至下方横线处，并更改艺术字内容，完成文稿封面幻灯片的制作，结果如图11-82所示。

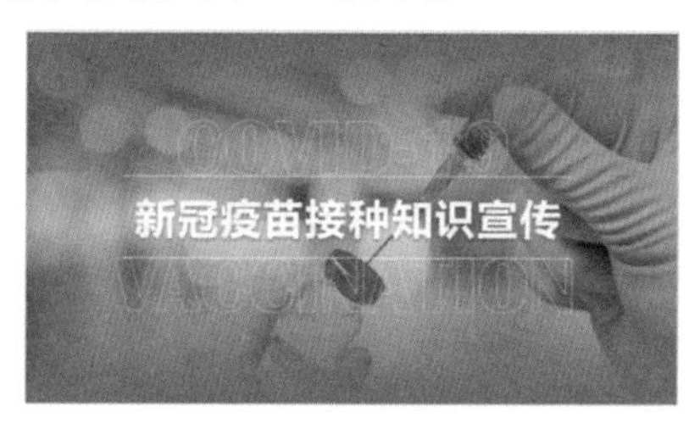

图11-82

步骤14：新建一张空白幻灯片，并删除页面中所有文本框。在“形状”列表中选择矩形。在“设置形状格式”窗格中设置好渐变参数，如图11-83所示。

图11-83

步骤15：矩形设置效果如图11-84所示。

图11-84

步骤16：在页面中插入并复制出大小不等的病毒图片，放置在页面合适位置，修饰页面，如图11-85所示。

图11-85

步骤17：在该页面中输入文本内容，并调整好其字体、字号以及颜色等参数，如图11-86所示。

图11-86

步骤18：利用直线进行装饰，并设置好直线的渐变参数，如图11-87所示。

图11-87

步骤19：设置好后，将其进行复制，并在“绘图工具-格式”选项卡中单击“旋转对象”下拉按钮❶，在其列表中选择“水平翻转”选项❷，将复制的直线进行翻转，结果如图11-88所示。

图11-88

步骤20：新建第3张幻灯片，并设置好该页面背景的渐变色。渐变参数如图11-89所示。

步骤21：绘制矩形，该矩形大小与页面大小相同。将矩形颜色设为白色，轮廓设为无轮廓。

图11-89

步骤22：绘制梯形，并将其覆盖在矩形左侧位置，大小适中即可，如图11-90所示。

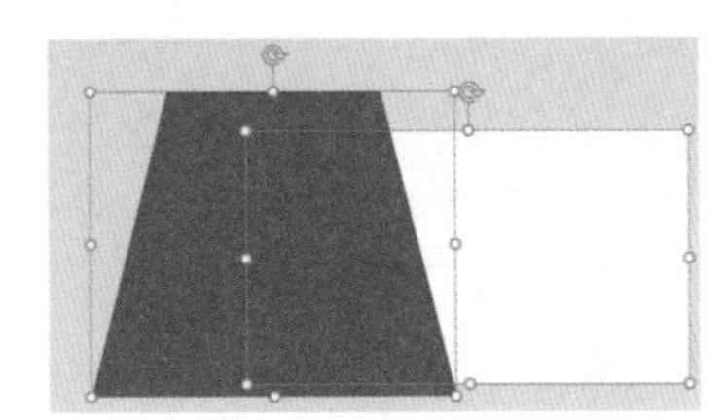

图11-90

步骤23：先选择白色矩形，再选择梯形，单击“合并形状”下拉按钮❶，从列表中选择“剪除”选项❷，将梯形覆盖的区域剪除，如图11-91所示。

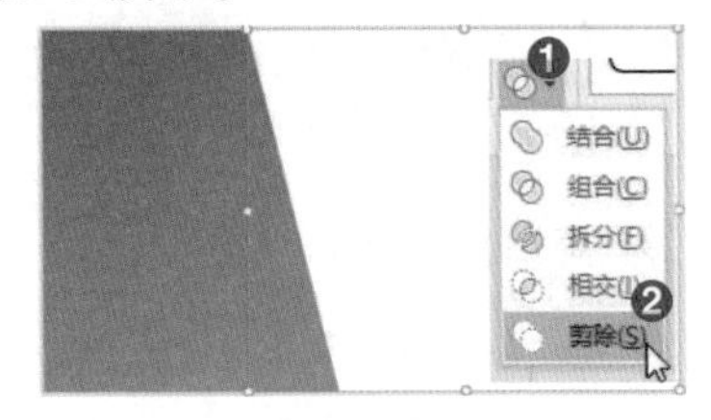

图11-91

步骤24：插入“图片1”素材至该幻灯片中，单击“裁剪”下拉按钮❶，从中选择“裁剪为形状”选项❷，并在级联菜单中选择“椭圆”形状❸，如图11-92所示。

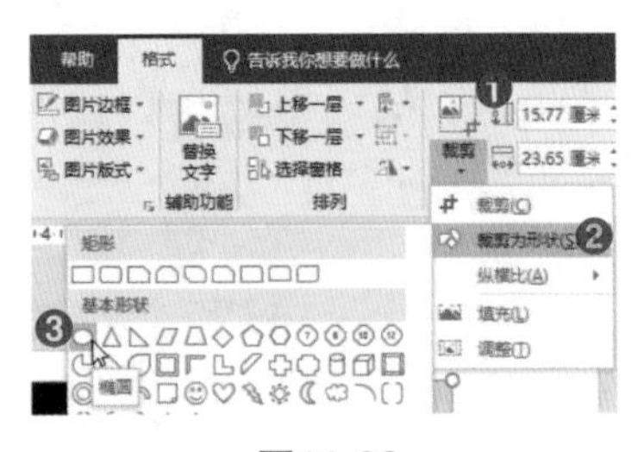

图11-92

步骤25：再次单击“裁剪”下拉按钮，从列表中选择“纵横比”选项❶，并在其级联菜单中选择“1:1”比例值❷，将该图片裁剪为正圆形。适当调整好图片大小，放置在页面合适位置，如图11-93所示。

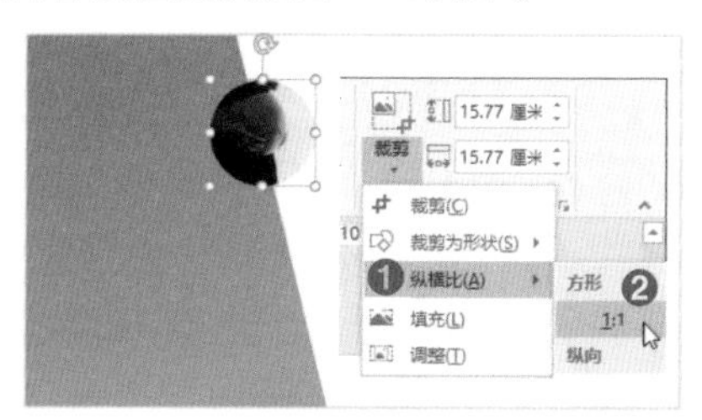

图11-93

步骤26：按照同样的操作，将其他两张图片进行裁剪，并调整好其位置，结果如图11-94所示。

图11-94

步骤27：利用横排文本框，输入本页文本内容，并调整好各文本之间的距离以及文本格式。利用直线绘制文本分割线，结果如图11-95所示。

图11-95

步骤28：复制第3张幻灯片，创建第4张幻灯片。删除其文本内容。选择白色形状，并设置好其填充渐变色，如图11-96所示。

图11-96

步骤29：选中该形状，在“旋转”列表中选择“垂直翻转”选项，将形状进行翻转，并调整好大小，如图11-97所示。

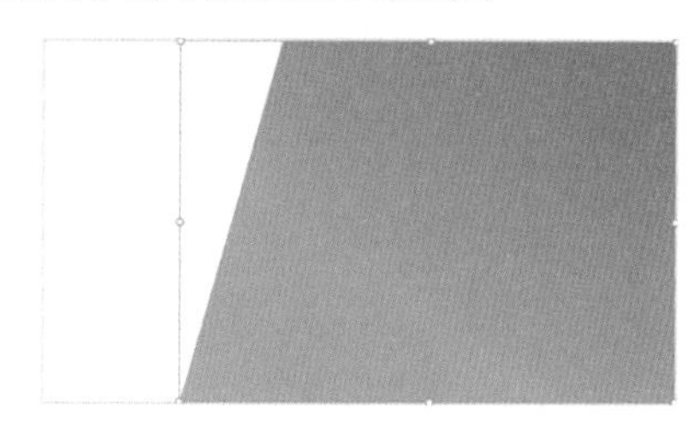

图11-97

步骤30：在页面中输入文本内容，并设置好格式。将病毒图片进行修饰，同时利用直线设置文本分隔线，如图11-98所示。

图11-98

步骤31：重复以上操作，制作第5~7张幻灯片，如图11-99所示。

步骤32：复制第6张幻灯片，从而创建第8张幻灯片，调整好幻灯片中的内容与图片位置，如图11-100所示。

图11-99

图11-100

步骤33： 在“插入”选项卡中单击“表格”按钮，在列表中选择4行3列的方框，如图11-101所示。

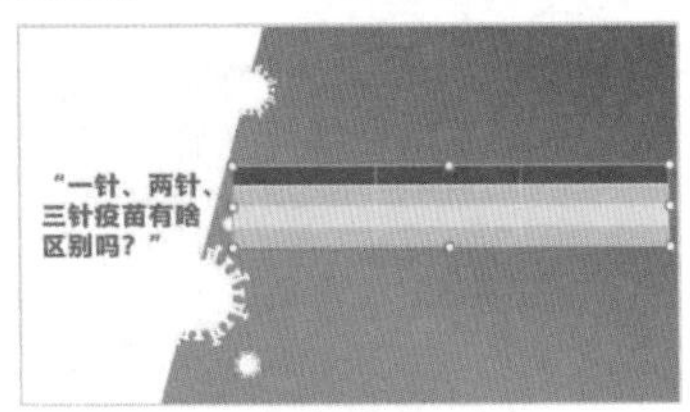

图11-101

步骤34： 选中表格，在“表格工具-设计”选项卡中单击“表格样式”下拉按钮，选择“无样式，网格型”表格样式，如图11-102所示。

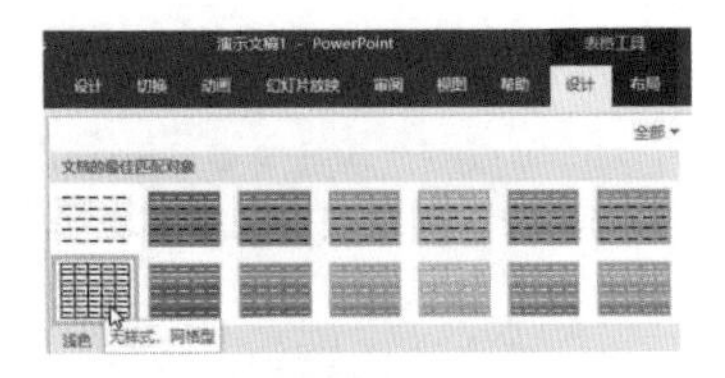

图11-102

步骤35： 输入表格内容，并调整文本格式以及表格大小，将内容居中对齐，如图11-103所示。

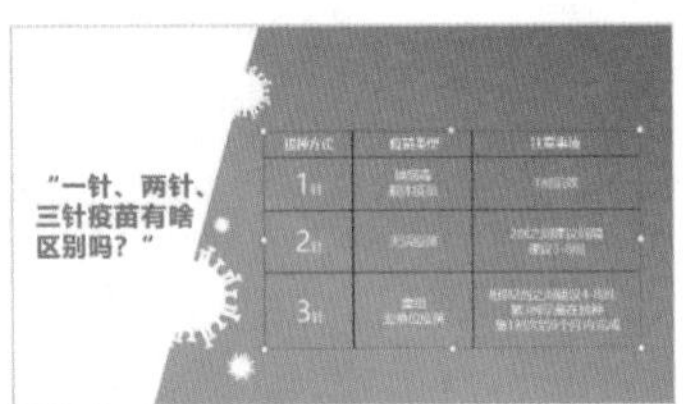

图11-103

步骤36： 选择表格，在“表格工具-设计”选项卡中单击“边框”下拉按钮❶，先将其设为“无边框”❷，如图11-104所示。

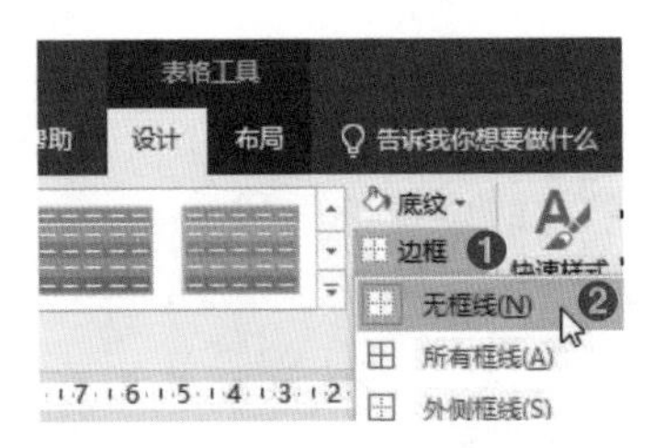

图11-104

步骤37： 将“笔颜色”设为白色❶，将“笔划粗细”设为“2.25磅”❷，再次单击“边框”下拉按钮❸，选择“上框线”❹和“下框线”❺选项，如图11-105所示。

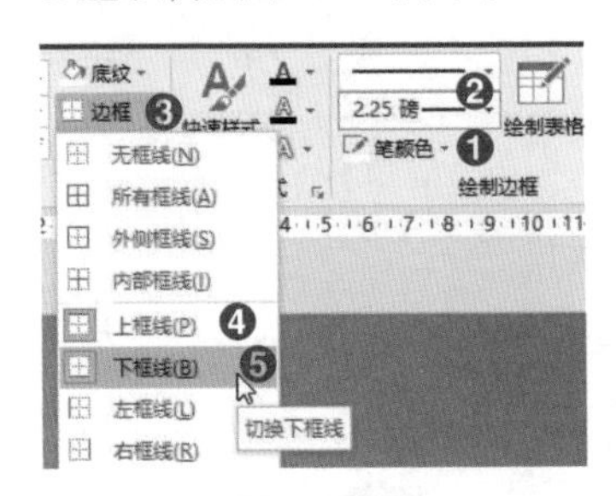

图11-105

步骤38： 选中表格首行，将“笔划粗细”设为“1磅”❶，单击“边框”下拉按钮并选择“下框线”❷，如图11-106所示。

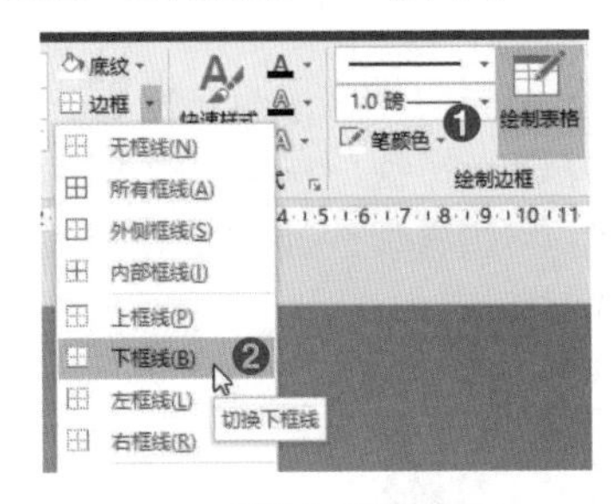

图11-106

步骤39： 设置好后，即可完成该页幻灯片内容的制作操作，结果如图11-107所示。

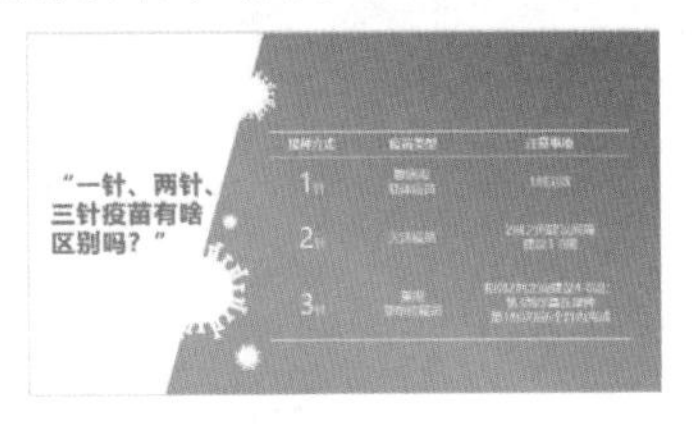

图11-107

步骤40：重复以上操作，制作第9张幻灯片内容，如图11-108所示。

图11-108

步骤41：复制封面页，创建结尾页。更改结尾页标题内容即可，结果如图11-109所示。至此，疫苗接种宣传文稿制作完成。

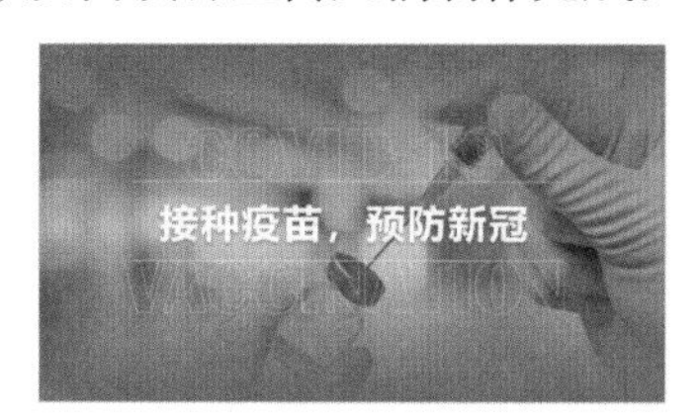

图11-109

知识拓展

Q：在PowerPoint中能否去除图片背景?

A：完全可以，其操作与Word相同。选中图片，在“图片工具-格式”选项卡中单击“删除背景”按钮，打开“背景消除”选项卡，在此根据需要选择“标记要保留的区域”或“标记要删除的区域”命令，来标记背景范围，单击“保留更改”按钮即可去除背景，如图11-110所示。

图11-110

Q：如何在不更改图片样式的情况下，换掉图片呢?

A：可以使用“更改图片”功能。选中所需图片，在“图片工具-格式”选项卡中单击“更改图片”下拉按钮，在其列表中选择“来自文件”选项，在打开的对话框中选择新图片即可，如图11-111所示。

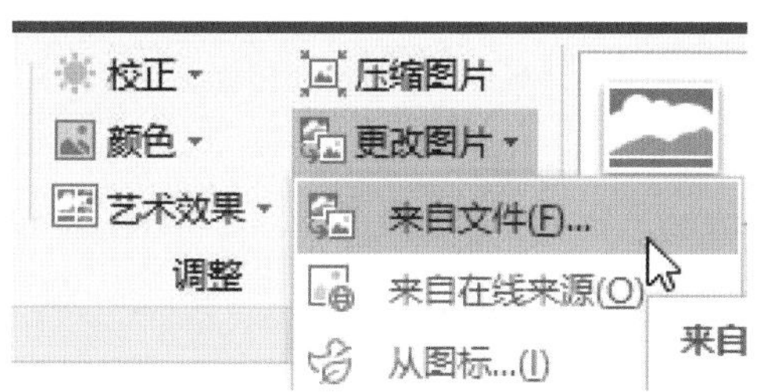

图11-111

Q：在幻灯片中插入表格的方法是不是和Word一样？

A： 是的，完全一样，用户可以参照Word相关内容进行操作。

Q：如何快速对齐多张图片或多个文本框？

A： 使用“对齐”功能就能够解决该问题。选择多张图片或多个文本框，在“绘图工具-格式”选项卡中单击“对齐”下拉按钮，从列表中选择要对齐的选项即可，如图11-112所示。此外，当需要进行对齐操作时，系统会自动显示出对齐参考线，用户可以根据该参考线进行快速对齐，如图11-113所示。

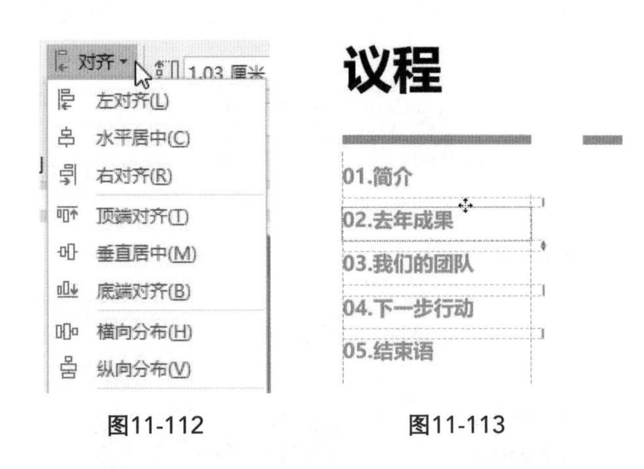

图11-112　　图11-113

Q：为什么在修改幻灯片模板时，有些元素不能修改呢？

A： 这是因为模板制作者是在幻灯片母版基础上设计的版式。用户只需进入幻灯片母版视图界面即可对其元素进行更改操作。在“视图”选项卡中单击“幻灯片母版”按钮即可进入该界面。

第12章

动画效果的添加与设置

幻灯片动画分为两类，分别是对象动画和页面切换动画。对象动画是对页面中某个元素设置的动画效果，而页面切换动画是对各页面切换之间设置的动画效果，让各张幻灯片在放映时能够实现自然的衔接。本章将对幻灯片动画功能进行详细介绍。

12.1 切换动画的添加

幻灯片切换动画是指在放映过程中，从上一张幻灯片切换到下一张幻灯片时，所呈现出的动画效果。通过设置，用户可以控制切换的速度、声音，甚至还可以对切换效果的属性进行自定义。

12.1.1 应用切换动画效果

幻灯片的切换效果包含“细微型”“华丽型”以及“动态内容”三大类。用户可以根据需要选择合适的切换效果。

(1) 细微型

细微型包含了近11种切换效果，例如随机线条、擦除、覆盖、形状等。使用这种类型的切换效果会给人以舒缓、平和的感受，如图12-1所示的是随机线条效果，图12-2所示的是形状效果。

图12-1

图12-2

(2) 华丽型

华丽型包含的效果较多，大约有29种效果，例如蜂巢、棋盘、溶解、帘式等。该效果与细微型相比，其动画效果相对要复杂一些，并且视觉效果也会更强烈，如图12-3所示的是棋盘效果，图12-4所示的是帘式效果。

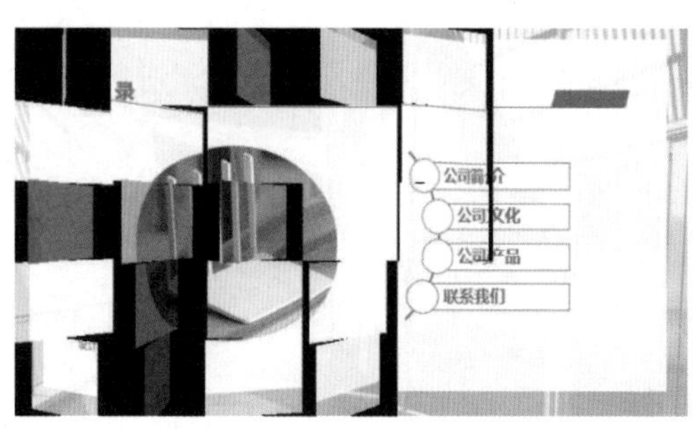

图12-3

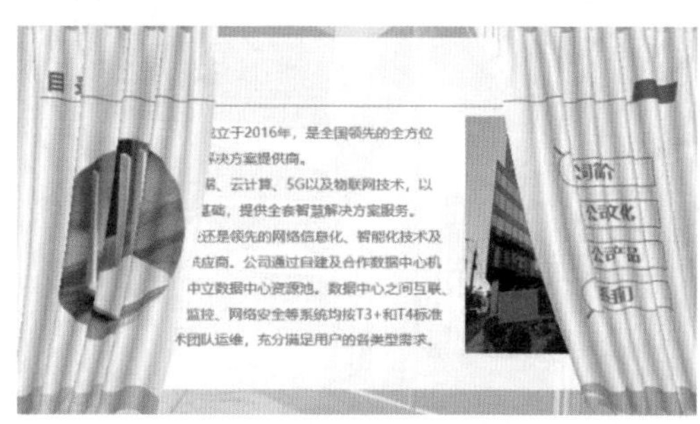

图12-4

（3）动态内容型

动态内容动画包含“平移”“摩天轮”“传送带”“旋转”“窗口”“轨道”和“飞过”这7种动画效果。该类型效果主要运用于幻灯片内部文字或图片等元素上，如图12-5所示的是平移效果，图12-6所示的是窗口效果。

图12-5

图12-6

以上这些切换效果，用户可在“切换”选项卡的“切换到此幻灯片”选项组中单击“其他”按钮，在打开的列表中根据需要选择即可，如图12-7所示。在该选项组中单击右侧“效果选项”下拉按钮，可以设置切换的方向，如图12-8所示。

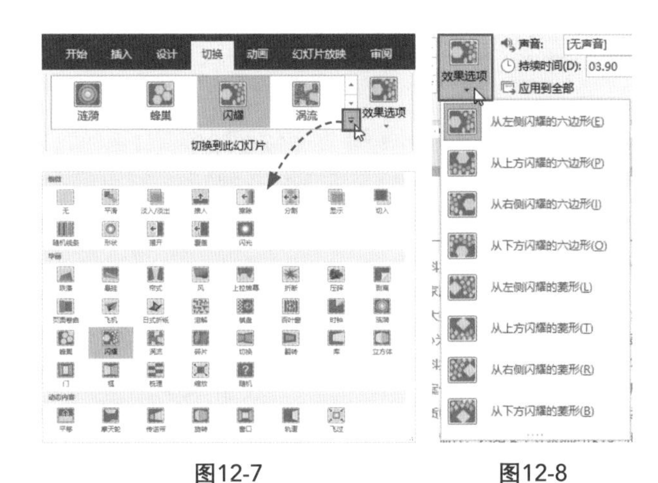

图12-7　　图12-8

12.1.2 设置幻灯片切换方式

设置切换效果后，默认情况下单击鼠标即可切换到下一页幻灯片。如果想要设置自动切换的话，可在“切换”选项卡的“计时”选项组中勾选“设置自动换片时间”复选框，并设定好切换时间即可，如图12-9所示。

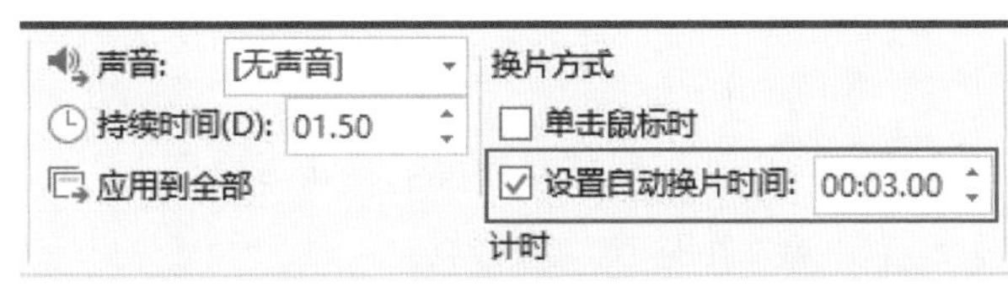

图12-9

此外，在该选项组中还可以

设置切换“持续时间”。单击“声音”下拉按钮，在其列表中可以为切换动画添加音效。

新手误区：设置“持续时间”需注意

在调整“持续时间”参数时，尽量不要拖长切换时间，以免破坏幻灯片的放映节奏。

技能应用：制作平滑动画效果

PowerPoint2019版本增添了一项“平滑”切换效果。该效果可以将对象所在的位置、大小以及颜色进行平滑过渡。

步骤01：打开原始文件，复制幻灯片，创建第2张幻灯片。放大“使命”图形以及文字，适当缩小其他两个图形大小，如图12-10所示。

步骤02：复制第2张幻灯片，创建第3张幻灯片，放大“价值”图形与文字，缩小“使命”图形与文字，如图12-11所示。

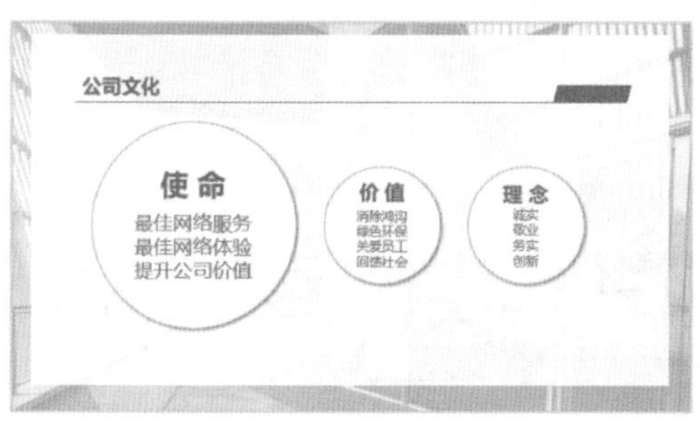

图12-10

图12-11

步骤03：按照同样操作，创建第4张幻灯片，并放大“理念”图形与文字，缩小“价值”图形，如图12-12所示。

步骤04：选中第2张幻灯片，在“切换”列表中选择“平滑”效果，并单击“应用到全部”按钮，将该效果应用至所有幻灯片中，如图12-13所示。

步骤05：设置好后，按【F5】键可查看设置效果。

图12-12

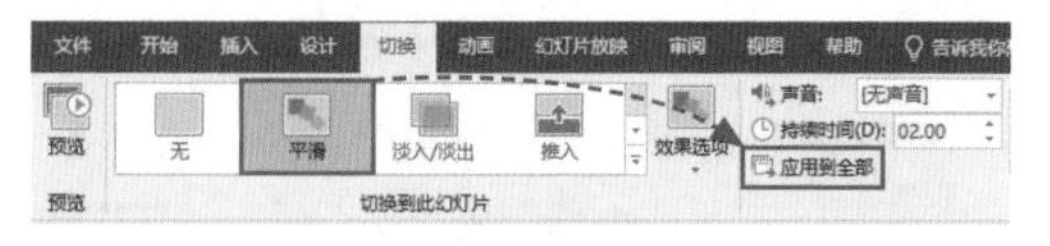

图12-13

新手误区：设置平滑效果的注意事项

① 平滑效果是页面切换效果，所以幻灯片数量必须是两页以上才可设置。

② 各页面必须使用同一个对象。

12.2 对象动画的添加

PowerPoint将动画分为4种，分别为进入、强调、退出及路径动画，熟练应用这4种动画可以制作出一些更高级的动画效果。下面将分别对各类动画进行简要说明。

12.2.1 进入和退出动画

进入动画是让对象从无到有的动画过程；而退出动画则是让对象逐渐消失的动画过程。这两种动画相辅相成，退出动画需要结合进入动画一起使用，尽量不要单独使用它，否则动画效果会很突兀。

（1）设置进入动画

在幻灯片中选择所需对象，在“动画”选项卡的“动画”选项组中单击“其他”按钮，在打开的列表中选择一项合适的进入动画，如图12-14所示。此时，系统会自动播放设置的动画效果，如图12-15所示。

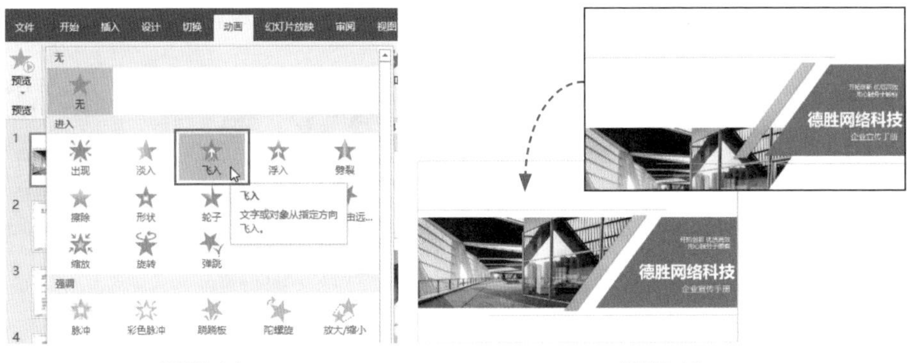

图12-14　　图12-15

设置动画后，单击“效果选项”下拉按钮，可以选择动画的运动方向，如图12-16所示。

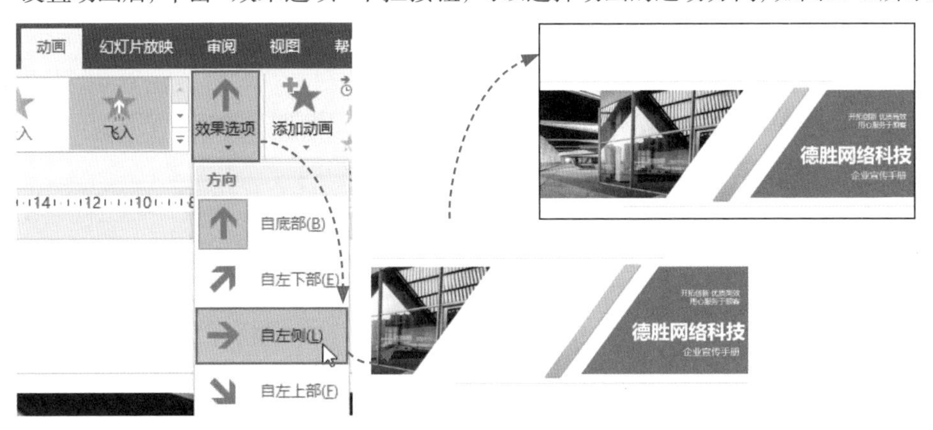

图12-16

（2）设置退出动画

在“动画”列表的“退出”组中，选择一项动画效果即可为被选对象设置退出动画，同样单击“效果选项”可选择退出方向，如图12-17所示。

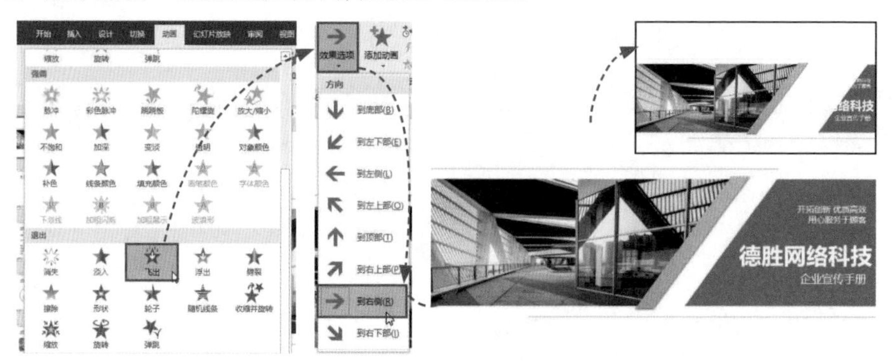

图12-17

进入动画与退出动画是一一对应的关系，例如“飞入”对应“飞出”；“出现”对应“消失”；“浮入”对应“浮出”。用户在选择退出动画时，尽量选择与进入动画相对应的效果选项。

在为幻灯片中的设置动画效果后，动画对象左上角会显示1、2、3之类的数字。该数字为动画编号，在放映时，系统会按照动画编号依次播放动画效果，如图12-18所示。

图12-18

12.2.2 强调动画

对于需要特别强调的对象可以对其应用强调动画。这类动画在放映过程中能够吸引观众的注意。选中所需对象，在“动画”列表的“强调”组中选择一项合适的效果，例如选择“画笔颜色”效果，此时，所选文本会逐字逐句的变换文本颜色，如图12-19所示。

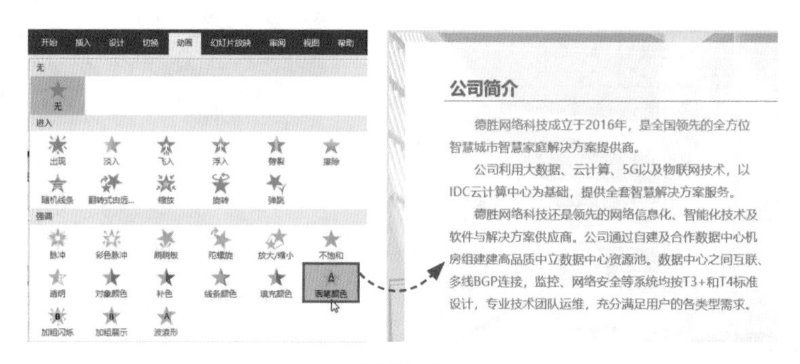

图12-19

单击“效果选项”下拉按钮，可以更改文本颜色，如图12-20所示。单击“动画”选项组右侧小箭头，可打开“画笔颜色”对话框，在“动画文本”选项中可设置动画模式，默认为“按词顺序”播放，单击其下拉按钮，可选择其他播放模式，如图12-21所示。在下方数值框中可以调整延迟速度，默认为4。数值越大，颜色变换速度就越慢；数值越小，速度就越快；如果数值为0，那么就相当于“一次显示全部”动画模式，如图12-22所示。

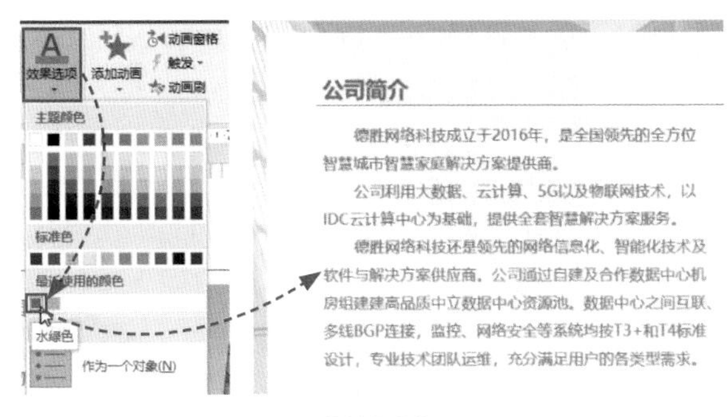

图12-20

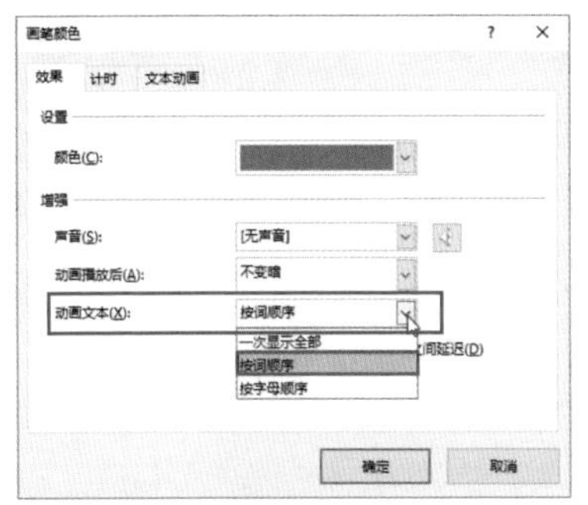

图12-21

图12-22

12.2.3 路径动画

路径动画是将对象按照设定路径进行运动的动画效果。用户可以使用内置的路径进行设置，也可以自定义路径进行设置。

选中对象，在“动画”列表的“动作路径”组中选择合适的路径，如图12-23所示。此时被选对象上会添加相应的路径，并会沿着路径进行运动，如图12-24所示。

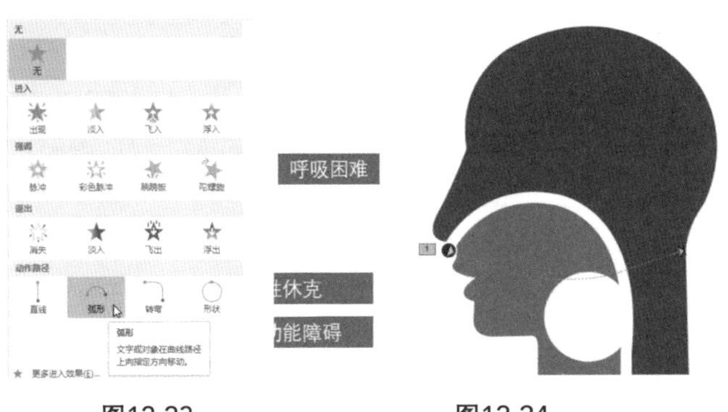

图12-23　图12-24

路径添加后，用户可以对其路径进行编辑，选中添加的路径，使用鼠标拖拽的方法，调整好路径的大致方向。然后右击路径，在打开的快捷列表中选择“编辑顶点”选项，如图12-25所示。路径会变成编辑状态，选中要编辑的顶点，拖动顶点至合适位置，即可对路径进行调整，如图12-26所示。单击空白处即可退出编辑状态。在“动画”选项卡中单击“预览”按钮，即可预览设置的路径动画，如图12-27所示。

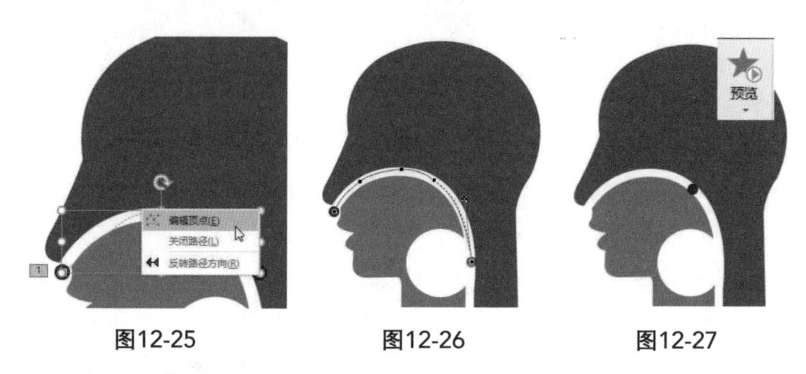

图12-25　　图12-26　　图12-27

> **技巧点拨：设置反向路径**
>
> 如果需要对路径进行反向调整，只需右击路径，在快捷菜单中选择“反转路径方向”选项即可反转路径。绿色标识为路径起点，红色标识为路径终点。

12.2.4 动画窗格

动画窗格对于动画来说比较重要，利用它可以对动画速度、动画效果、动画之间的顺序等细节进行调整，让动画显得更为自然、流畅。可以说，没有经过细节调整的动画，是没有灵魂的动画。下面将对动画窗格功能进行说明。

在“动画”选项卡中单击“动画窗格”按钮，可打开动画窗格设置面板。在该窗格中会显示当前幻灯片中所有的动画项，选中其中一个动画项，在页面中与之对应的动画将被选中，如图12-28所示。

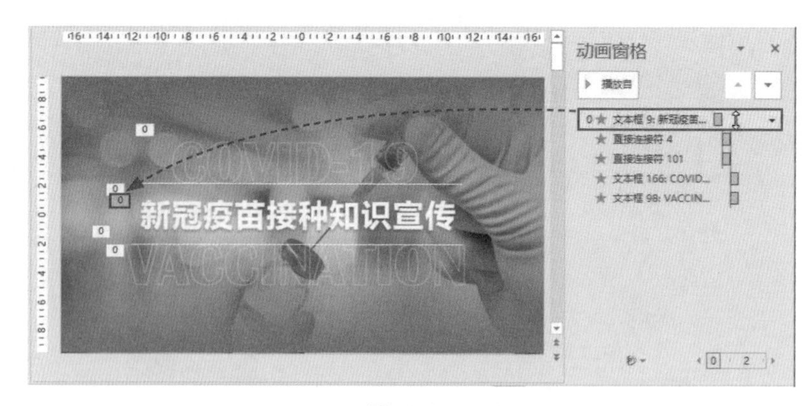

图12-28

在动画窗格中选择一个动画项，使用鼠标拖拽的方法可调整该动画的播放顺序，如图12-29所示。单击某动画项右侧三角按钮，在打开的列表中可以对该动画的参数进行调整，例如动画开始方式、动画效果的调整、动画计时参数的设置等，如图12-30所示。

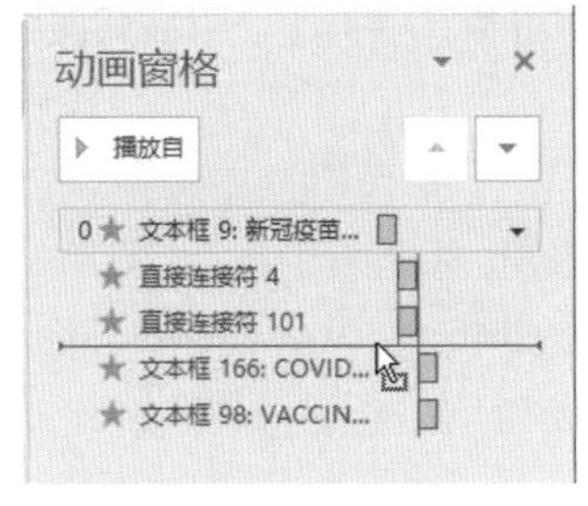

图12-29

图12-30

下面将对动画的设置参数进行说明。

- 单击开始：该选项为默认开始方式。在放映该幻灯片时，需要单击鼠标才可播放动画效果。
- 从上一项开始：该选项是指当前动画与前一个动画同时播放。
- 从上一项后开始：该选项是指前一个动画结束后，再开始当前动画。
- 效果选项：选择该选项后，会打开设置对话框，在“效果”选项卡中可设置动画运动方向、动画声音、动画播放类型以及动画文本延迟显示等效果，如图12-31所示。
- 计时：选择该选项后，同样会打开设置对话框。在“计时”选项卡中，可设置动画的延迟时间、动画持续时间、动画重复次数等选项，如图12-32所示。
- 隐藏高级日程表：选项该选项后，会隐藏所有动画项右侧的动画日程，相反，则显示动画日程，如图12-33所示。
- 删除：选择该选项后，即可删除当前所选的动画效果。

图12-31

图12-32

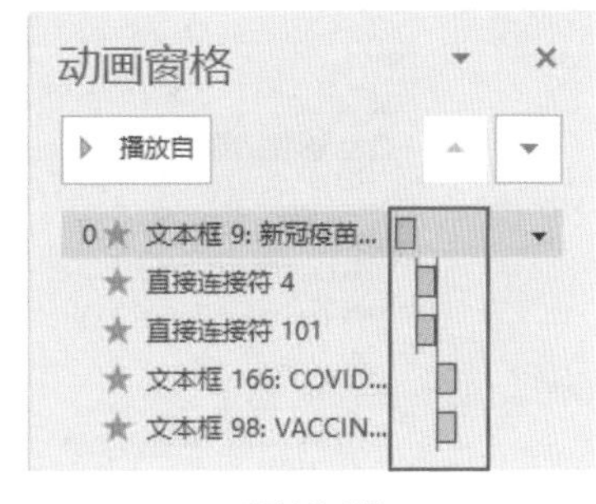

图12-33

技巧点拨：动画类型在动画窗格中的显示方式

在动画窗格中每个动画项前会显示出该动画的类型。例如，带有★图标的为进入动画；带有★图标的为退出动画；带有★图标的为强调动画；带有各类路径图标的则为路径动画。

技能应用：制作踢球动画效果

球体在向前运动的同时，它自身也是在旋转的。而大多数人设置动画只停留在让球体向前运动，而忽视了球体也会自身旋转的规律。所以想要做好这类动画，就需要2~3个动画组合使用。下面将以球体滚动动画为例，来介绍组合动画的设置操作。

步骤01： 选中小球图片，在“动画”列表中选择“直线”动作路径，为其添加直线路径动画，单击“效果选项”下拉按钮，在列表中选择“右”选项，调整路径方向，如图12-34所示。

步骤02： 调整好直线路径的长度，再次选择小球图片，在“动画”选项卡中单击“添加动画”下拉按钮，从其列表中选择“陀螺旋”强调动画，如图12-35所示。

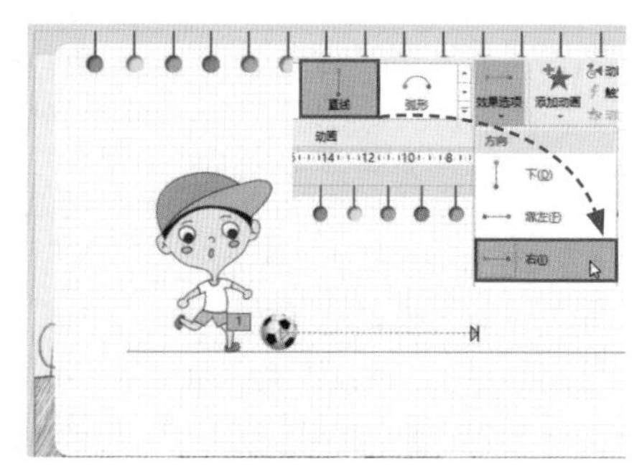

图12-34

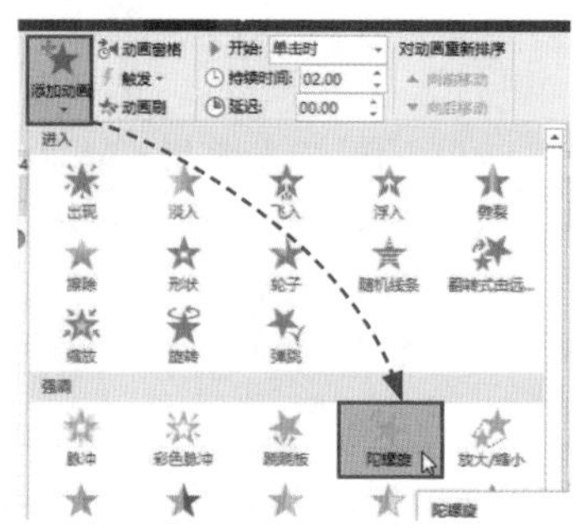

图12-35

步骤03： 打开动画窗格，单击“图片22”强调动画下拉按钮，在其列表中选择“计时”选项，打开“陀螺旋”对话框，将“延迟”设为0.2秒，将“期间”设置为“快速1秒”，将“重复”设为2秒，单击“确定”按钮，如图12-36所示。

步骤04： 在动画窗格中，选择“图片22”路径动画下拉按钮，在其列表中选择“从上一项开始”选项。然后将强调动画项的开始方式也设为“从上一项开始”，如图12-37所示。

图12-36

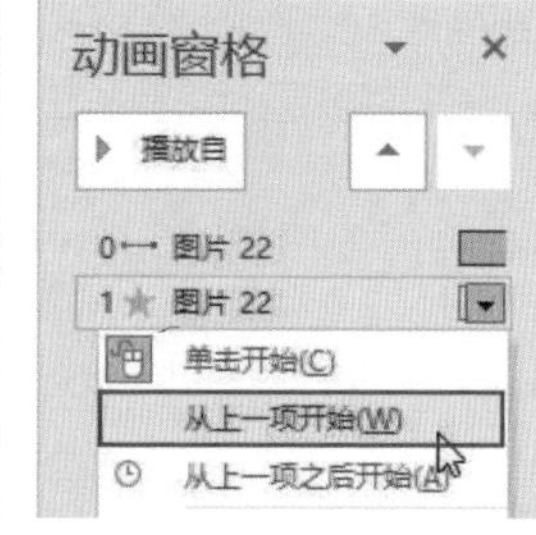

图12-37

步骤05： 在动画窗格中单击“全部播放”按钮，即可查看小球向前滚动的动画效果，如图12-38所示。

图12-38

12.3 超链接的应用

链接的创建使幻灯片的放映变得更具有操控性。在单击某链接对象后，系统随即会跳转到指定的幻灯片。除此之外，用户可将网页或电子邮件地址链接到PPT所指定的对象上。下面将对链接功能的操作进行讲解。

12.3.1 链接到指定页面内容

在幻灯片中选择所需内容，在"插入"选项卡中单击"链接"按钮，打开"插入超链接"对话框，选择"本文档中的位置"选项，并在右侧幻灯片列表中选择目标幻灯片，单击"确定"按钮即可完成操作，如图12-39所示。此时，链接后的文本下方会添加下划线，并且其文字颜色也会发生变化，以此突出显示链接文本。将光标放置链接文本上方时，会显示链接信息，按住【Ctrl】键并单击该文本，随即会跳转到目标幻灯片中，如图12-40所示。

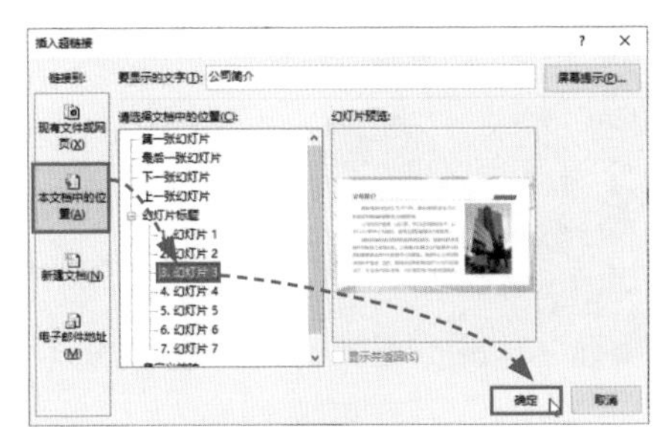

图12-39

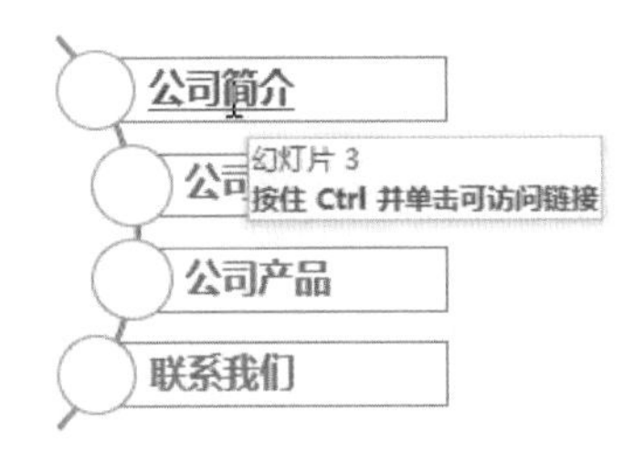

图12-40

技巧点拨：让链接文本不变化

如果想要让链接的文本不发生变化，那么在选择文本时，选择的应是文本框，而不是文本内容，然后再进行链接设置即可。

12.3.2 链接到其他应用程序

有时需要将幻灯片中的内容链接到其他文件中，那么可在"插入超链接"对话框中，选择"现有文件或网页"选项，并选择要目标文件或应用程序，单击"确定"按钮即可，如图12-41所示。

如果需要链接到相关网页，只要在该对话框中的"地址"一栏中输入网址即可。

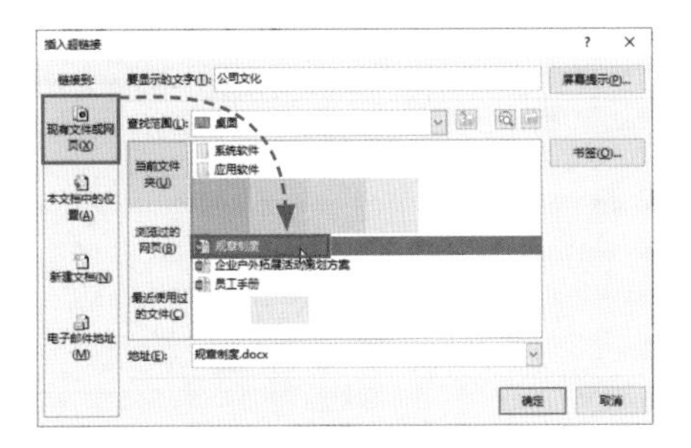

图12-41

技能应用：将幻灯片内容链接至Word文档

扫一扫 看视频

如果需要对幻灯片中的某内容进行补充说明，可将该内容链接到说明文档，以便在需要时直接跳转到说明文档进行解说。

步骤01：打开原始文件，并选择要链接的内容文本框，如图12-42所示。

步骤02：单击“链接”按钮打开“插入超链接”对话框，在“现有文件或网页”选项中选择Word文档，如图12-43所示。

步骤03：单击“确定”按钮完成链接操作。将光标移动至该文本框上方，当出现链接提示则表明链接成功，如图12-44所示。

图12-42

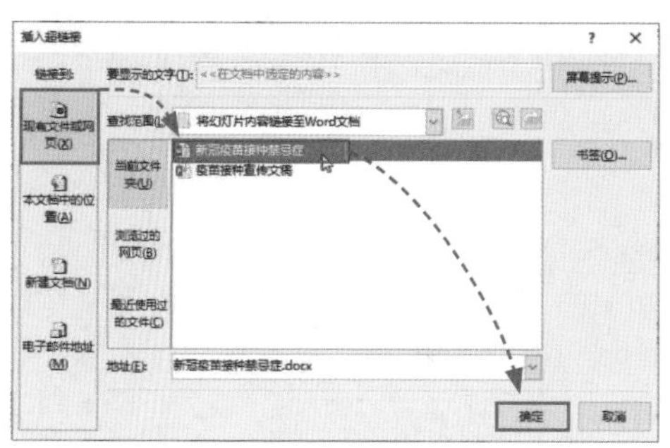

图12-43

图12-44

12.3.3 编辑链接

设置链接后，用户可以对链接对象进行一系列编辑，例如更改链接源、设置屏幕提示、取消链接等。

（1）更改链接源

如果设置了无效或错误的链接源，就需要对链接源进行修改。右击选中要更改链接的文本，在快捷列表中选择“编辑链接”选项，在打开的“编辑超链接”对话框中重新定位目标幻灯片即可，如图12-45所示。

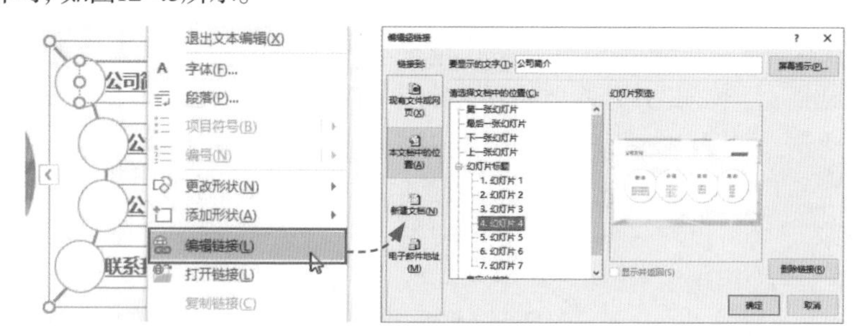

图12-45

（2）设置屏幕提示

屏幕提示的作用在于在放映幻灯片的过程中，当鼠标悬停在某链接对象上方时，屏幕上会出现提示文字。

选中所需链接的对象，先为其添加相关链接。然后在当前对话框中单击“屏幕提示”按钮，在“设置超链接屏幕提示”对话框中，输入提示内容，单击“确定”按钮，如图12-46所示。按【F5】键进入放映状态，当切换至当前页面时，将光标悬停在该链接对象上方，光标下方即出现屏幕提示文字，如图12-47所示。

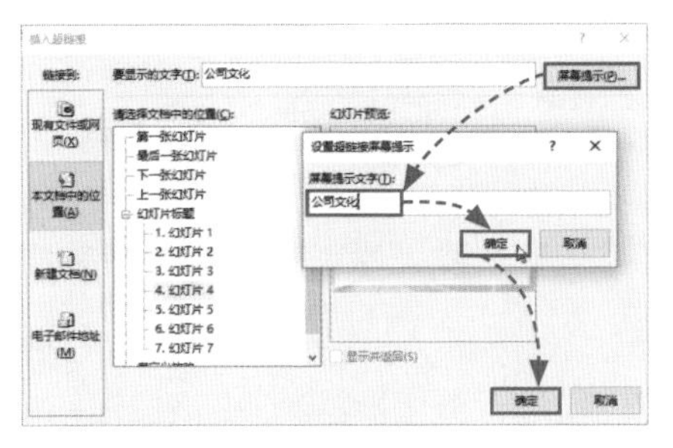

图12-46

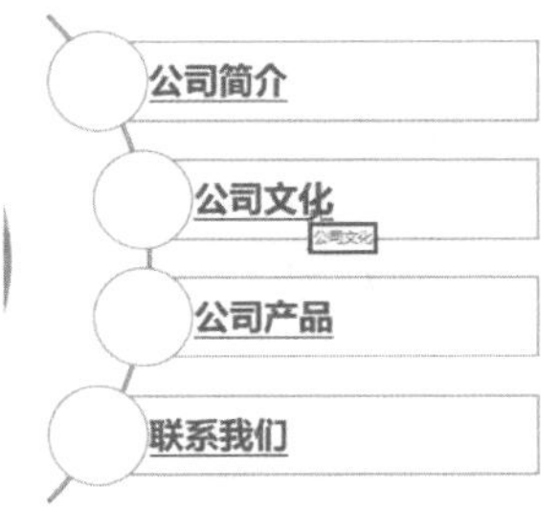

图12-47

（3）取消链接

如果需要删除链接，可右击链接对象，在打开的快捷菜单中选择“删除链接”选项即可，如图12-48所示。此外用户还可以在“编辑超链接”对话框中单击“删除链接”按钮来取消链接操作，如图12-49所示。

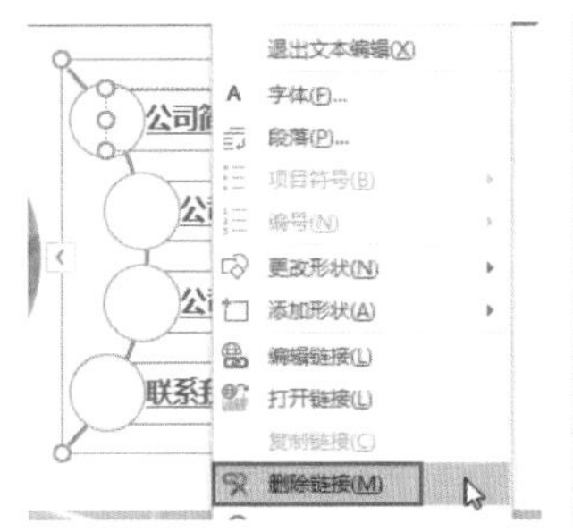

图12-48

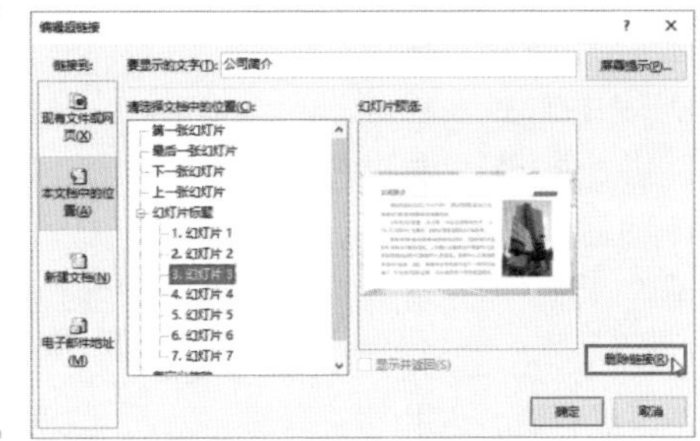

图12-49

12.4 播放动作的设置

在幻灯片中用户可以根据需求为其添加播放动作按钮，例如返回上一页按钮、返回到主页按钮等。单击返回按钮可以直接跳转到相关幻灯片页面。

12.4.1 添加内容的动作按钮

PowerPoint软件中内置了多个动作按钮，用户可以直接使用。在“插入”选项卡的“形状”列表中根据需要选择所需按钮，如图12-50所示。使用鼠标拖拽的方法在页面中绘制出该按钮，在打开的“操作设置”对话框中保持默认设置，单击“确定”按钮，如图12-51所示。

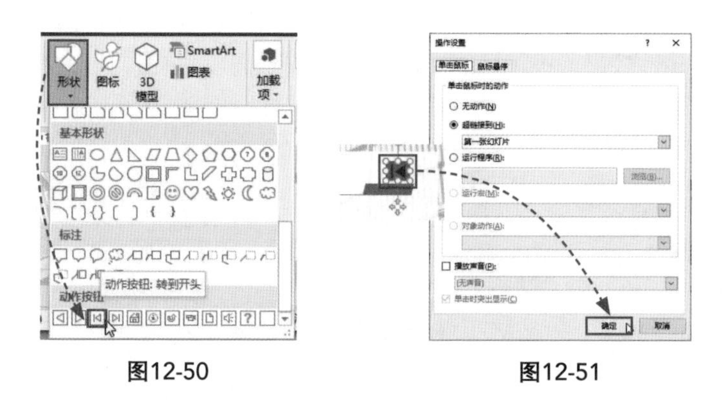

图12-50　　图12-51

动作按钮绘制完成后，用户可以对该按钮进行美化操作。选中该按钮，在“绘图工具-格式”选项卡的“形状样式”选项组中进行相关设置即可。

12.4.2 自定义动作按钮

系统内置的动作按钮不能够满足需求时，用户可以自己设计动作按钮。在“形状”列表中选择一种形状样式，并进行绘制与美化，如图12-52所示。绘制完成后，在“插入”选项卡的“动作”按钮，打开“操作设置”对话框，单击“超链接到”单选按钮，并在其下拉列表中选择“幻灯片”选项，如图12-53所示。

在“超链接到幻灯片”对话框中，选择好要目标幻灯片，单击“确定”按钮，返回上一层，再次单击“确定”按钮，关闭对话框完成动作按钮的设置操作，如图12-54所示。

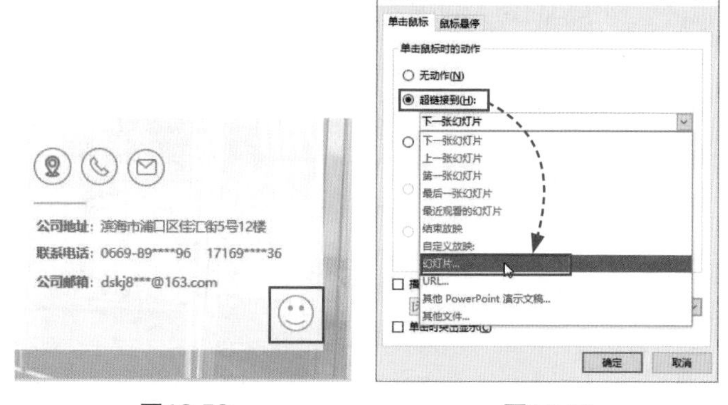

图12-52　　图12-53

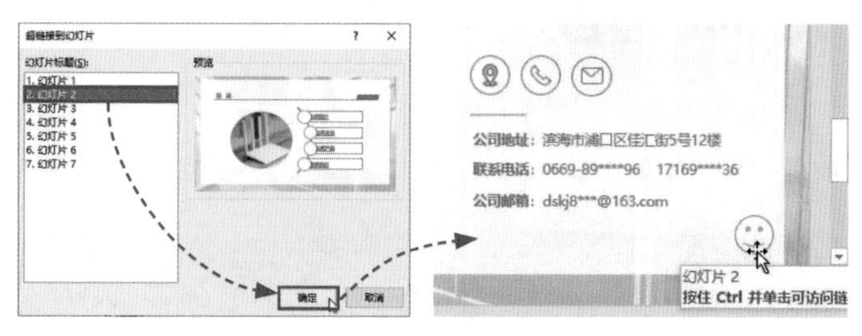

图12-54

实战演练：制作疫苗接种动态宣传文稿

下面将结合本章所学的内容，来为疫苗接种宣传文稿添加动画效果。制作时运用到的知识点有进入动画、退出动画、切换效果的添加等。

步骤01：打开原始宣传文稿。选择首页幻灯片中的标题内容，为其设置“缩放”进入动画，如图12-55所示。

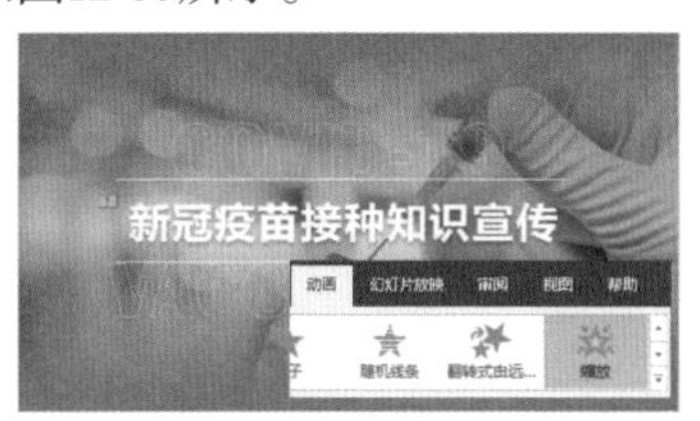

图12-55

步骤02：选择一条直线，为其设置“擦除”进入动画，如图12-56所示。

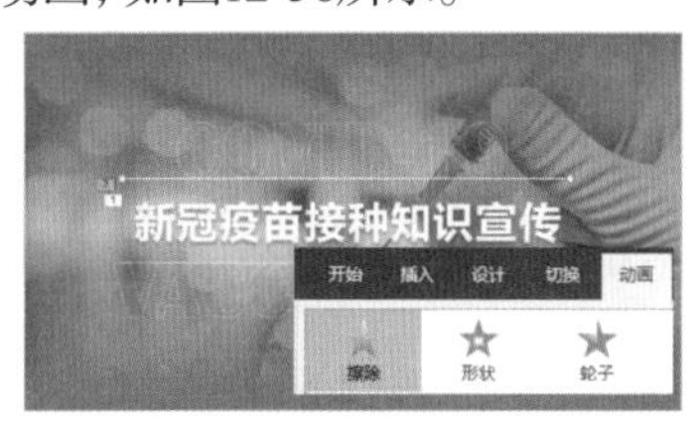

图12-56

步骤03：选中该动画，单击“效果选项”下拉按钮❶，从中选择“自左侧”选项❷，设置好擦除方向，如图12-57所示。

步骤04：保持该动画为选择状态，单击“动画刷”按钮，将擦除动画复制到另一条直线上，并将其“效果选项”设为“自右侧”，如图12-58所示。

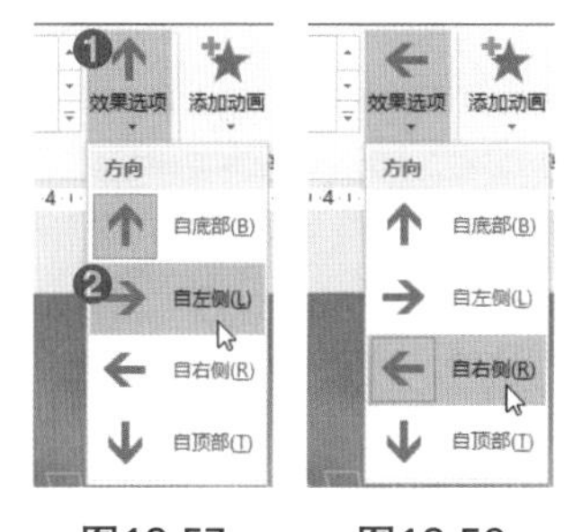

图12-57　图12-58

步骤05：选中封面页英文内容，为其添加“缩放”进入动画，如图12-59所示。

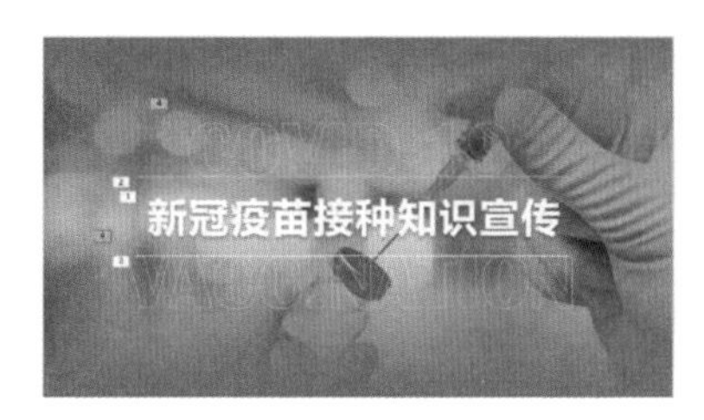

图12-59

步骤06：打开动画窗格，选择“文本框9”动画项，将“开始”设为“与上一动画同时”选项，如图12-60所示。

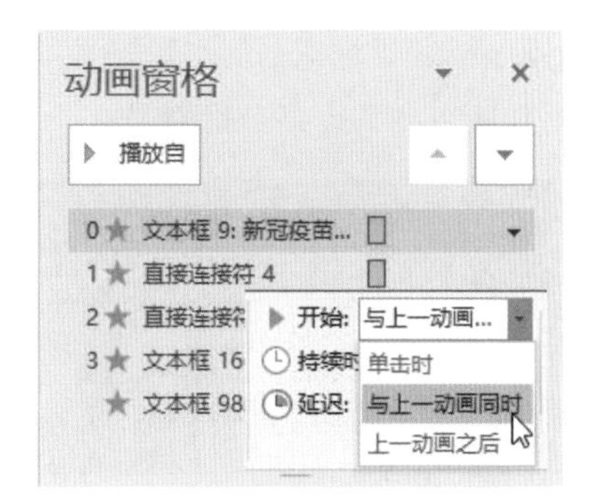

图12-60

步骤07：选择“直接连接符4”动画项，将“开始”设为“上一动画之后”选项，如图12-61所示。

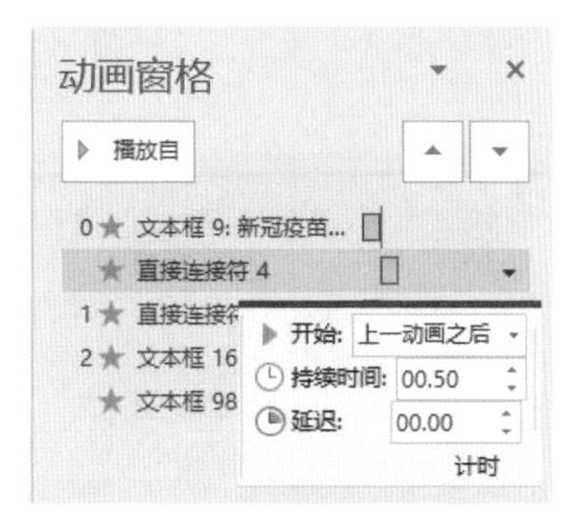

图12-61

步骤08：将“直接连接符101”动画项设为“与上一动画同时”；将“文本框166”动画项设为“上一动画之后”；将“文本框98”动画项设为“与上一动画同时”，如图12-62所示。

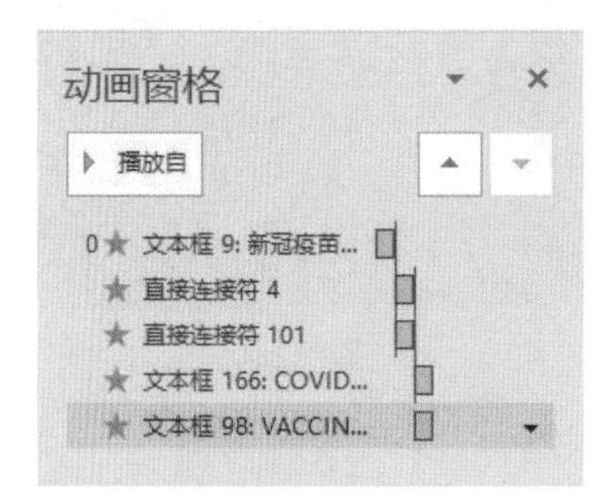

图12-62

步骤09：单击“全部播放”按钮可以查看当前幻灯片所有动画效果，如图12-63所示。

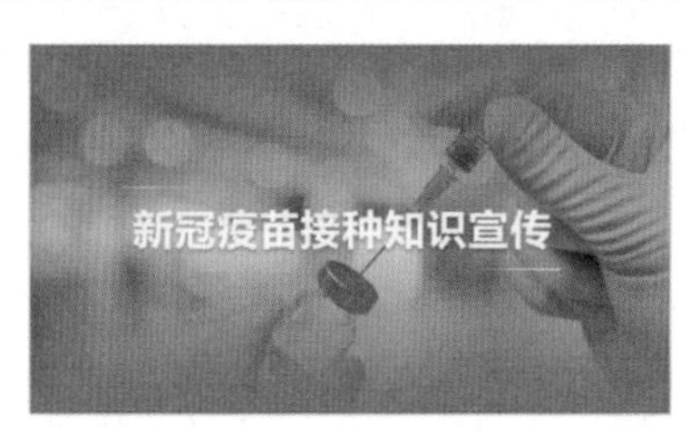

图12-63

步骤10：选择第2张幻灯片中的两条直线，为其设置“飞入”进入动画效果，将上方直线的“效果选项”设为“自左侧”；将下直线的“效果选项”设为“自右侧”，如图12-64所示。

图12-64

步骤11：将该页面两个标题内容也设为“飞入”进入动画，同时将小标题的“效果选项”设为“自左侧”，将大标题的“效果选项”设为“自右侧”，如图12-65所示。

图12-65

步骤12：在动画窗格中，选择“直线连接符691”动画项，将其“开始”设为“上一动画同时”。选择“文本框2”动画项，将其“开始”设为“上一动画之后”，如图12-66所示。

图12-66

步骤13：单击“文本框2”后的三角按钮❶，在其列表中选择“效果选项”❷，如图12-67所示。

图12-67

步骤14： 在"飞入"对话框中将"弹跳结束"选项设为0.1秒，让该动画有轻微的回弹效果，如图12-68所示。

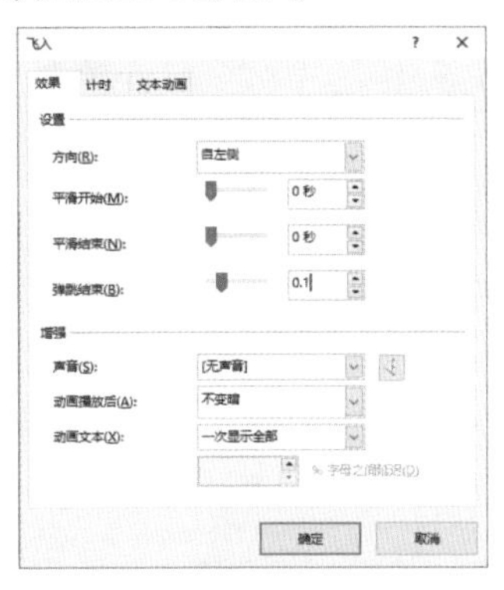

图12-68

步骤15： 同样，将"文本框3"的"弹跳结束"参数也设置为0.1秒。

步骤16： 选择第3张幻灯片中的白色背景形状，为其设置"飞入"进入动画❶，将"效果选项"设为"自右侧"❷，如图12-69所示。

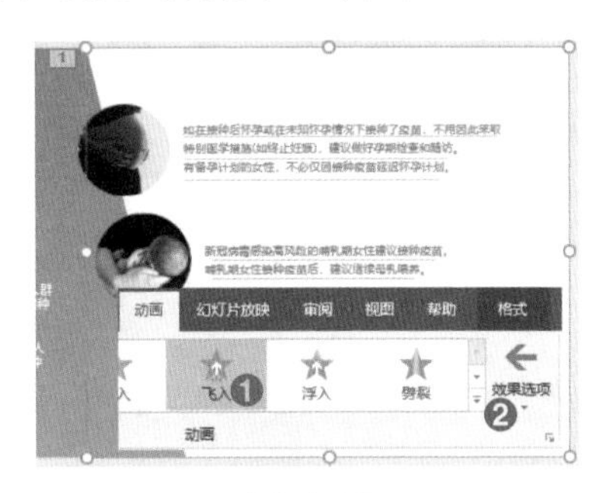

图12-69

步骤17： 选择第1张图片，为其设置"缩放"进入动画，如图12-70所示。

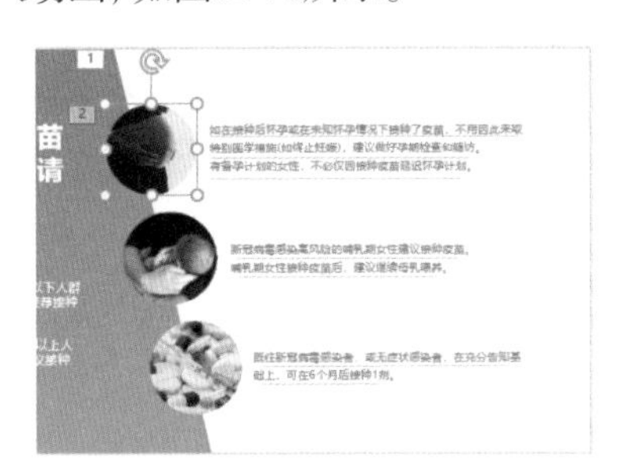

图12-70

步骤18： 选择第1段文本框，为其设置"擦除"进入动画，并将其"效果选项"设为"自左侧"，如图12-71所示。

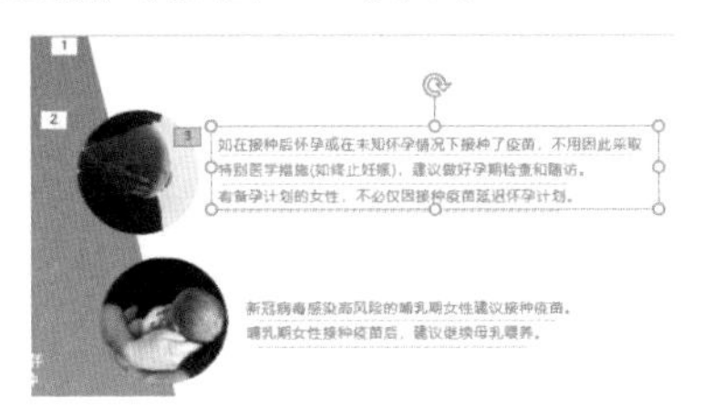

图12-71

步骤19： 选择段落中的第1条下划线，同样也将其设置"擦除"进入动画，并将"效果选项"设为"自左侧"，如图12-72所示。

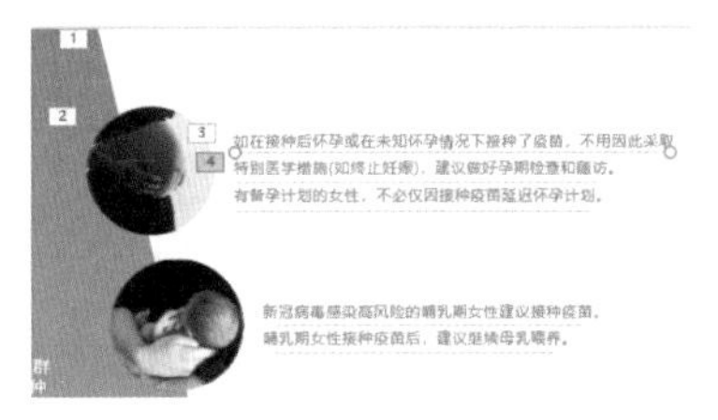

图12-72

步骤20： 使用动画刷功能，将该下划线动画复制到其他2条下划线上，如图12-73所示。

图12-73

步骤21： 按照以上操作，依次将其他两张图片以及段落内容添加相应的动画效果，如图12-74所示。

图12-74

步骤22： 在动画窗格中选择“任意多边形”动画项，将其“开始”设为“与上一动画同时”❶；然后同时选中剩余动画项，将“开始”均设为“上一动画之后”❷，如图12-75所示。

图12-75

步骤23： 单击“全部播放”按钮，可预览当前幻灯片所有动画效果，如图12-76所示。

图12-76

步骤24： 选择第4张幻灯片中的标题文本，为其设置“脉冲”强调动画❶，并将其“开始”方式设为“与上一动画同时”❷，如图12-77所示。

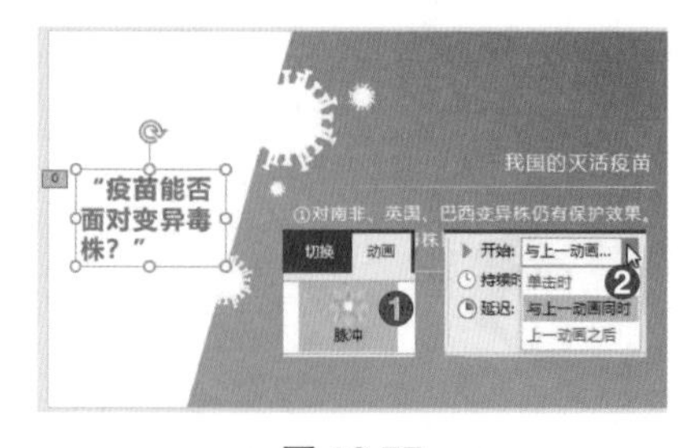

图 12-77

步骤25： 选择结尾幻灯片，先使用文本框添加致谢语“感谢观看”，如图12-78所示。

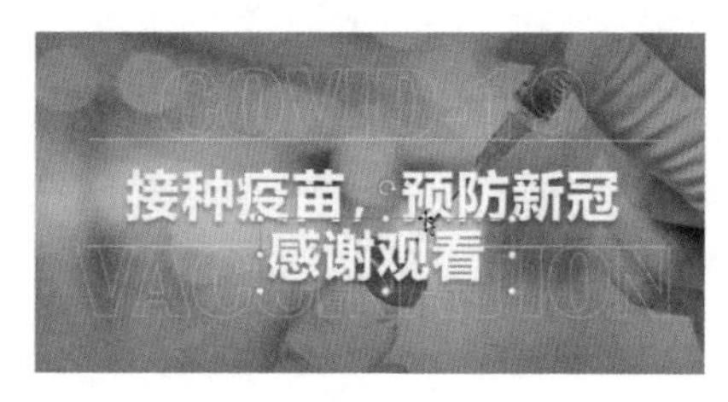

图12-78

步骤26： 选中“感谢观看”文本框，先为其设置“缩放”进入动画。然后单击“添加动画”下拉按钮❶，在列表中选择“缩放”退出动画效果❷，为其叠加两个动画效果，如图12-79所示。

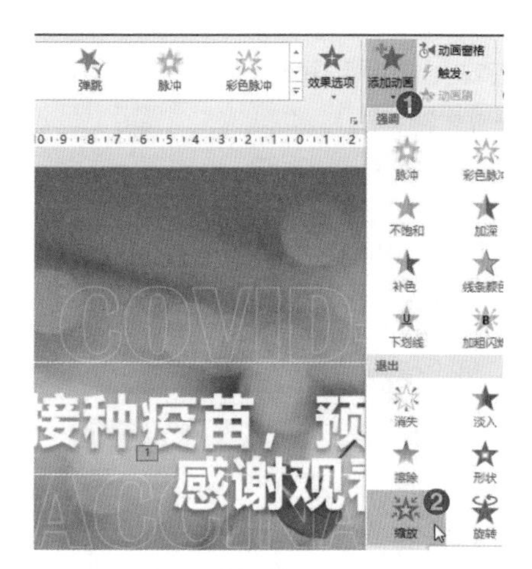

图12-79

步骤27： 将结尾宣传语添加“缩放”进入动画，如图12-80所示。

图12-80

步骤28：将“感谢观看”文本叠放在宣传语上方，如图12-81所示。

图12-81

步骤29：在动画窗格中将“文本框7”进入动画的“开始”方式设为“与上一动画同时，”其他动画项均设为“上一动画之后”，如图12-82所示。

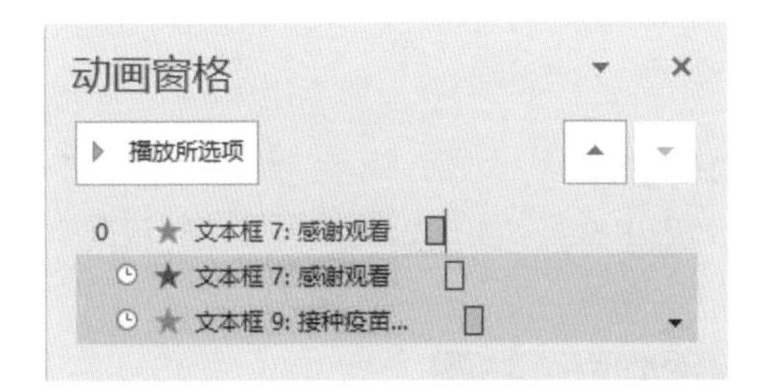

图12-82

步骤30：选中“文本框7”退出动画项❶，在“计时”选项组中将“延迟”设为1秒❷，如图12-83所示。

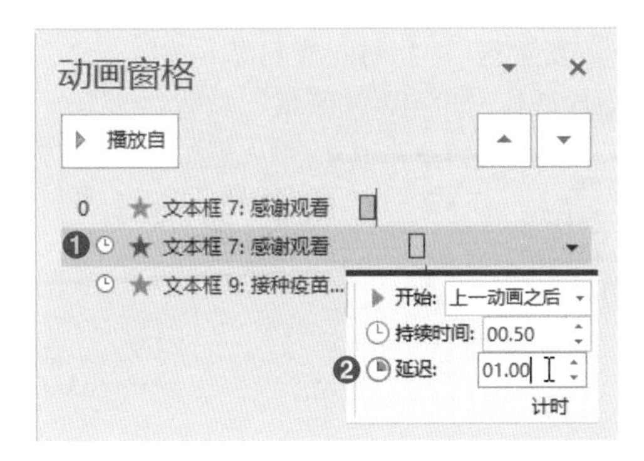

图12-83

步骤31：单击“全部播放”按钮，可查看设置的动画效果，如图12-84～图12-86所示。

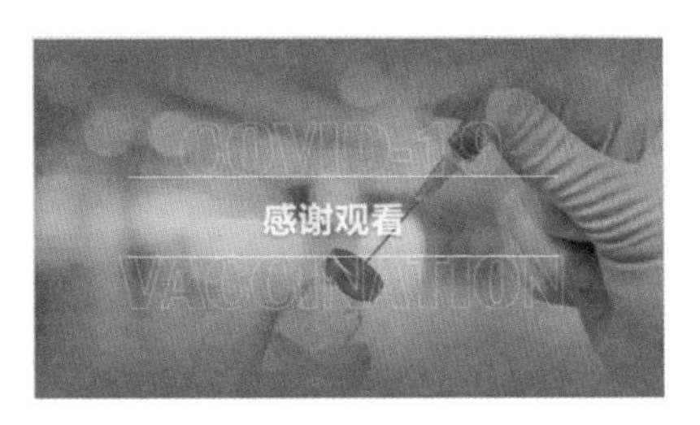

图12-84

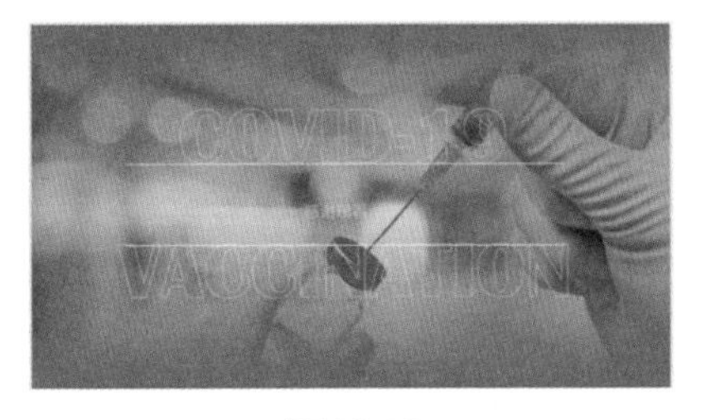

图12-85

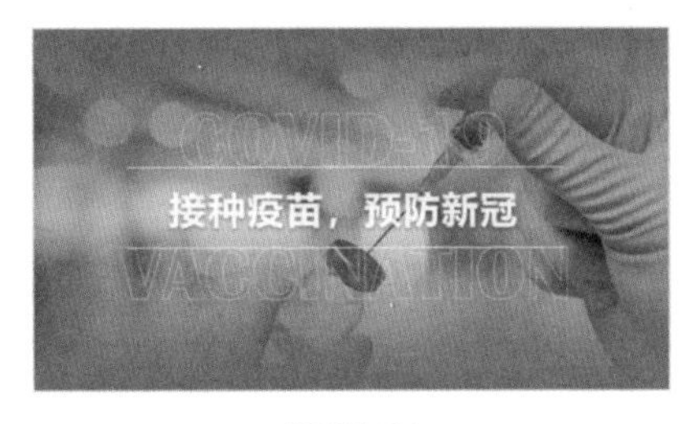

图12-86

步骤32：选中首页幻灯片，在“切换”选项卡的“切换到此幻灯片”列表中，选择“切换”选项❶，然后单击“应用到全部”按钮❷，为所有幻灯片都设置切换效果，如图12-87所示。

图12-87

至此，该疫苗接种动态文稿制作完成，用户可按【F5】键查看该文稿所有动画效果。

知识拓展

Q：动画列表中除了显示出的几组动画效果外，还有其他动画可选择吗？

A：动画列表中只显示出了一些常用的动画效果，如果用户想尝试其他效果的话，可在列表中选择“更多**效果”选项，在打开的“更改**效果”对话框中即可选择其他动画效果，如图12-88所示。

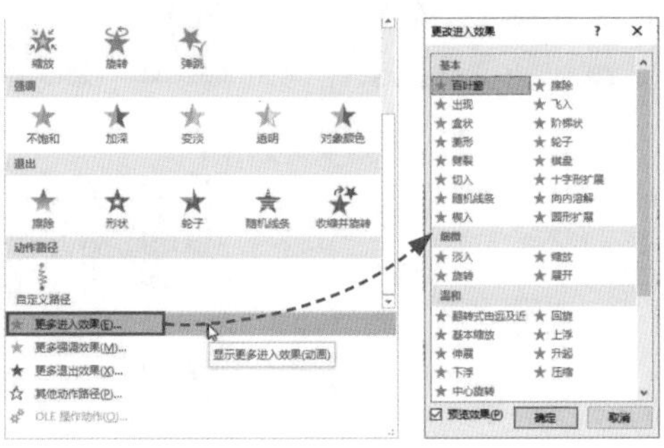

图12-88

Q：想要取消所有幻灯片的切换动画，该如何操作？

A：非常简单。选择任意一张幻灯片，在“切换”列表中选择“无”选项，并单击“应用到全部”按钮，即可删除所有幻灯片切换效果，如图12-89所示。

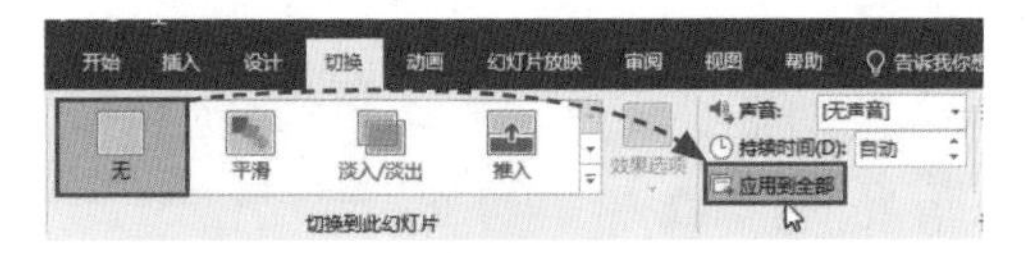

图12-89

Q：如何取消自动播放幻灯片的操作？

A：在“切换”选项卡中，取消“设置自动换片时间”复选框，并将时间值归零，然后单击“应用到全部”按钮即可取消自动播放操作，如图12-90所示。

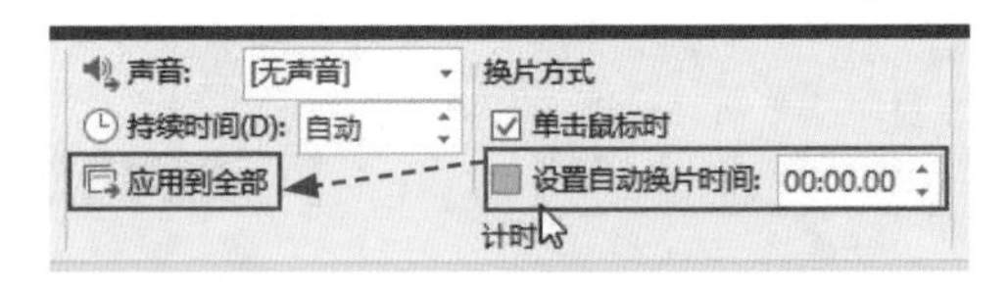

图12-90

Q：动画刷功能如何使用？

A：动画刷是用来复制动画的，它与格式刷功能是一样的。选择要复制的动画，单击“动画刷”按钮，当光标变成刷子形状后，选择目标对象即可复制操作。单击动画刷，可复制一次；双击动画刷可进行多次复制，直到按【Esc】键退出命令为止。

第13章

幻灯片的放映与输出

幻灯片制作完成后，接下来就要对幻灯片进行放映了。在放映幻灯片时，用户可以使用各种放映技巧来掌控幻灯片。此外，用户还可将幻灯片输出为各种不同格式的文件，以方便在没有安装PowerPoint软件的电脑中也能够共享幻灯片内容。

13.1 放映方式的选择

在放映幻灯片前，用户先要了解一些基本的放映方式及放映类型，例如是按部就班地按顺序放映，还是只放映指定的幻灯片，或是自动放映幻灯片等。下面将对这些知识点进行介绍。

13.1.1 放映方式的选择

幻灯片放映的方式有3种，分别为从头开始放映、从当前幻灯片开始放映以及自定义放映，用户需根据实际情况选择相应的方式即可。

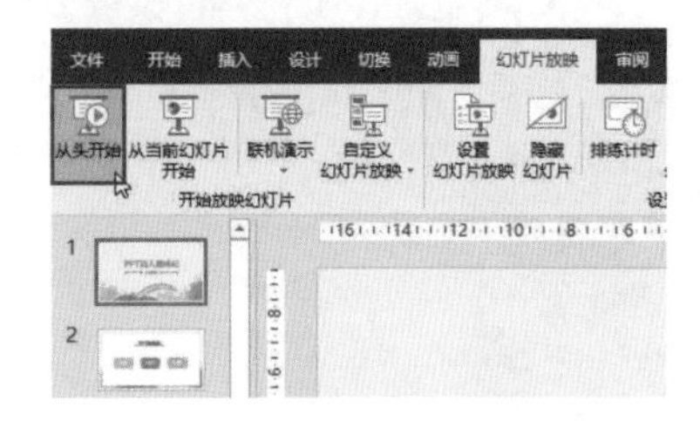

图13-1

（1）从头开始放映

选择任意张幻灯片，在“幻灯片放映”选项卡中单击“从头开始”按钮，或按【F5】键，即可从首张幻灯片开始放映，如图13-1所示。

（2）从当前幻灯片开始放映

如果想要从幻灯片中的某一页开始放映，例如想要从第3页开始放映，那么先选择该页幻灯片，在“幻灯片放映”选项卡中单击“从当前幻灯片开始”按钮即可，或按【Shift+F5】组合键，即可从第3页开始依次放映幻灯片，如图13-2所示。

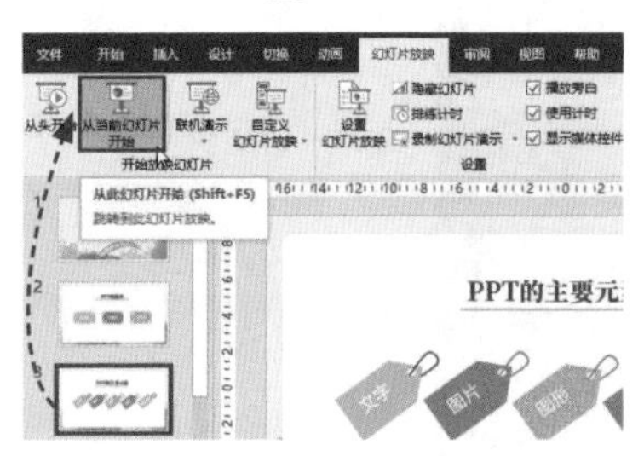

图13-2

（3）自定义放映幻灯片

在放映过程中，如果只想放映指定的幻灯片内容，这时就需使用到自定义放映功能了。在“幻灯片放映”选项卡的“开始放映幻灯片”选项组中单击“自定义幻灯片放映”下拉按钮，选择“自定义放映”选项，打开“自定义放映”对话框，单击“新建”按钮，如图13-3所示。

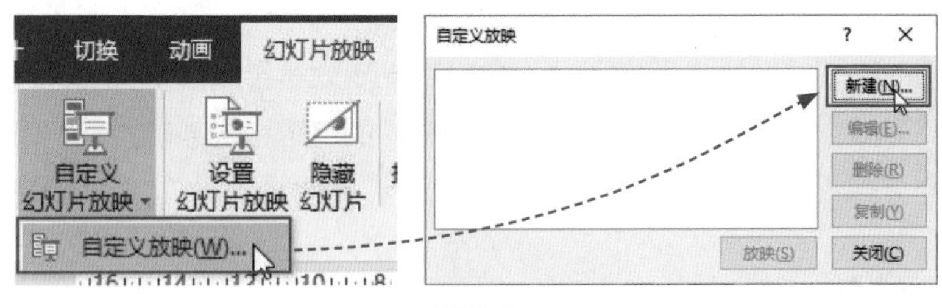

图13-3

在“定义自定义放映”对话框中设定好放映名称，并在左侧列表中选择要放映的幻灯片，单击“添加”按钮，将其添加至右侧列表中，如图13-4所示。

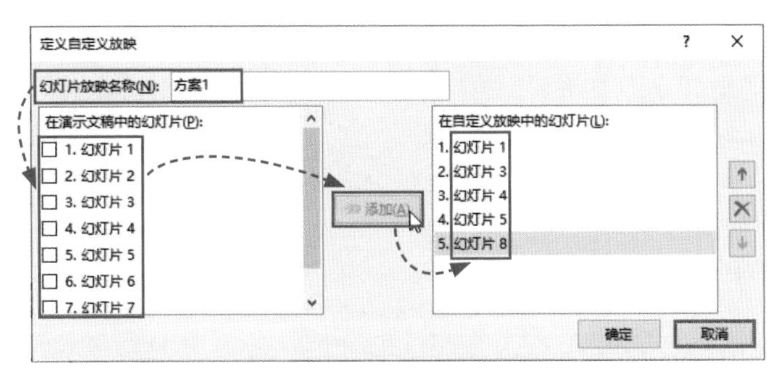

图13-4

设置好后，单击“确定”按钮，返回到上一层对话框，单击“放映”按钮，即可放映设置的方案，如图13-5所示。如果单击“关闭”按钮，关闭对话框。当下次调用该放映方案时，在“自定义幻灯片放映”列表中选择设置的放映方案名称即可，如图13-6所示。

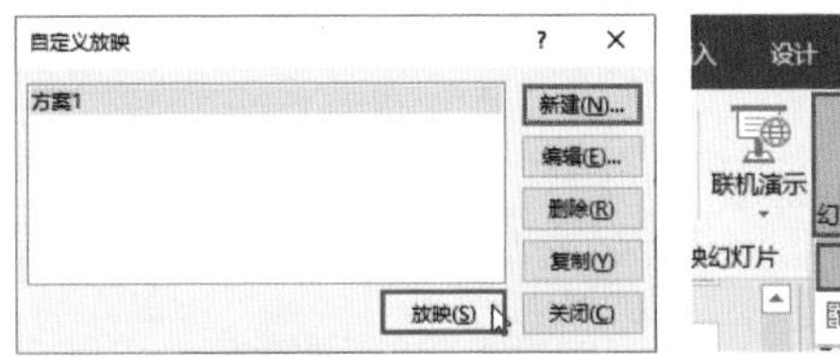

图13-5

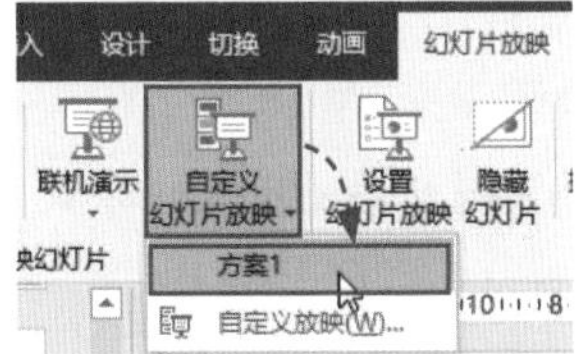

图13-6

技巧点拨：调整幻灯片顺序

在“定义自定义放映”对话框中，用户可以调整自定义放映幻灯片的顺序。选中所需幻灯片，单击对话框右侧“向上”“删除”“向下”按钮即可。

技能应用：根据需要放映指定的内容

下面以苏州印象文稿为例，介绍只播放文稿中第3张、第4张和第5张幻灯片内容的具体操作。

步骤01： 打开原始文稿，在“幻灯片放映”选项卡中单击“自定义幻灯片放映”下拉按钮，选择“自定义放映”选项，打开同名对话框，单击“新建”按钮，打开“定义自定义放映”对话框，如图13-7所示。

步骤02： 对“幻灯片放映名称”进行重命名，并在左侧列表中勾选“幻灯片3”“幻灯片4”和“幻灯片5”复选框，如图13-8所示。

图13-7

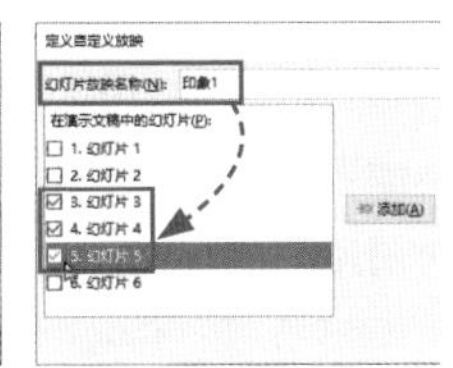

图13-8

步骤03：选择完成后单击“添加”按钮，此时被选的幻灯片将添加至右侧列表中，单击“确定”按钮，返回上一层对话框，单击“关闭”按钮，关闭对话框，如图13-9所示。至此，完成指定幻灯片的放映操作。

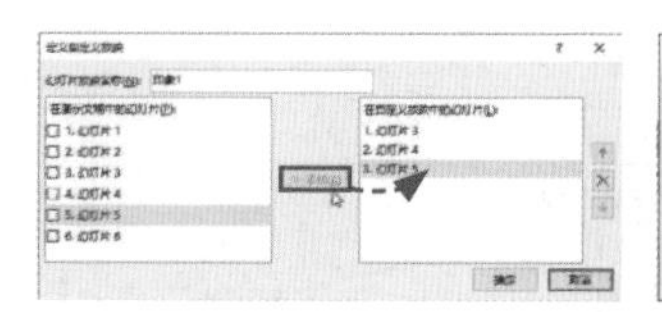

图13-9

13.1.2 设置放映类型

幻灯片放映类型主要包括“演讲者放映（全屏幕）”“观众自行浏览（窗口）”和“在展台浏览（全屏幕）”3种。

（1）演讲者放映（全屏）

该类型是PPT默认放映的方式，一般用于公共演讲的场合。在放映过程中，用户使用鼠标、翻页器以及键盘来操控幻灯片的放映。

（2）观众自行浏览（窗口）

该类型是让观众自己单击一些动作按钮或链接来实现自由观看的一种方式。在“幻灯片放映”选项卡的“设置”选项组中单击“设置幻灯片放映”按钮，在“设置放映方式”对话框中，单击“观众自行浏览（窗口）”单选按钮即可启动该方式。当按下【F5】键后，当前幻灯片就会以窗口形式显示，如图13-10所示。

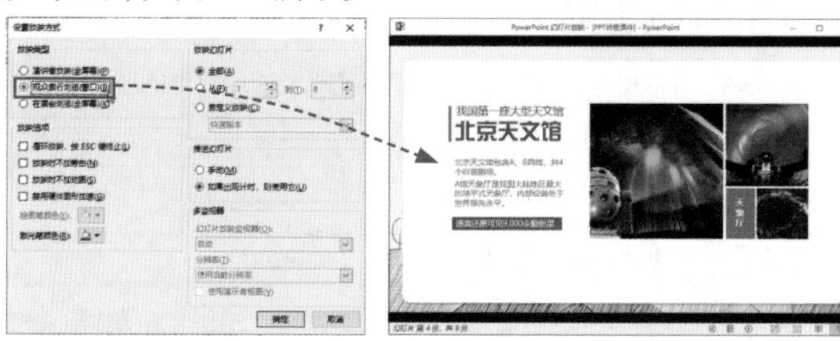

图13-10

（3）在展台浏览（全屏幕）

在展台浏览类型是需要预先设置好幻灯片每页的换片时间，这样就可以在无人操控下自行播放幻灯片了。在“设置放映方式”对话框中单击“在展台浏览（全屏幕）”单选按钮即可，如图13-11所示。

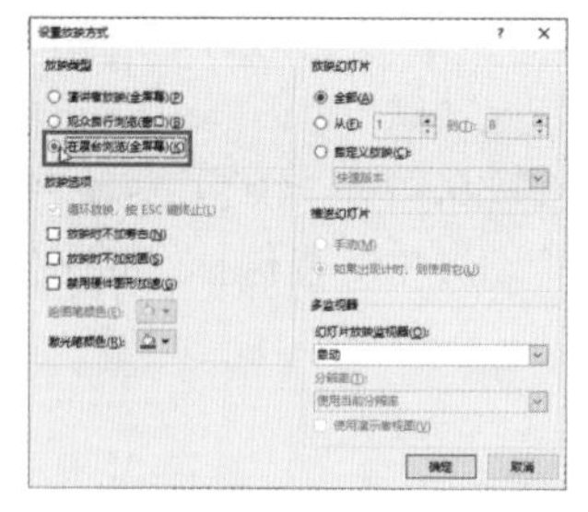

图13-11

> **新手误区：设置在展台浏览需注意**
>
> 在选择前，用户需要设定好切换时间，否则是无法实现自动播放操作的。在“切换”选项卡中的“计时”选项组中，勾选“设置自动换片时间”复选框，然后设定好时间参数，时间一般以3~5秒为最佳。

13.1.3 模拟黑板功能

在放映过程中用户可以通过画笔、荧光笔等墨迹功能，来对幻灯片的内容进行标记。按【F5】键进入幻灯片放映状态，单击界面左下角按钮，打开墨迹列表，选择一款笔样式，这里选择“荧光笔”选项，如图13-12所示。在幻灯片中按住鼠标左键，拖动荧光笔至合适位置，即可对所需内容进行标记，如图13-13所示。

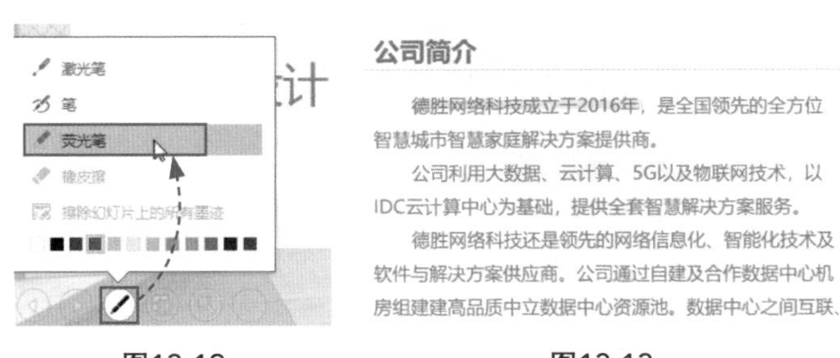

图13-12　　图13-13

如果想要更改标记颜色，可以在墨迹列表中选择所需的颜色即可。在该列表中单击“橡皮擦”选项，可以删除不需要的标记。选择“擦除幻灯片上的所有墨迹”选项，可一次性删除幻灯片所有标记。

对标记完成后，系统会打开提示对话框，询问是否保留墨迹注释，单击“保留”按钮，退出放映状态后，所有标记都会保存在幻灯片中，如图13-14所示。相反，单击“放弃”按钮后，将不会保存所做的标记。

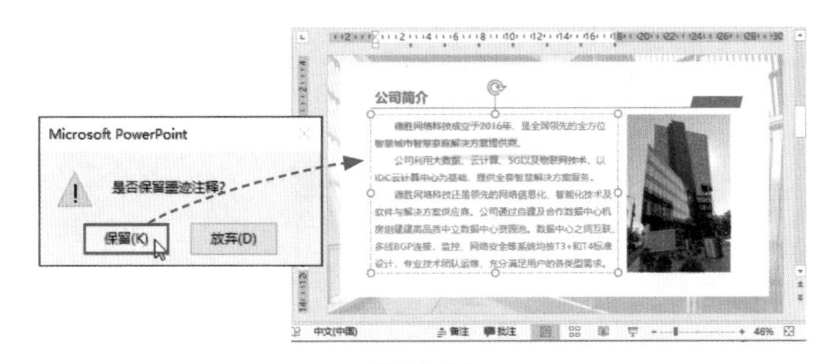

图13-14

在幻灯片中选择标记，在“墨迹书写工具-笔”选项卡中，用户可以对标记颜色、标记类型进行修改，如图13-15所示。

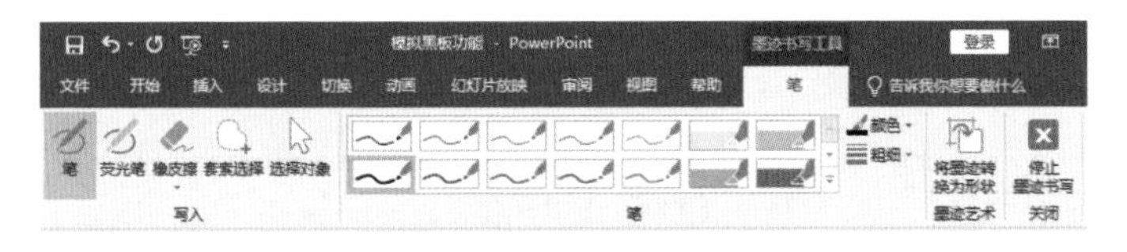

图13-15

13.2 放映时间的把控

在放映前，如想让幻灯片在规定的时间内进行放映的话，那么就需要为幻灯片设置相应的放映时间。用户可通过两种方法来把控放映时间。

13.2.1 排练计时

排练计时可以很好地控制好每张幻灯片在放映时所停留的时间，以便保证在规定时间内完成幻灯片的放映操作。

在“幻灯片放映”选项卡中单击“排练计时”按钮，幻灯片随即进入放映状态。在放映界面左上角会显示“录制”窗口，该窗口会记录每一张所停留的时间以及累计时间，如图13-16所示。

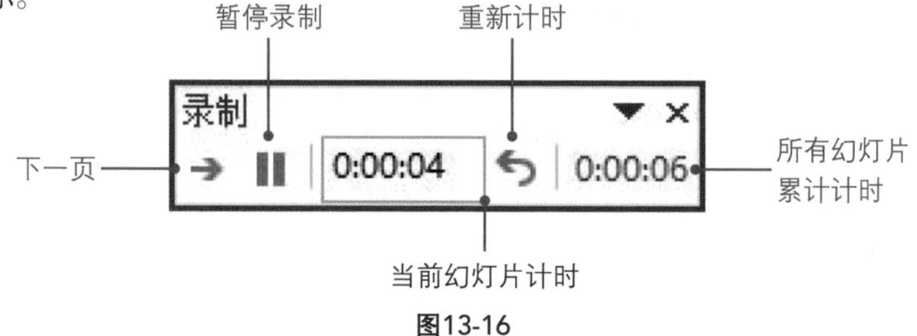

图13-16

完成所有幻灯片计时后，系统会在每张幻灯片下方显示出相应的记录时间。在最终放映时，系统会按照记录的时间来放映幻灯片，如图13-17所示。

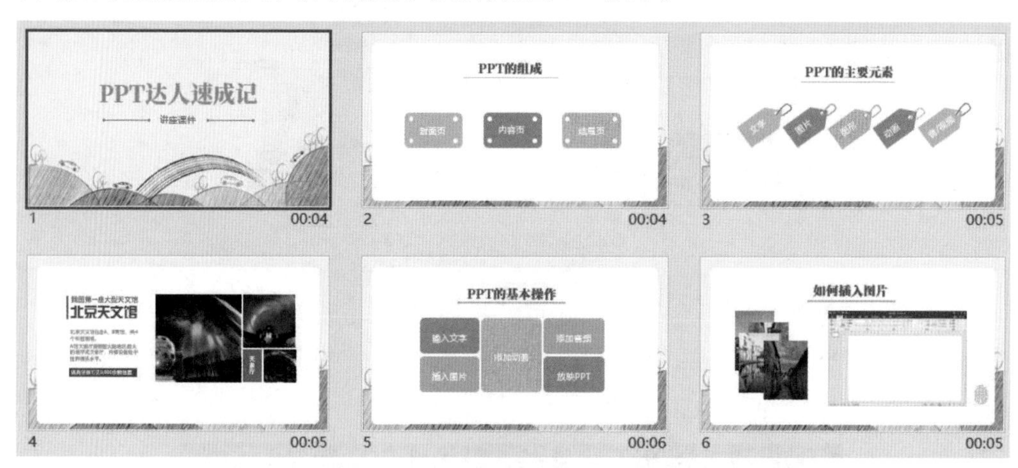

图13-17

技能应用：对公司推介文稿进行排练计时

下面将以公司推介文稿为例，来介绍排练计时功能的具体操作。

步骤01：打开原始文稿，在“幻灯片放映”选项卡中单击“排练计时”按钮，进入放映状态。在“录制”窗口中将自动对当前幻灯片记录停留时间，如图13-18所示。

步骤02：单击“下一页”按钮，可切换到下一张幻灯片，系统会对第2张幻灯片进行重新计时，如图13-19所示。

图13-18

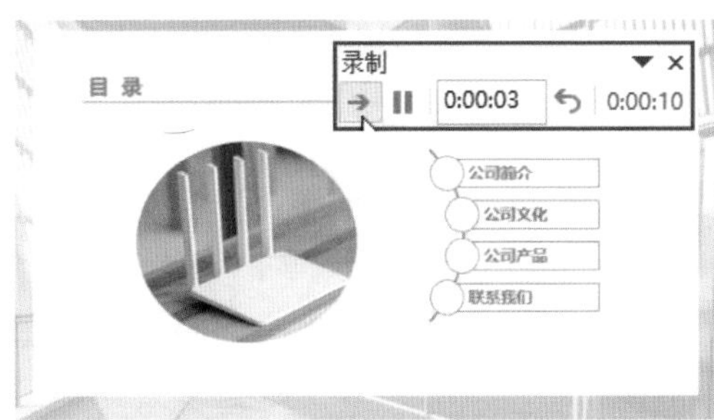

图13-19

步骤03：继续按照同样的操作，为其他幻灯片计时，直到结尾幻灯片。完成计时后，系统会打开提示对话框，询问是否保留计时，这里单击“是”按钮，退出放映状态，如图13-20所示。

步骤04：在操作界面状态栏中单击“幻灯片浏览”按钮，进入幻灯片浏览视图界面，在此用户可以看到每张幻灯片的计时参数，如图13-21所示。

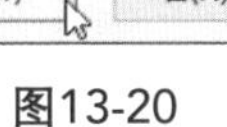

图13-20

图13-21

13.2.2 录制幻灯片

如果需要对幻灯片中的某些内容录制讲解，可使用“录制幻灯片”功能来操作，该功能可将录制的讲解自动嵌入幻灯片中，同时也可以控制好每张幻灯片的播放时间，以便用户轻松掌控幻灯片的放映。

在“幻灯片放映”选项卡中单击“录制幻灯片演示”下拉按钮，从中选择“从头开始录制”选项，打开的录制窗口，单击“录制”按钮，3秒倒计时后即可开始录制，如图13-22所示。

在录制过程中，用户还可以继续为幻灯片添加必要的标记或注释。在录制界面中单击“下一页”或“上一页”按钮可切换幻灯片。录制结束后单击“停止”按钮可取消录制操作，如图13-23所示。

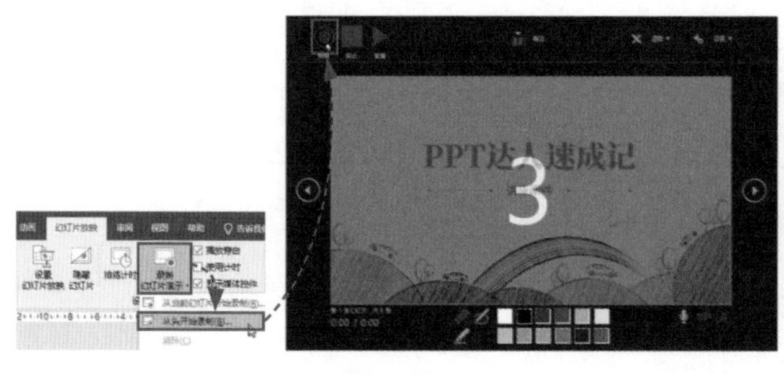

图13-22

图13-23

录制完成后系统会将录制的文件自动插入该幻灯片中，如图13-24所示。如果需要对录制的文件进行删除，只需在“录制幻灯片演示”下拉列表中选择“清除”选项，并在其级联菜单中根据需要选择要删除的选项即可，如图13-25所示。

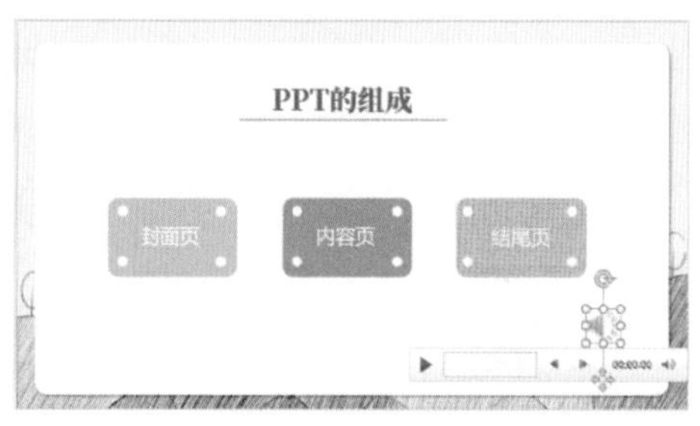

图13-24

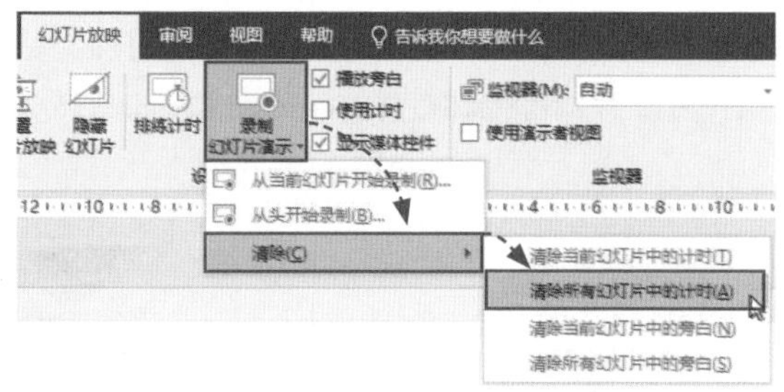

图13-25

13.3 幻灯片的输出

幻灯片制作后，为了方便其他人传阅浏览，可将幻灯片输出成各种文件，例如图片、PDF、视频，或打包文件进行传输等。下面将介绍几种常用文件的输出操作，以供参考使用。

13.3.1 将幻灯片输出为图片

单击“文件”选项卡选择“另存为”选项，在打开的“另存为”对话框中单击“保存类型”下拉按钮，在其列表中选择“JPEG文件交换格式”选项，如图13-26所示。在打开的提示框中，用户可以根据选择输出所有幻灯片，或仅输出当前幻灯片两种方式，这里单击“所有幻灯片”按钮，如图13-27所示。

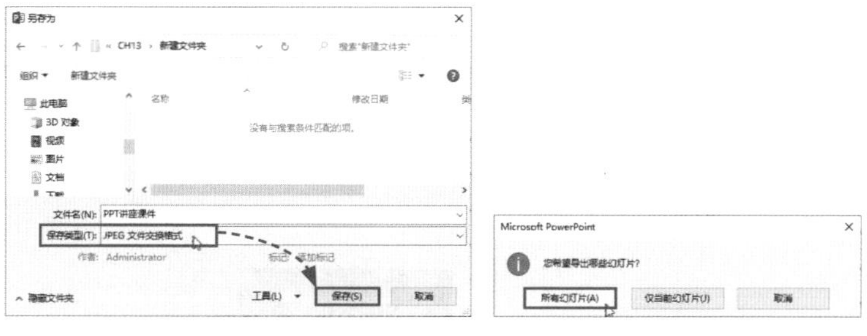

图13-26　　　　图13-27

稍等片刻，在打开的提示框中单击“确定”按钮，即可完成图片输出操作，如图13-28所示。

图13-28

打开保存的文件夹，会发现每张幻灯片会以图片的方式单独展示，如图13-29所示。

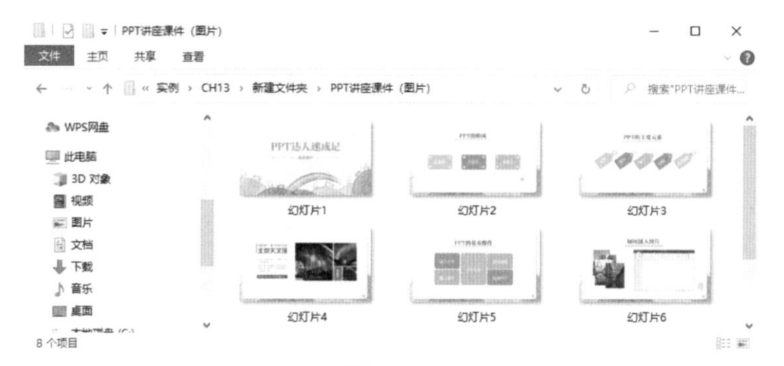

图13-29

技能应用：将课件输出为图片

图13-30

PowerPoint中图片输出的方式有两种，以上介绍的是比较常规的一种操作，另一种方法是将幻灯片以“PowerPoint图片演示文稿”格式进行输出。

步骤01： 打开课件文件，并打开“另存为”对话框，将“保存类型”设为“PowerPoint图片演示文稿”选项，如图13-30所示。

步骤02：单击“保存”按钮，此时，课件还是以默认的PPTX格式显示，打开该文件会发现每张幻灯片均以一张图片来展示，如图13-31所示。

图13-31

13.3.2 将幻灯片输出为PDF

将PPT转换成PDF文件，可以有效地避免PPT在传输过程中出现版式偏差的现象。在“文件”选项卡中选择“导出”选项，然后选择“创建PDF/XPS文档”选项，单击“创建PDF/XPS”按钮，如图13-32所示。在“发布为PDF或XPS”对话框中设置好文件名及路径，单击“发布”按钮即可，如图13-33所示。

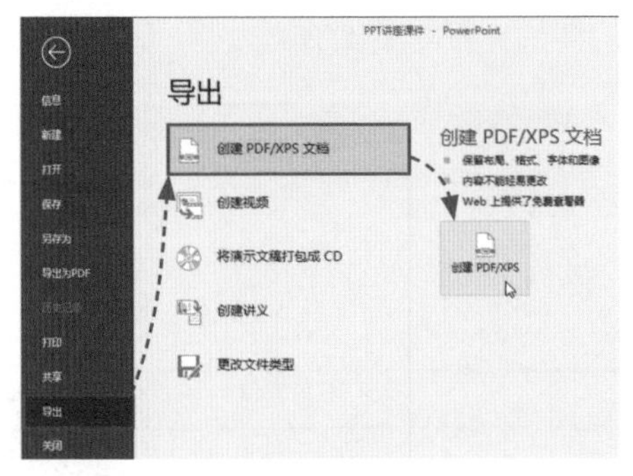

图13-32

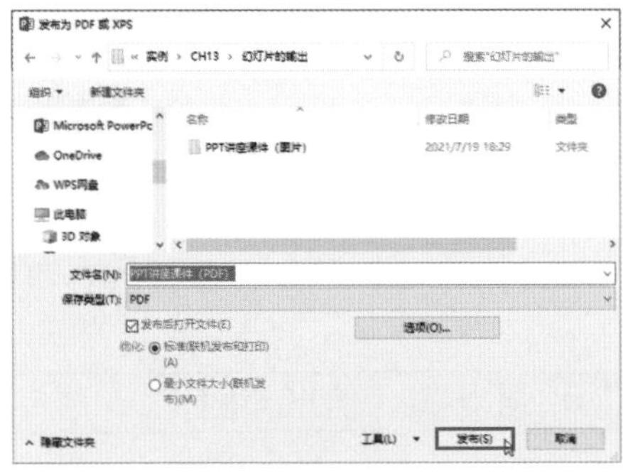

图13-33

13.3.3 将幻灯片输出为视频

在“文件”列表中选择“导出”选项，在“导出”界面中选择“创建视频”选项，在右侧列表中，用户可以设定每张幻灯片放映的描述，默认为5秒，设置好后，单击“创建视频”按钮，如图13-34所示。在打开的“另存为”对话框中设置好保存路径及文件名，单击“保存”按钮即可进行输出操作。稍等片刻，用户可查看视频输出结果，如图13-35所示。

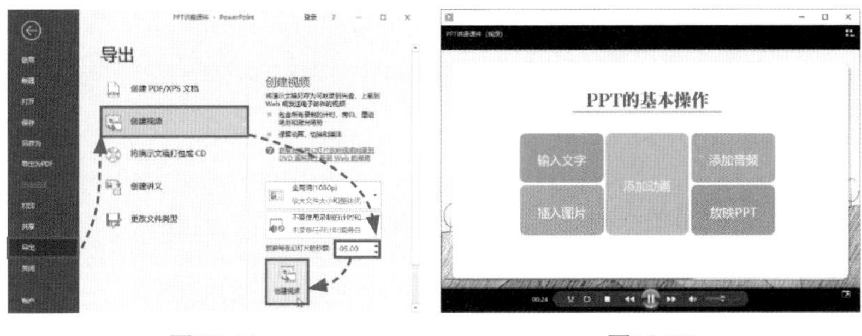

图13-34　　　　图13-35

技巧点拨：将幻灯片保存为放映模式

将幻灯片输出为放映模式后，双击文稿随即进入幻灯片放映状态。该模式体积比较小，便于携带。用户只需打开“另存为”对话框，将“保存类型”设为“PowerPoint放映”选项即可。

13.3.4　打包幻灯片

如果幻灯片使用的素材比较多，用户还可以将幻灯片进行打包，整合归档所有素材，以便传输使用。

在“文件”列表中选择“导出”选项，在“导出”界面中选择“将演示文稿打包成CD”选项，并单击“打包成CD”按钮，如图13-36所示。打开“打包成CD”对话框，将文件进行重命名，并单击“复制到文件夹”按钮，如图13-37所示。在“复制到文件夹”对话框中单击“浏览”按钮，设置好文件保存位置，如图13-38所示。

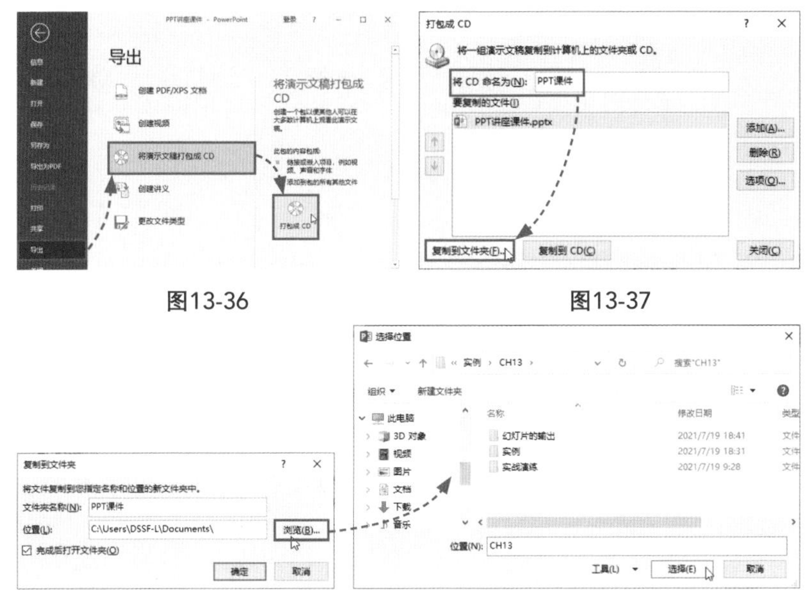

图13-36　　　　图13-37

图13-38

设置好后返回到“复制到文件夹”对话框，单击“确定”按钮，在打开的提示窗口单击“是”按钮，即可进行打包操作。完成后系统会自动打开打包的文件夹，在此，用户可以看到当前幻灯片所有的素材文件，如图13-39所示。

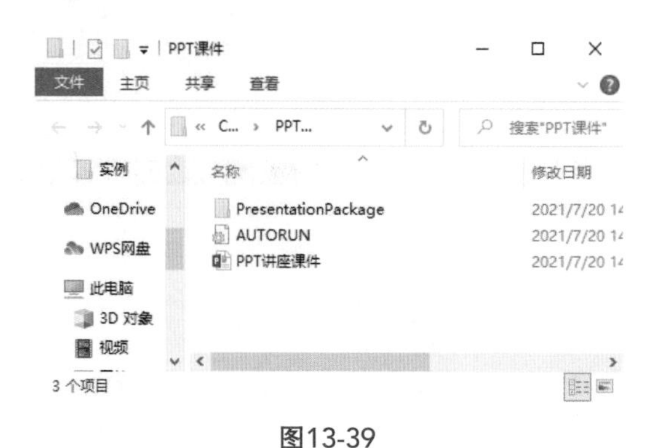

图13-39

实战演练：放映并输出疫苗接种宣传文稿

下面将结合本章所学的内容，对疫苗接种宣传文稿设置自动放映，并将其输出PDF文件。制作时运用到的知识点有排练计时和输出PDF文件等。

步骤01：打开宣传文稿。选择首页幻灯片，在“幻灯片放映”选项卡中单击“排练计时”按钮，此时文稿进入放映状态，并在“录制”窗格中开始记录当前幻灯片所停留的时间，如图13-40所示。

图13-40

步骤02：在“录制”窗口中单击“下一页”按钮即可切换到下一页幻灯片，并重新记录第2张幻灯片停留时间，如图13-41所示。

图13-41

步骤03：按照同样的操作，记录其他幻灯片所停留的时间，直到结尾幻灯片。并在打开的提示框中单击“是”按钮，如图13-42所示。

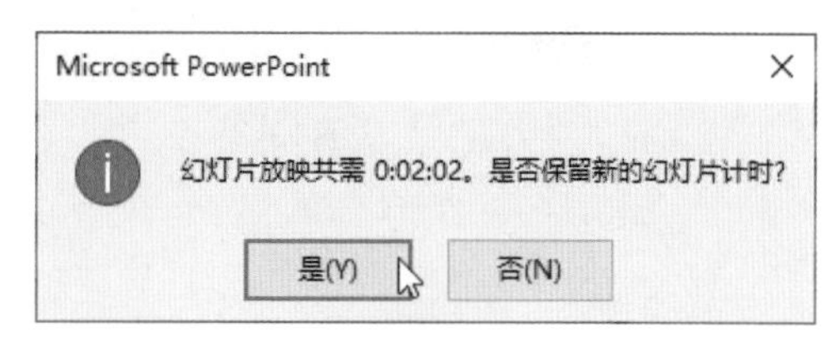

图13-42

步骤04：在状态栏中单击“幻灯片浏览”按钮，打开幻灯片浏览视图，可以看到每张幻灯片下方会显示出相应的记录时间，如图13-43所示。

图13-43

步骤05：在“文件”列表中选择“另存为”选项，打开的“另存为”对话框中设定好保存路径及文件名❶，将“保存类型”设为“PDF”选项❷，单击“保存”按钮❸，如图13-44所示。

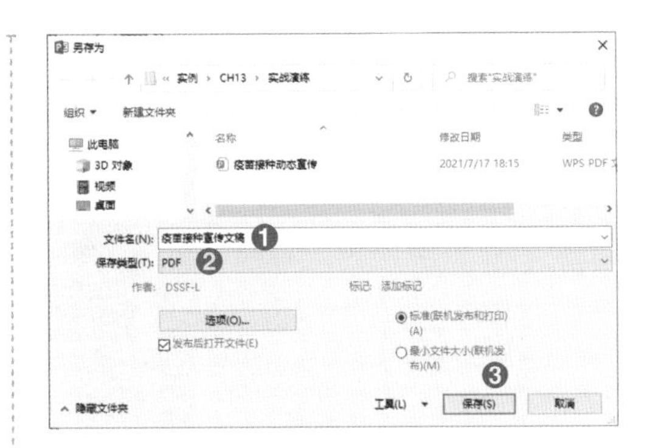

图13-44

步骤06：保存后，打开保存的PDF文档即可查看保存效果。

知识拓展

Q：在放映幻灯片时，如何能够快速定位到某张幻灯片内容呢？

A：在放映状态时，一般通过单击鼠标来切换幻灯片，如果想要快速定位到某一张幻灯片内容的话，可单击鼠标右键，在快捷列表中选择“查看所有幻灯片”选项，系统会打开幻灯片浏览界面，这里会显示全部的幻灯片内容，选择所需幻灯片即可放映该幻灯片，如图13-45所示。

图13-45

Q：在放映状态时，想要放大幻灯片局部内容，该如何操作？

A：单击放映界面左下角放大镜按钮，此时光标将变成放大镜图标，并显示出放大范围，移动鼠标至所需内容上，单击即可放大该范围的内容，如图13-46所示。

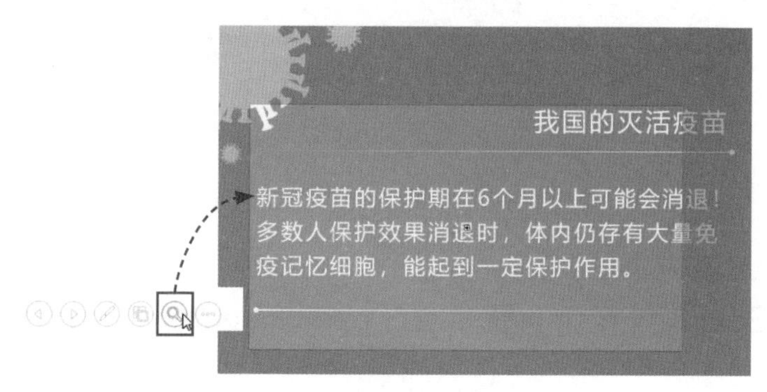

图13-46

Q：当前软件版本为2019，如何转换成2003版本？

A：打开“另存为”对话框，将“保存类型”设置为“PowerPoint97-2003演示文稿”选项即可。

协同与移动办公篇

第14章

自动化协同办公

每个组件都有自己的特有功能，合理地用好各组件，发挥各自所长，能够提高办公效率。本章将向用户介绍Word、Excel、PowerPoint三大组件间的协作技巧。

14.1 Office组件间的协作

在日常工作中，经常会将文档、表格和幻灯片相互协作使用。例如，在Word文档中嵌入表格，或是将表格嵌入幻灯片中进行放映等。下面将对这些协同操作进行简单介绍。

14.1.1 在Word中嵌入Excel表格

有时需要在Word中导入一些重要的数据报表作为佐证，以此强调自己的观点。遇到这种情况，用户可以通过以下两种方法进行操作。

（1）插入Excel对象

在Word文档中指定好表格插入点，在“插入”选项卡中单击“对象”按钮，打开“对象”对话框，单击“由文件创建”选项卡，并单击“浏览”按钮，如图14-1所示。在打开的“浏览”对话框中选择要插入的Excel表格，单击“插入”按钮，如图14-2所示。

返回到“对象”对话框，勾选“链接到文件”复选框，并单击“确定”按钮即可完成表格的插入操作，如图14-3所示。

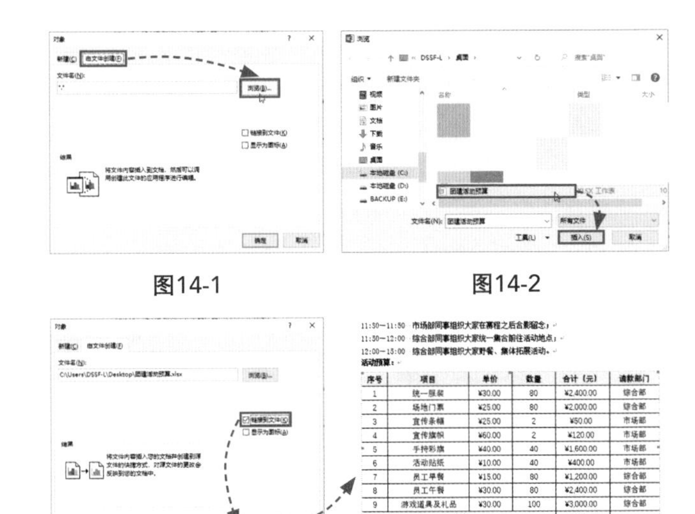

图14-1

图14-2

图14-3

技巧点拨：修改插入的表格数据

如果需要对插入的表格内容进行修改，那么双击表格，系统会自动打开链接的源文件，在源文件中进行内容的修改即可。修改完成后，打开Word文档，右击导入的表格，在快捷菜单中选择“更新链接”选项即可更新数据，将会实时更新数据，如图14-4所示。

图14-4

（2）复制粘贴表格

在Excel中选择表格内容，按【Ctrl+C】组合键进行复制，在Word文档指定位置单击鼠标右键，在快捷列表中选择“粘贴选项”下的“保留源格式”选项，即可将表格粘贴至Word中，如图14-5所示。使用该方法导入的表格，其表格内容是可以直接修改的。

12:00—15:00 综合部同事组织大家野餐、集体拓展活动。
活动预算：

序号	项目	单价	数量	合计（元）	请款部门
1	统一服装	¥30.00	80	¥2,400.00	综合部
2	场地门票	¥25.00	80	¥2,000.00	综合部
3	宣传条幅	¥25.00	2	¥50.00	市场部
4	宣传旗帜	¥60.00	2	¥120.00	市场部
5	手持彩旗	¥40.00	40	¥1,600.00	市场部
6	活动贴纸	¥10.00	40	¥400.00	市场部
7	员工早餐	¥15.00	80	¥1,200.00	综合部
8	员工午餐	¥30.00	80	¥2,400.00	综合部
9	游戏道具及礼品	¥30.00	100	¥3,000.00	综合部
总计				¥13,170.00	

图14-5

技能应用：在Word中启动并使用其他组件

如果要在Word中临时创建不同类型的文件，例如PowerPoint文稿、Excel文件等，那么可以在功能区中建立一个选项卡，用户只需在该选项中单击相应的组件图标即可新建文件。

步骤01：启动Word软件，选择“文件”选项，在其列表中选择“选项”，打开相应的对话框，选择“自定义功能区”选项，在“自定义功能区”列表中单击“新建选项卡”按钮，新建选项卡，如图14-6所示。

步骤02：选择新建的选项卡，单击“重命名”按钮，为其重命名，如图14-7所示。

步骤03：在新建的选项卡下方，选择“新建组（自定义）”选项，在左侧“从下列位置选择命令”列表中选择“不在功能区中的命令”选项，并在其下方选择所需组件名称，将其添加至新建组中，如图14-8所示。

步骤04：单击“确定”按钮，关闭对话框，此时在Word功能区中即可显示创建的其他组件选项卡，单击所需的组件按钮，即可启动并新建文件，如图14-9所示。

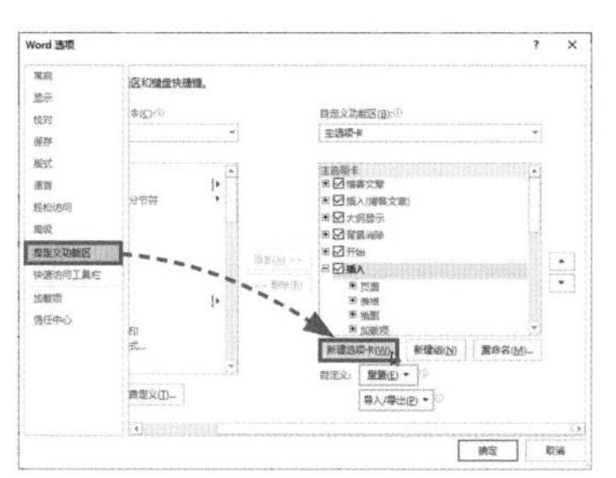

图14-6

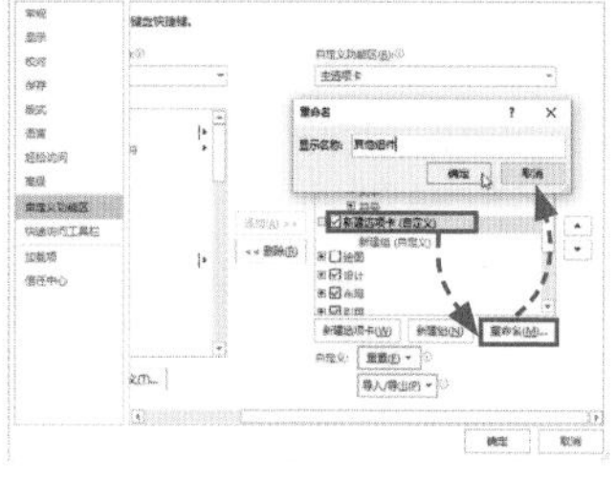

图14-7

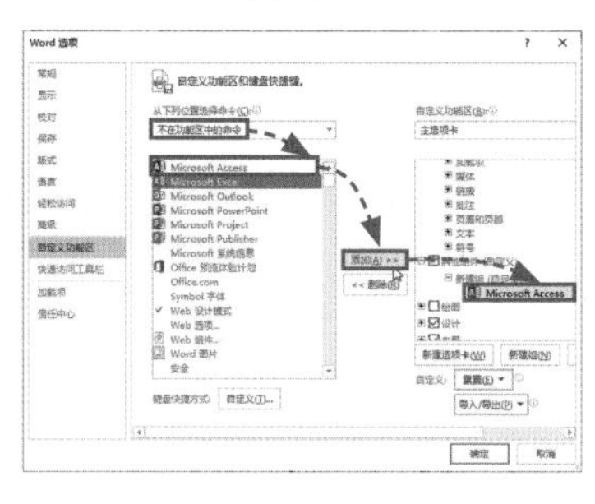

图14-8

图14-9

新手误区：需安装组件后才能启动

使用以上方法创建组件后，只有安装的组件才能够快速启动。如果没有安装相应的组件，则先要安装，才可启动。

14.1.2 在PowerPoint中嵌入Excel报表与图表

想要在幻灯片中插入Excel表格或图表的话，可以通过以下方法进行操作。

（1）插入Excel报表

如要插入空白Excel表格的话，可以使用插入对象功能进行操作。在“插入”选项卡中单击“对象”按钮，在打开的对话框中选择“新建”单选按钮，并在“对象类型”列表中选择“Microsoft Excel Binary Worksheet”选项，单击“确定”按钮，如图14-10所示。此时，系统会打开Excel编辑窗口，用户可在该窗口中输入表格内容，单击表格外空白处即可完成插入操作，如图14-11所示。

如果有现成Excel报表，可以使用粘贴选项功能进行操作。选择报表内容，按【Ctrl+C】组合键进行复制。在幻灯片中选择“开始”选项卡，单击“粘贴”下拉按钮，从列表中选择“选择性粘贴”选项，打开同名对话框，如图14-12所示。选择“粘贴链接”单选按钮，在“作为”列表中选择“Microsoft Excel工作表 对象”选项，单击“确定”按钮，如图14-13所示。

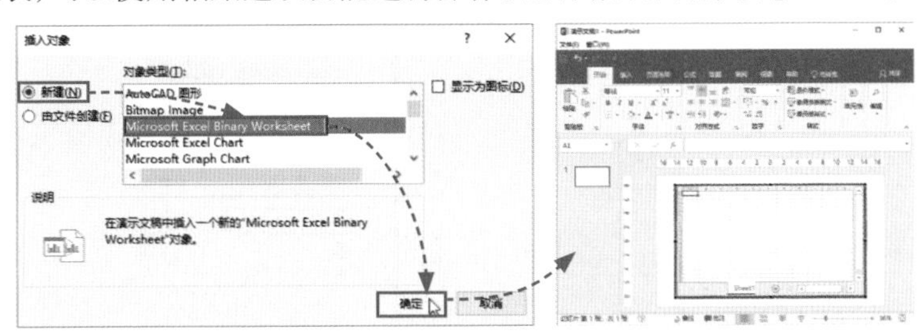

图14-10　　图14-11

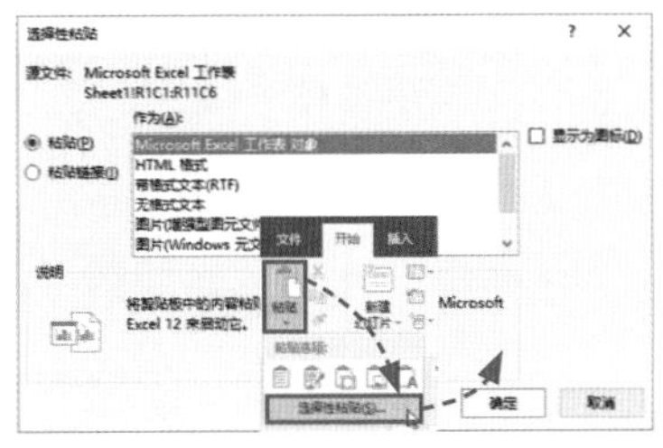

图14-12　　图14-13

（2）插入Excel图表

插入图表的方法与插入表格相同，同样可以使用“选择性粘贴”对话框进行设置。如果要将图表以图片的方式插入到幻灯片中，可先在Excel中复制图表，在幻灯片中单击鼠标右键，在快捷菜单中选择“粘贴选项”下的“图片”选项，即可插入该图表，如图14-14所示。此时的图表数据将无法进行修改操作。

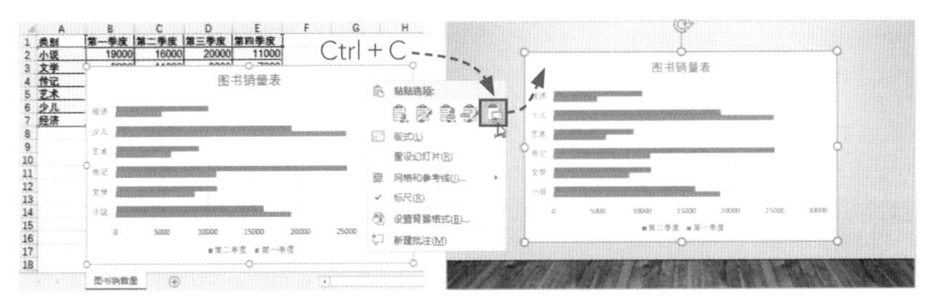

图14-14

14.2 多人协同办公

当需要多个人共同编辑一个文档时，就要用到多人协同操作了。微软Office虽然有文件共享功能，但使用起来有些烦琐。为了能够简化过程，提高效率，用户可使用第三方多人协作工具来操作。这里将以腾讯文档工具为例，来介绍多人协作的具体操作。

14.2.1 导入共享文件

启动QQ应用程序，单击界面下方“腾讯文档”按钮，进入“腾讯文档”主界面，单击“导入本地文件”按钮，如图14-15所示。在打开的对话框中选择要共享的文件，系统会自动上传文件，完成后会在列表中显示出相应的文件，如图14-16所示。

图14-15

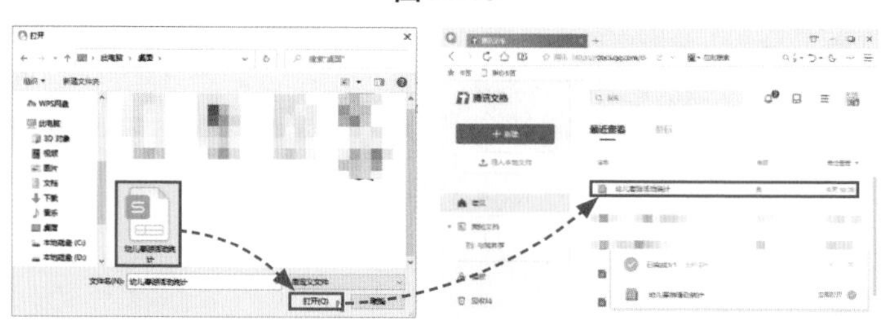

图14-16

技巧点拨：新建共享文件

在腾讯文档主界面中单击“新建”按钮，在打开的列表中可根据需要选择文件类型，单击即可新建共享文件，如图14-17所示。

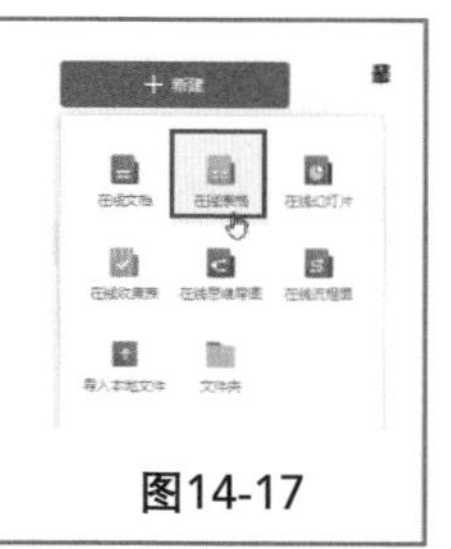

图14-17

14.2.2 实时共享编辑文件

文件上传好后，接下来就可以对文件进行共享操作了。在主界面中选择共享文件，双击打开该文件。单击界面上方“邀请他人一起协作”按钮，在打开的界面中将“文件权限”设置为“指定人”选项，如图14-18所示。在邀请界面中勾选所需联系人，单击“确定”按钮，如图14-19所示。

对方接收到邀请信息后，打开共享文件，即可在线进行编辑，编辑完成后关闭文件，退出即可。系统会将所编辑的内容进行自动保存，并实时共享。此时，用户就能够及时地查看到对方编辑的内容，如图14-20所示的是对方编辑画面，图14-21所示的是编辑查看的画面。

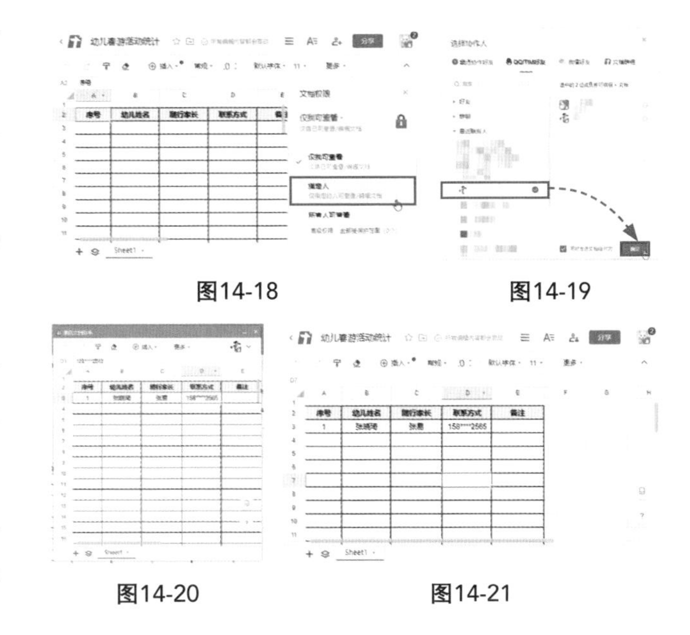

图14-18　图14-19

图14-20　图14-21

14.2.3 导出并下载共享文件

文件编辑完成后，用户可以将文件及时地下载到自己电脑中以便使用。

单击上方“文档操作”按钮，在打开的列表中选择“导出为”选项，并在其级联菜单中选择“本地Excel表格（.pptx）”选项，如图14-22所示。稍等片刻在打开的下载界面中，设置好下载路径，单击“下载”按钮即可实行下载操作，如图14-23所示。

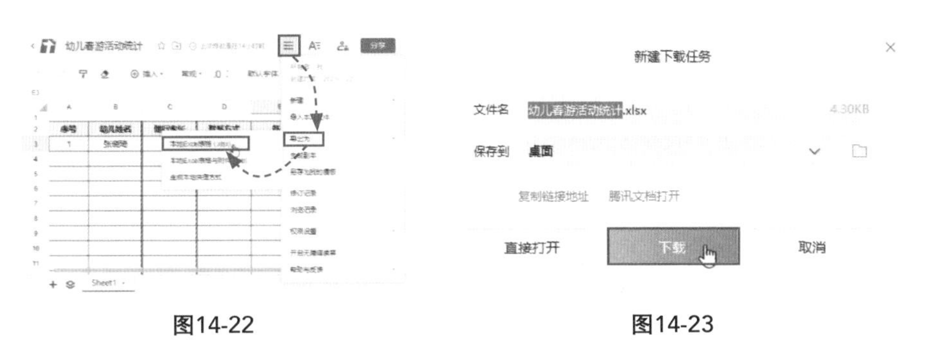

图14-22　图14-23

技巧点拨：没有安装微软Office也可在线编辑文档

目前腾讯文档支持Word、Excel、PowerPoint这三个组件的编辑操作。如果对方没有安装微软Office软件也是可以在线进行文档编辑的，非常方便。

实战演练：将Word文档一键转换成PPT文稿

在制作PPT文稿时，如果有现成的Word文案，那么只要使用一键发送功能即可快速地将Word文档转换成PPT文件。但需要注意的是，在发送前，先要对Word文档进行处理才可。

步骤01： 打开“员工费用报销明细”Word文档。单击“视图”选项卡中的“大纲”按钮，进入大纲视图界面，如图14-24所示。

图14-24

步骤02： 选择文档标题❶，在“大纲工具”选项组中单击“大纲级别”下拉按钮❷，选择1级❸，如图14-25所示。

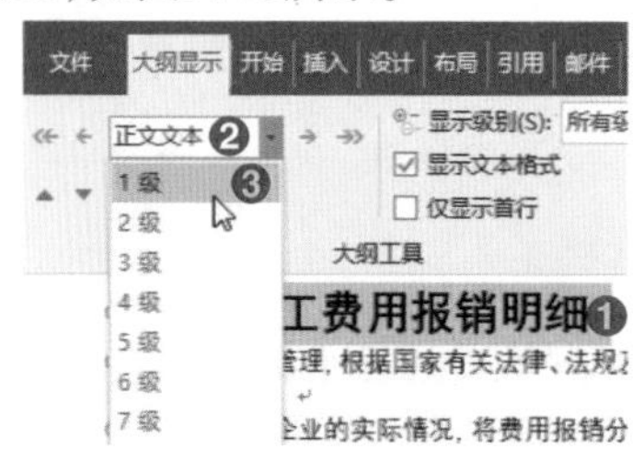

图14-25

步骤03： 此时，被选中的标题已添加了1级标题样式，如图14-26所示。

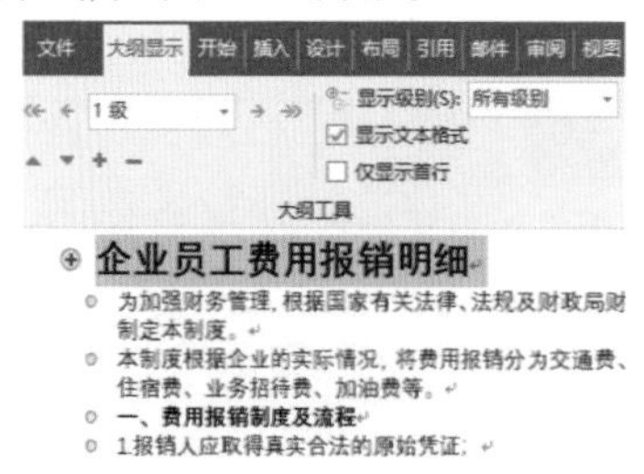

图14-26

步骤04： 选择其他小标题，同样将“大纲级别”设为1级，为其添加1级标题样式，如图14-27所示。

图14-27

步骤05： 选择文档第2段内容❶，将“大纲级别”设置为2级❷，为其添加2级标题样式，如图14-28所示。

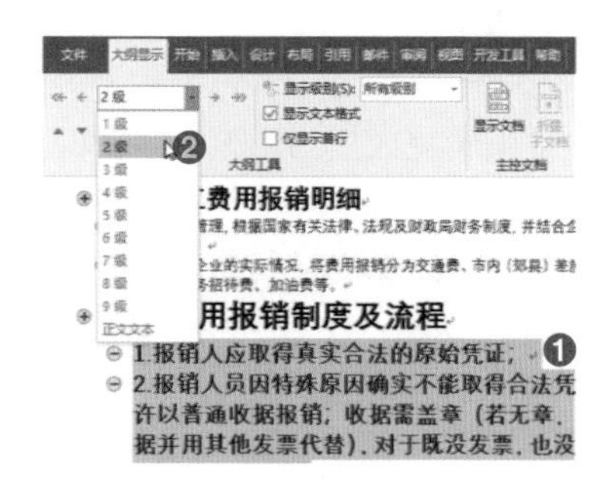

图14-28

步骤06： 按照同样的操作，将其段落文本均设置大纲2级，如图14-29所示。

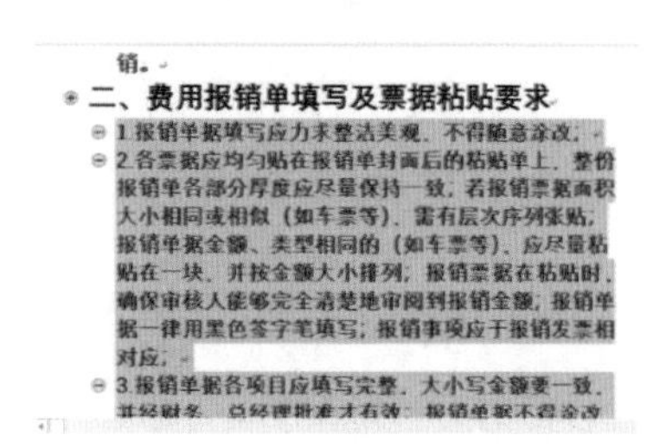

图14-29

步骤07： 设置好后，关闭大纲视图，返回普通视图。

步骤08：在“文件”列表中选择“选项”，打开“选项”对话框，选择“快速访问工具栏”选项❶，将“从下列位置选择命令”设置“不在功能区中的命令”选项❷，并在其列表中选择“发送到Microsoft PowerPoint”选项❸，如图14-30所示。

图14-30

步骤09：单击“添加”按钮❶，将该选项添加至右侧列表中❷，单击“确定”按钮❸，如图14-31所示。

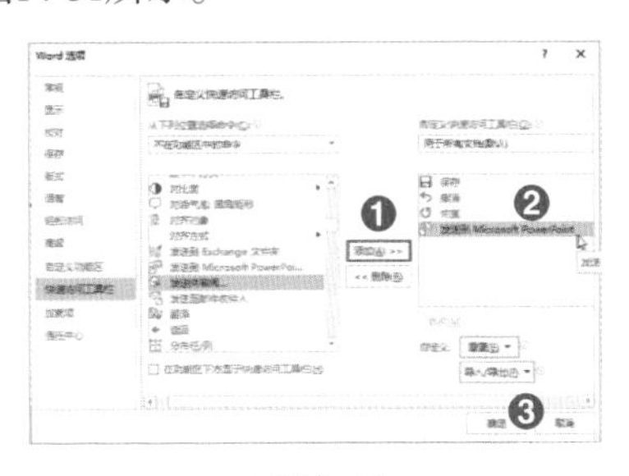

图14-31

步骤10：此时，在Word快速访问工具栏中会显示添加的发送按钮，如图14-32所示。

图14-32

步骤11：单击该按钮，即可将当前文档转换成PPT文稿了，如图14-33所示。

图14-33

步骤12：接下来需要对转换后的PPT文稿进行适当的美化。在“设计”选项卡的“主题”选项组中选择一款合适的主题样式，如图14-34所示。

图14-34

步骤13：此时，该文稿已快速美化。选择首页幻灯片，为其更换为标题版式，如图14-35所示。

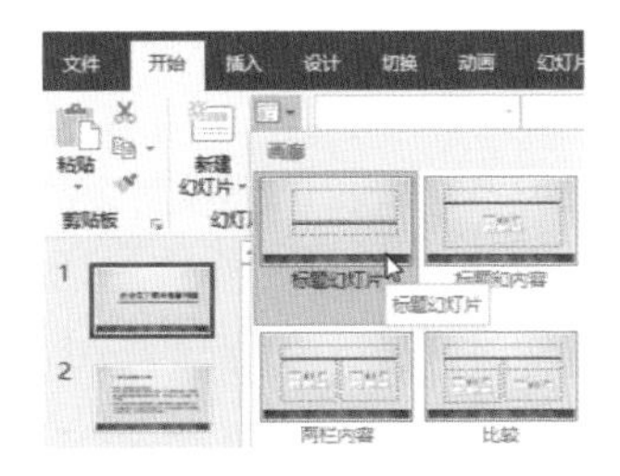

图14-35

步骤14：适当调整一下各幻灯片中文字、段落格式，以保证页面美观程度，如图14-36所示。至此，Word转PPT文稿已制作完成。

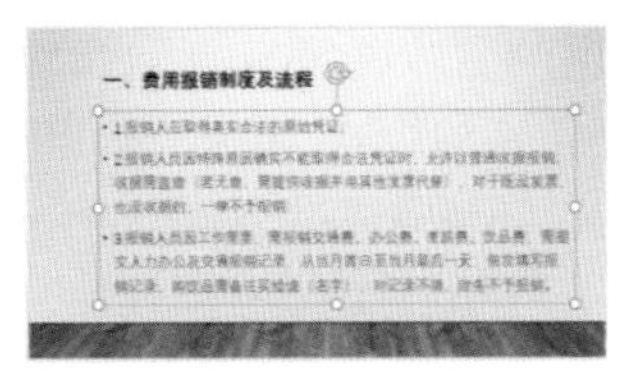

图14-36

技巧点拨：迅速拆分幻灯片内容

转换后的PPT文稿中经常会出现一页幻灯片中内容太多，内容已经溢出页面的状况。这时，用户可以快速地将一页拆分成两页来显示。

将光标放置于要拆分的位置，单击文本框左下角“自动调整选项”按钮，在列表中选择“将文本拆分到两个幻灯片”选项，如图14-37所示。此时，在光标之后的内容已被显示在第2张幻灯片中。

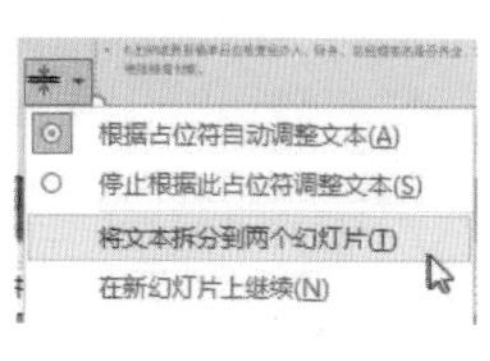

图14-37

知识拓展

Q：复制Word表格至PPT中，表格变形了，怎么办?

A：如果使用的是【Ctrl+C】和【Ctrl+V】进行复制，那么就会出现表格变形的情况。这种情况用户可以粘贴选项功能进行操作。复制表格后，在幻灯片中单击鼠标右键，选择“保留源格式”选项即可，如图14-38所示。

图14-38

Q：想要在幻灯片中插入Word文档，除了复制，还有其他快捷方法吗?

A：要在幻灯片中插入Word内容，可以使用超链接功能来操作。选择所需文本内容，单击“链接”按钮，打开“插入超链接”对话框，选择“现有文件或网页”选项并选择要插入的Word文档，单击“确定”按钮即可，如图14-39所示。

图14-39

Q：如何制作幻灯片讲义文档?

A：很简单，打开所需幻灯片，在“文件”列表中选择“导出”选项，在“导出”界面中选择“创建讲义”选项，在“发送到Microsoft Word”对话框中选择好讲义的版式，单击“确定”按钮，如图14-40所示，即可完成讲义文档的创建。

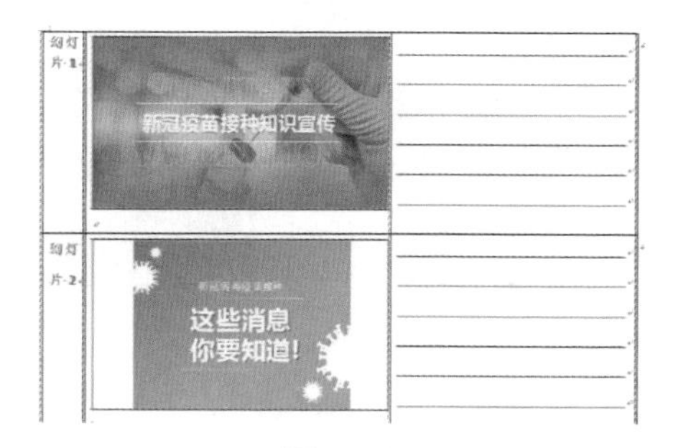

图14-40

第15章

移动办公新生活

现如今，办公已不再拘泥于办公室中，在咖啡厅、酒店、地铁里都能看到职场人员忙碌的身影。所以，熟练使用移动办公工具对于职场人员来说很有必要。本章将简单介绍在移动端处理文档的基本操作。

15.1 创建临时文档

临时要在手机或平板电脑上创建汇报文件，可使用手机端Microsoft Office进行操作。下面将以创建个人总结报告文档为例来介绍具体的操作。

在手机端的应用商店中下载并安装Microsoft Office的APP。启动APP，进入主界面。单击界面下方“+”按钮，在打开的界面中单击“Word，Excel，PowerPoint”按钮，进入文档创建界面，这里选择Word下方的“空白文档”选项，如图15-1所示。

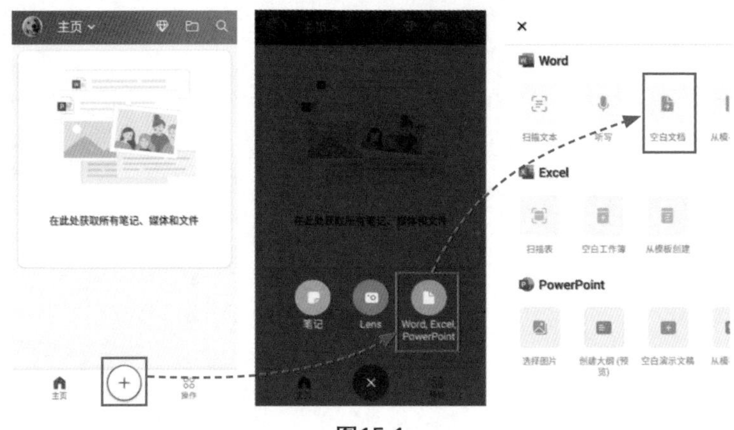

图15-1

稍等片刻，进入文档编辑界面，在光标处可输入文档内容，如图15-2所示。选中文档标题，在界面下方编辑栏中，可对文本的格式进行设置，例如加粗文本、倾斜文本、添加下划线、设置文本颜色等，如图15-3所示。

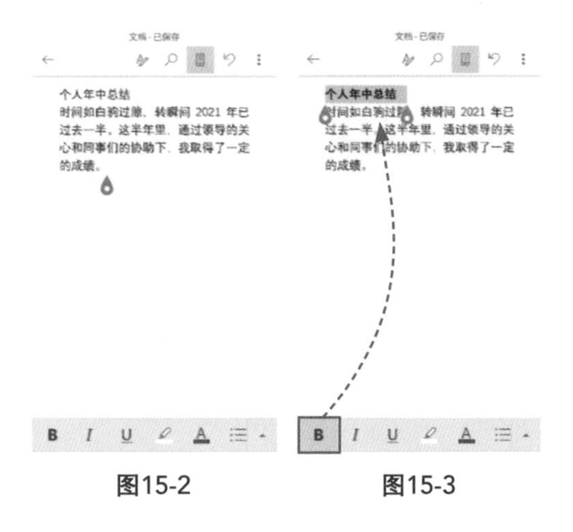

图15-2　　图15-3

单击编辑栏右侧三角按钮，可打开“开始”列表，在列表中可以对文字格式进行更加详细的设置。例如添加编号和项目符号、设置文本对齐方式、设置段落格式等，如图15-4所示的是将标题文本居中对齐。文档基本格式设置完成后，在编辑界面上方单击⋮按钮，在打开的列表中选择“另存为”选项，在打开的“另存为”界面中设置好保存的位置和文件名，单击“保存”按钮即可完成文档保存操作，如图15-5所示。

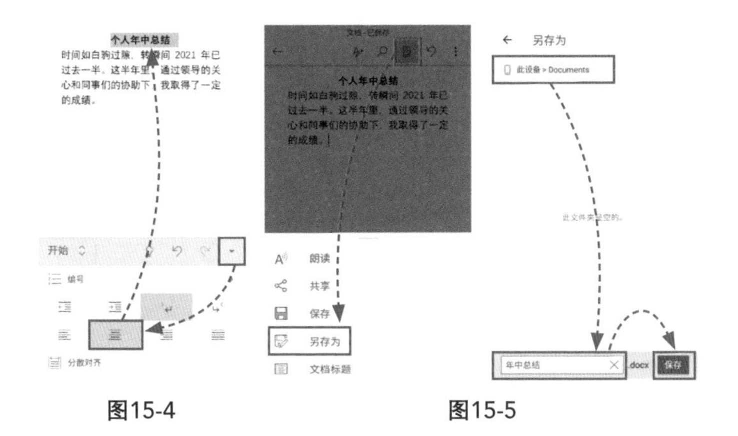

图15-4　　　　图15-5

> **新手误区：手机型号不同，操作略有不同**
>
> 本章案例均在小米手机上进行操作。由于用户手机型号各不相同，所以在操作时，一些按钮位置会略有不同，用户需要根据实际情况来操作，但大致操作方法是一样的。

15.2 查看并修改数据表

接收到对方发送的文件后，系统会以只读模式打开该文件，用户只能查看不能修改，如果想要修改文件内容，那么可以利用Microsoft Office APP进行操作。下面将以修改报名表数据为例来介绍具体的操作方法。

接收报名表后，单击表格文件即可以浏览该文件，如图15-6所示。单击右上角···按钮，在打开的列表中选择“其他应用”选项，并在下级列表中选择“Microsoft Office”选项，如图15-7所示，即可启动该APP，并打开报名表。

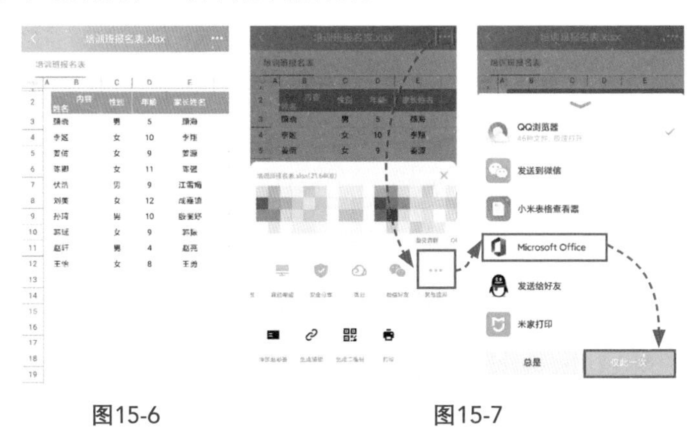

图15-6　　　　图15-7

此时的报名表是未保存状态，如图15-8所示。为了保险起见，用户可以先将其保存后再进行修改操作。具体的保存方法可参考上节中的案例来操作，这里就不重复介绍了。完成保存后，双击所需单元格随即进入编辑状态，修改其内容后，单击表格右上角“√”按钮即可完成修改操作，如图15-9所示。

此外，用户可以利用下方编辑栏中的工具对表格中的数据进行简单的分析，例如对数据进行排序筛选、基本函数计算等，如图15-10所示。

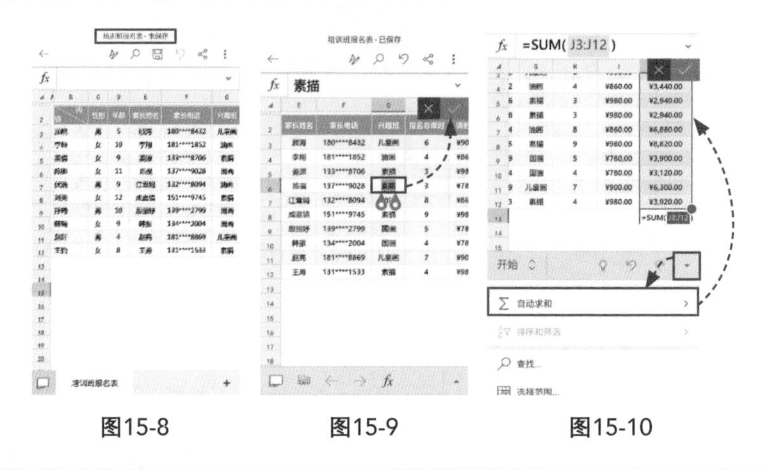

图15-8　　图15-9　　图15-10

技巧点拨：新建工作表

想要在原文件中新建一张工作表的话，只需单击下方编辑栏中“”按钮，并单击“+”按钮即可创建新工作表。

15.3 根据数据表创建图表

创建好数据表后，可以通过Microsoft Office APP自带的功能插入一个图表，并对其进行编辑。下面将以创建沙发销量图表为例来介绍具体创建方法。

打开数据表，选择表格任意单元格。单击下方编辑栏中三角按钮，在打开的列表中单击“开始”选项卡右侧按钮，选择“插入”选项卡，如图15-11所示。在其列表中选择“图表”选项，在展开的图表类型列表中，选择一种图表类型，这里选择“柱形图”类型，可插入柱形图，如图15-12所示。

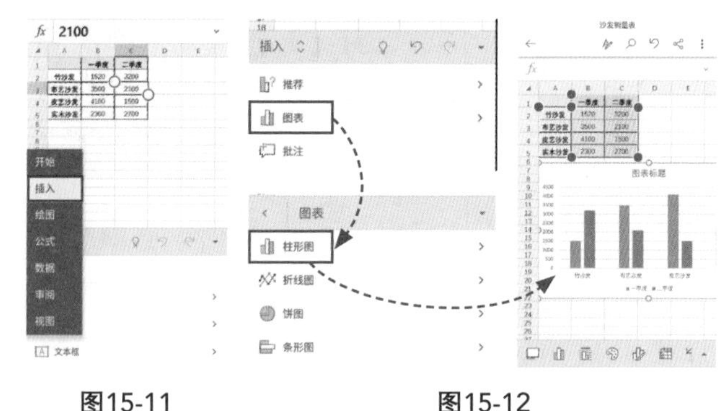

图15-11　　图15-12

选中图表，在下方编辑栏中单击下拉按钮，在其列表中用户可以对当前图表的类型、布局、元素、颜色、样式等进行设置，如图15-13所示的是更改图表布局效果。

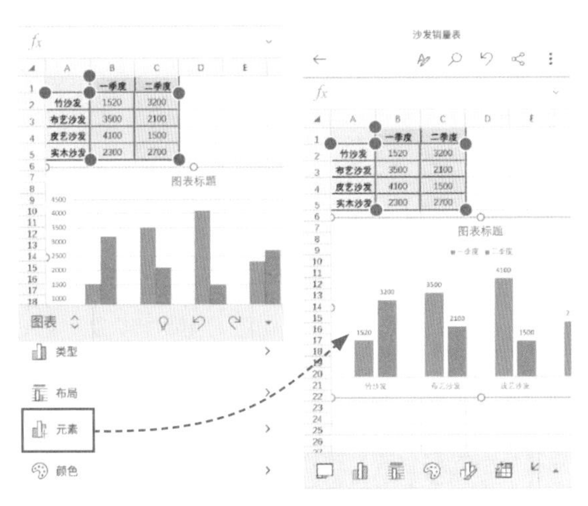

图15-13

15.4 为幻灯片添加切换效果

利用Microsoft Office APP可以轻松地为幻灯片添加切换效果。下面将以疫苗接种宣传文稿为例来介绍切换效果的添加操作。

打开幻灯片，单击界面上方编辑按钮，进入幻灯片编辑状态，如图15-14所示。单击下方编辑栏中的三角按钮，选择“切换”选项卡，如图15-15所示。

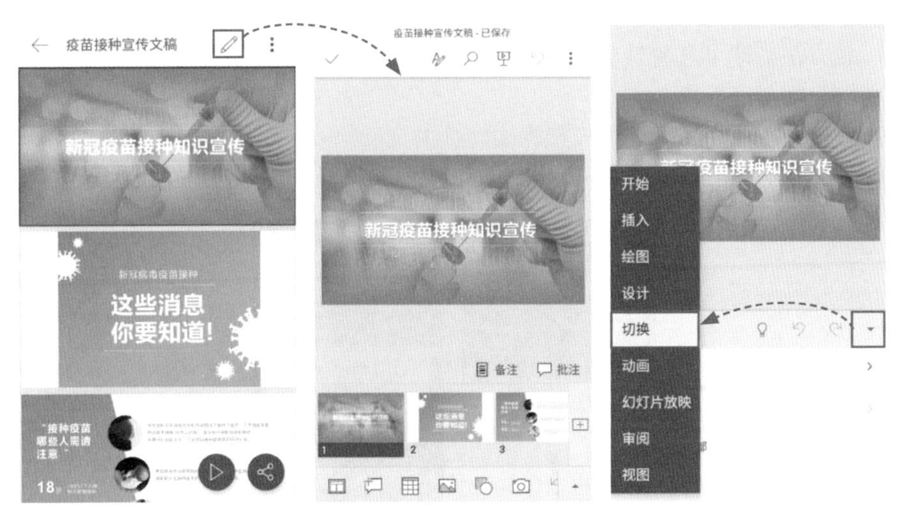

图15-14　　图15-15

在“切换效果”列表中选择一种切换效果，即可将其应用至当前幻灯片中，如图15-16所示。选择好后，返回到上一层列表，这里可以对“效果选项”进行设置。选择“应用到全部”选项，可将该切换效果应用至所有幻灯片中，如图15-17所示。设置好后，单击界面上方放映按钮，即可查看设置效果，如图15-18所示。

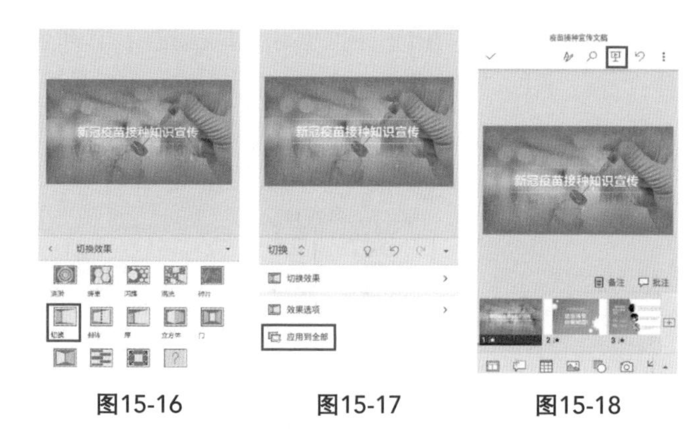

图15-16　　图15-17　　图15-18

15.5 将幻灯片转换成PDF文件

如果用户想要在手机上进行文件的转换，可通过以下方法进行操作。

打开Microsoft Office APP主界面，单击下方“操作”按钮，打开“操作”界面，选择“文档到PDF”选项，如图15-19所示。打开“选择文件”界面，在此选择要转换的幻灯片文件，稍等片刻即可完成文件转换操作，如图15-20所示。

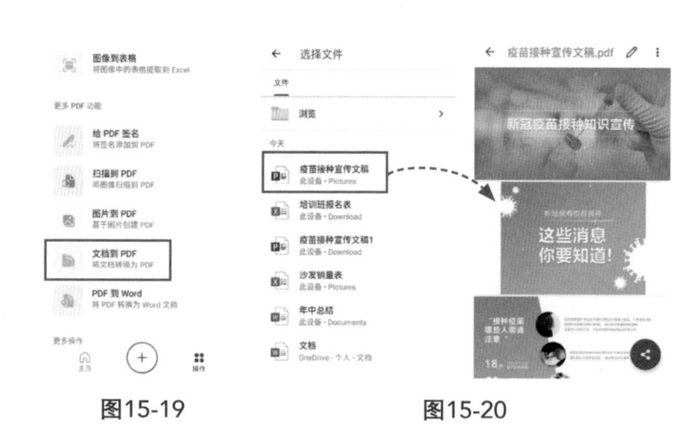

图15-19　　图15-20

此外，用户还可在主页面中先选择要转换的文件，单击文件后“⋮”按钮，在打开的列表中选择“转换为PDF”选项，同样也可进行文件的转换操作，如图15-21所示。

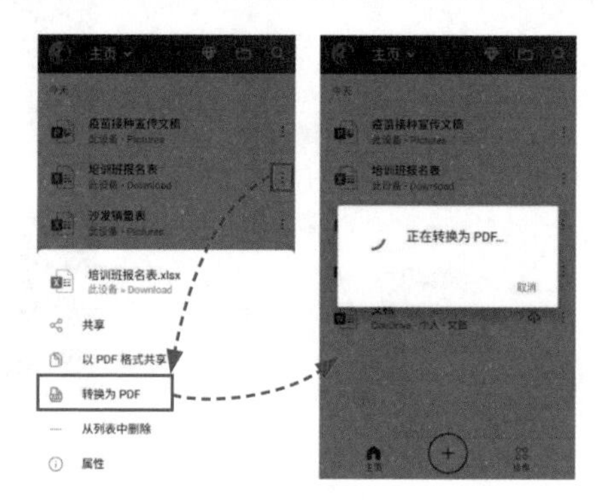

图15-21

实战演练：利用手机Microsoft Office做笔记

利用Microsoft Office APP可以随时随地记录下一些重要的工作安排，以避免延误工作而带来的麻烦。下面将以记录会议通知内容为例来介绍笔记功能的具体操作。

步骤01：启动Microsoft Office APP，在主页面中单击“+”按钮，选择“笔记”选项，如图15-22所示。

图15-22

步骤02：在打开的编辑界面中，可直接输入通知内容，如图15-23所示。

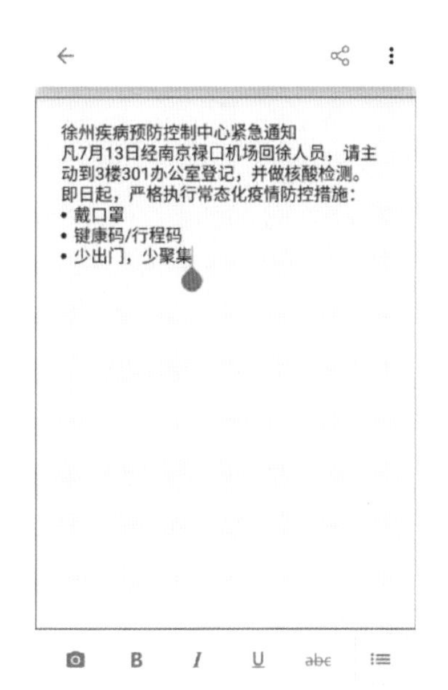

图15-23

步骤03：在编辑栏中，可以对文档进行基本的编排操作，如图15-24所示。

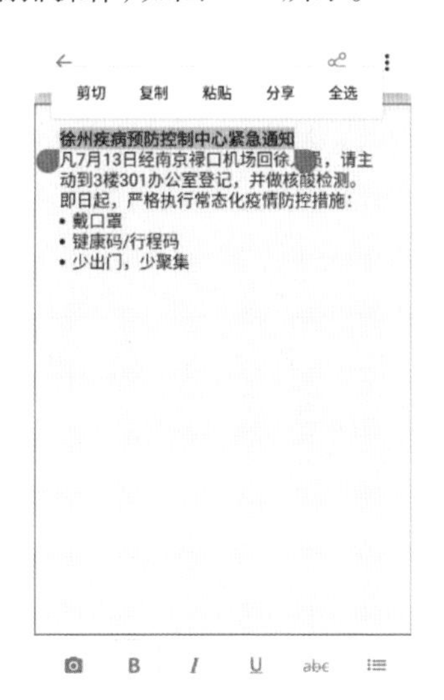

图15-24

步骤04：设置后，返回到主页面，可查看到通知内容，如图15-25所示。

图15-25

知识拓展

Q：在手机端中能否创建模板幻灯片呢?

A：可以。在主界面中单击“+”按钮，选择“Word，Excel，PowerPoint”选项，在打开的界面中选择“PowerPoint”组的“从模板创建”选项，如图15-26所示。在打开的模板界面中选择一款模板文稿即可创建该模板。

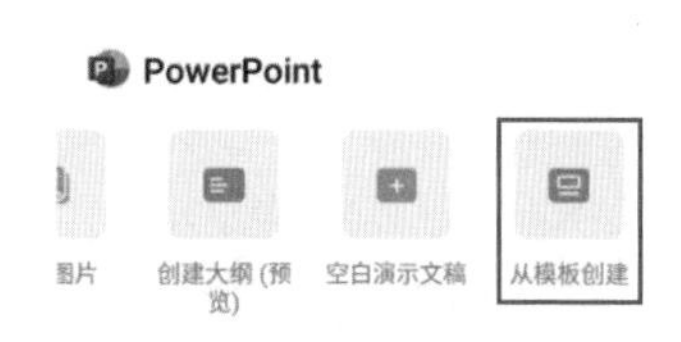

图15-26

Q：在手机端主页面中，如何删除多余的文档呢?

A：选择所需文档，单击文档后更多按钮，在打开的列表中选择“从列表中删除”选项即可删除该文档，如图15-27所示。

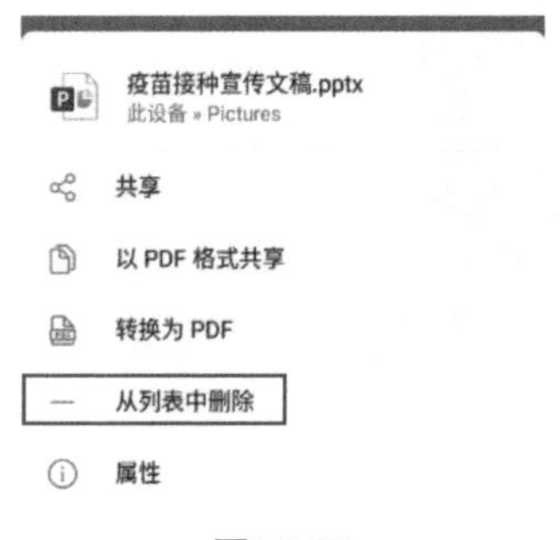

图15-27

Q：利用手机端是否可以快速提取纸质的文档内容呢?

A：可以。在主页面中单击“操作”按钮，打开“操作”界面，根据需要选择“图像到文本”选项，或“图像到表格”选项，如图15-28所示。系统会启动摄像头，用户只需拍下要提取的纸质照片，并选择好转换语言类型，即可快速完成文档的提取操作。

图15-28

Q：手机端中的“听写”功能怎么用?

A：听写功能对于手机端用户来说非常方便。在新建文档界面中单击“听写”按钮，系统打开语音录入界面，按住录制按钮录入内容，此时系统会随着录入的语音自动进行识别，并将识别出的文字显示在页面中，如图15-29所示。

图15-29

附录

附录A | Word常用快捷键汇总

功能键

按键	功能描述	按键	功能描述
F1	寻求帮助文件	F8	扩展所选内容
F2	移动文字或图形	F9	更新选定的域
F4	重复上一步操作	F10	显示快捷键提示
F5	执行定位操作	F11	前往下一个域
F6	前往下一个窗格或框架	F12	执行“另存为”命令
F7	执行“拼写”命令		

Shift组合功能键

组合键	功能描述	组合键	功能描述
Shift+F1	启动上下文相关“帮助”或展现格式	Shift+→	将选定范围扩展至右侧的一个字符
Shift+F2	复制文本	Shift+←	左侧的一个字符
Shift+F3	更改字母大小写	Shift+↑	将选定范围扩展至上一行
Shift+F4	重复“查找”或“定位”操作	Shift+↓	将选定范围扩展至下一行
Shift+F5	移至最后一处更改	Shift+Home	将选定范围扩展至行首
Shift+F6	转至上一个窗格或框架	Shift+End	将选定范围扩展至行尾
Shift+F7	执行“同义词库”命令	Ctrl+Shift+↑	将选定范围扩展至段首
Shift+F8	减少所选内容的大小	Ctrl+Shift+↓	将选定范围扩展至段尾
Shift+F9	在域代码及其结果间进行切换	Shift+Page Up	将选定范围扩展至上一屏
Shift+F10	显示快捷菜单	Shift+Page Down	将选定范围扩展至下一屏
Shift+F11	定位至前一个域	Shift+Tab	选定上一单元格的内容
Shift+F12	执行“保存”命令	Shift+Enter	插入换行符

Ctrl组合功能键

组合键	功能描述	组合键	功能描述
Ctrl+B	加粗字体	Ctrl+F1	展开或折叠功能区
Ctrl+I	倾斜字体	Ctrl+F2	执行“打印预览”命令
Ctrl+U	为字体添加下划线	Ctrl+F3	剪切至“图文场”
Ctrl+Q	删除段落格式	Ctrl+F4	关闭窗口
Ctrl+C	复制所选文本或对象	Ctrl+F6	前往下一个窗口
Ctrl+X	剪切所选文本或对象	Ctrl+F9	插入空域
Ctrl+V	粘贴文本或对象	Ctrl+F10	将文档窗口最大化
Ctrl+Z	撤销上一操作	Ctrl+F11	锁定域
Ctrl+Y	重复上一操作	Ctrl+F12	执行“打开”命令
Ctrl+A	全选整篇文档	Ctrl+Enter	插入分页符

附录B | Excel常用快捷键汇总

功能键

按键	功能描述	按键	功能描述
F1	显示Excel 帮助	F7	显示“拼写检查”对话框
F2	编辑活动单元格并将插入点放在单元格内容的结尾	F8	打开或关闭扩展模式
F3	显示“粘贴名称”对话框，仅当工作簿中存在名称时才可用	F9	计算所有打开的工作簿中的所有工作表
F4	重复上一个命令或操作	F10	打开或关闭按键提示
F5	显示“定位”对话框	F11	在单独的图表工作表中创建当前范围内数据的图表
F6	在工作表、功能区、任务窗格和缩放控件之间切换	F12	打开“另存为”对话框

Shift组合功能键

组合键	功能描述
Shift+Alt+F1	插入新的工作表
Shift+F2	添加或编辑单元格批注
Shift+F3	显示“插入函数”对话框
Shift+F6	在工作表、缩放控件、任务窗格和功能区之间切换
Shift+F8	使用箭头键将非邻近单元格或区域添加到单元格的选定范围中
Shift+F9	计算活动工作表
Shift+F10	显示选定项目的快捷菜单
Shift+F11	插入一个新工作表
Shift+Enter	完成单元格输入并选择上面的单元格

Ctrl组合功能键

组合键	功能描述	组合键	功能描述
Ctrl+1	显示“单元格格式”对话框	Ctrl+2	应用或取消加粗格式设置
Ctrl+3	应用或取消倾斜格式设置	Ctrl+4	应用或取消下划线
Ctrl+5	应用或取消删除线	Ctrl+6	在隐藏对象和显示对象之间切换
Ctrl+8	显示或隐藏大纲符号	Ctrl+9（0）	隐藏选定的行（列）
Ctrl+A	选择整个工作表	Ctrl+B	应用或取消加粗格式设置
Ctrl+C	复制选定的单元格	Ctrl+D	使用“向下填充”命令将选定范围内最顶层单元格的内容和格式复制到下面的单元格中
Ctrl+F	执行查找操作	Ctrl+K	为新的超链接显示“插入超链接”对话框，或为选定现有超链接显示“编辑超链接”对话框
Ctrl+G	执行定位操作	Ctrl+L	显示“创建表”对话框
Ctrl+H	执行替换操作	Ctrl+N	创建一个新的空白工作簿
Ctrl+I	应用或取消倾斜格式设置	Ctrl+U	应用或取消下划线

续表

组合键	功能描述	组合键	功能描述
Ctrl+O	执行打开操作	Ctrl+P	执行打印操作
Ctrl+R	使用“向右填充”命令将选定范围最左边单元格的内容和格式复制到右边的单元格中	Ctrl+S	使用当前文件名、位置和文件格式保存活动文件
Ctrl+V	在插入点处插入剪贴板的内容，并替换任何所选内容	Ctrl+W	关闭选定的工作簿窗口
Ctrl+Y	重复上一个命令或操作	Ctrl+Z	执行撤销操作
Ctrl+-	显示用于删除选定单元格的“删除”对话框	Ctrl+;	输入当前日期
Ctrl+Shift+(	取消隐藏选定范围内所有隐藏的行	Ctrl+Shift+&	将外框应用于选定单元格
Ctrl+Shift+%	应用不带小数位的“百分比”格式	Ctrl+Shift+#	应用带有日、月和年的“日期”格式
Ctrl+Shift+^	应用带有两位小数的科学计数格式	Ctrl+Shift+@	应用带有小时和分钟以及 AM 或 PM 的“时间”格式

附录C | PPT常用快捷键汇总

功能键

按键	功能描述
F1	获取帮助文件
F2	在图形和图形内文本间切换
F4	重复最后一次操作
F5	从头开始运行演示文稿
F7	执行拼写检查操作
F12	执行“另存为”命令

Ctrl组合功能键

组合键	功能描述	组合键	功能描述
Ctrl+A	选择全部对象或幻灯片	Ctrl+B	应用（解除）文本加粗
Ctrl+C	执行复制操作	Ctrl+D	生成对象或幻灯片的副本
Ctrl+E	段落居中对齐	Ctrl+F	打开“查找”对话框
Ctrl+G	打开“网格线和参考线”对话框	Ctrl+H	打开“替换”对话框
Ctrl+I	应用（解除）文本倾斜	Ctrl+J	段落两端对齐
Ctrl+K	插入超链接	Ctrl+L	段落左对齐
Ctrl+M	插入新幻灯片	Ctrl+N	生成新PPT文件
Ctrl+O	打开PPT文件	Ctrl+P	打开“打印”对话框
Ctrl+Q	关闭程序	Ctrl+R	段落右对齐
Ctrl+S	保存当前文件	Ctrl+T	打开“字体”对话框
Ctrl+U	应用（解除）文本下划线	Ctrl+V	执行粘贴操作
Ctrl+W	关闭当前文件	Ctrl+X	执行剪切操作
Ctrl+Y	重复最后操作	Ctrl+Z	撤销操作
Ctrl+Shift+F	更改字体	Ctrl+Shift+G	组合对象
Ctrl+Shift+P	更改字号	Ctrl+Shift+H	解除组合
Ctrl+Shift+"<"	增大字号	Ctrl+"="	将文本更改为下标（自动调整间距）
Ctrl+Shift+">"	减小字号	Ctrl+Shift+"="	将文本更改为上标（自动调整间距）